权威·前沿·原创

皮书系列为
"十二五""十三五"国家重点图书出版规划项目

BLUE BOOK

智库成果出版与传播平台

湖南创新发展蓝皮书

BLUE BOOK OF
INNOVATION DEVELOPMENT IN HUNAN

2020年
湖南科技创新发展报告

ANNUAL REPORT ON SCIENTIFIC AND TECHNOLOGICAL
INNOVATION DEVELOPMENT IN HUNAN(2020)

湖南省科学技术厅　主编

社会科学文献出版社
SOCIAL SCIENCES ACADEMIC PRESS (CHINA)

图书在版编目(CIP)数据

2020年湖南科技创新发展报告／湖南省科学技术厅
主编． －－ 北京：社会科学文献出版社，2020.9
（湖南创新发展蓝皮书）
ISBN 978 - 7 - 5201 - 7353 - 7

Ⅰ.①2… Ⅱ.①湖… Ⅲ.①科学研究事业-发展-
研究报告-湖南-2020 Ⅳ.①G322.764

中国版本图书馆CIP数据核字（2020）第180506号

湖南创新发展蓝皮书
2020年湖南科技创新发展报告

主　　编 / 湖南省科学技术厅

出 版 人 / 谢寿光
组稿编辑 / 邓泳红
责任编辑 / 吴　敏　吴云苓

出　　版 / 社会科学文献出版社·皮书出版分社（010）59367127
　　　　　地址：北京市北三环中路甲29号院华龙大厦　邮编：100029
　　　　　网址：www.ssap.com.cn
发　　行 / 市场营销中心（010）59367081　59367083
印　　装 / 天津千鹤文化传播有限公司
规　　格 / 开　本：787mm×1092mm　1/16
　　　　　印　张：21.75　字　数：322千字
版　　次 / 2020年9月第1版　2020年9月第1次印刷
书　　号 / ISBN 978 - 7 - 5201 - 7353 - 7
定　　价 / 128.00元

本书如有印装质量问题，请与读者服务中心（010 - 59367028）联系

▲ 版权所有 翻印必究

湖南创新发展蓝皮书编辑委员会

主　　任　童旭东

副 主 任　贺修铭　鲁先华　周纯良　朱　皖　周建元
　　　　　　谢　春　姚华光　刘铁兵　刘　琦

编　　委　彭子晟　张小菁　王先民　胡章谋　杨　剑
　　　　　　陈　松　彭敬东　卿涧波　尹文辉　吴桂贤
　　　　　　李征宇　颜卫东　韦　虹　邓先觉　徐桃俊
　　　　　　邵　波　谭立刚　吴明华　任树言　朱爱君
　　　　　　常　伟　李剑文　李红胜　黄杰生　周志光
　　　　　　张小平　刘建元　周　斌　张灿明　彭清辉

湖南创新发展蓝皮书
编辑部

执行编辑　张小菁　周　斌　许明金　管　冲　杨　宇
　　　　　　唐松波　杨　镭　张泰然　郭小华　李　斌
　　　　　　刘　素

主要编撰者简介

童旭东 湖南省科学技术厅党组书记、厅长，省产业技术协同创新研究院院长（兼），工学学士、高级工程师，中国共产党第十九次全国代表大会代表、湖南省第十一次党代会代表、省委委员。先后在湖南省发展改革委、国防科技工业局、科学技术厅等部门任职。在湖南省科学技术厅工作期间，围绕深化科技体制改革，推动科技创新更好服务全省高质量发展大局，进行了丰富的实践探索，主持起草了湖南省"十三五"科技创新规划、建设科技强省实施意见、创新型省份建设方案、科研经费管理改革等多项规划和政策文件，在国内、省内主流刊物上发表署名文章二十余篇。

贺修铭 湖南省科学技术厅党组副书记、副厅长，武汉大学科技情报专业博士研究生毕业，理学博士，经济学教授。先后在武汉大学、湖北宜昌县委、湖南师范大学、益阳市赫山区委、益阳市委工作。主要研究方向为科技管理、政治经济学等。

刘铁兵 湖南省科学技术厅二级巡视员，工学硕士，副研究员。主要研究方向为科技发展战略、高新技术发展及产业化、农业科技创新等。

序

世界正处于百年未有之大变局，新一轮科技革命和产业变革孕育兴起。党的十九大提出，到2020年我国进入创新型国家行列，到2035年左右跻身创新型国家前列，到2050年建成世界科技创新强国。习近平总书记强调，"创新是引领发展的第一动力。……适应和引领我国经济发展新常态，关键是要依靠科技创新转换发展动力"。科技创新已成为提高社会生产力和综合国力的战略支撑，应摆在国家发展全局的核心位置，作为重要支撑和发展的重要动力。2019年，湖南上下坚持以习近平新时代中国特色社会主义思想为指导，认真贯彻党中央决策部署，大力实施创新引领开放崛起战略，加快创新型省份建设，推进自主创新和发展高新技术产业成效明显；改善地方科研基础条件、优化科技创新环境、促进科技成果转移转化以及落实国家科技改革与发展重大政策成效较好；两项科技创新真抓实干工作获国务院督查激励通报表扬。

"惟创新者进，惟创新者强。"组织编写《湖南创新发展蓝皮书：2020年湖南科技创新发展报告》是加快推进创新型省份建设和科技强省的一项重要任务。湖南创新发展蓝皮书聚焦于"科技创新"，因为创新既是全方位的，包括产业创新、企业创新、市场创新、产品创新、管理创新等，又是多方面的，包括理论创新、体制创新、制度创新、人才创新、文化创新等，但科技创新地位和作用十分显要。湖南创新发展蓝皮书着眼于"发展"，因为实现发展动能转换、供给侧结构性改革、满足人民对美好生活的向往等，需要依靠科技创新作为第一动力；试图为高质量发展抓好科技创新战略谋划、科技创新规划布局、科技创新政策制定和科技创新服务，加快形成以科技创新为主要引领和支撑的现代化经济体系和发展模式。

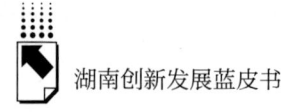

湖南创新发展蓝皮书能最终顺利完成,得到了省委、省政府领导的悉心指导,省第一届科技创新战略咨询专家委员会、创新型省份建设成员单位、省内高端科技智库、科研机构和大专院校的专家学者及各厅局等的大力支持!一些专家学者对本书的编写提出了许多很好的建议,在此一并致谢!本书难免会存在缺陷与不足,诚请批评指正!

摘　要

　　本书是由湖南省科学技术厅首次组织编写的年度性报告。全面回顾和总结了2019年湖南科技创新战略部署、重大决策、重要进展、突出成效和部门科技创新情况，深入探讨了湖南创新型省份建设和科技创新的全局性、前瞻性问题，2020年湖南科技创新引领高质量发展的重大问题、战略构想、主要思路、重要举措和政策建议。本书包括主题报告、总报告、专题篇、评价篇、案例篇、调研篇和附录七部分。主题报告是湖南省委、省政府领导和湖南省第一届科技创新战略咨询专家委员会关于创新型省份建设和乡村人才振兴的重要论述；总报告是湖南省科学技术厅党组书记、厅长童旭东对2019年湖南科技创新情况的分析和2020年展望；专题篇是相关职能部门围绕高校科技创新、制造业创新、产业创新人才、农业科技创新、出生人口健康科技创新、国有企业创新、金融科技创新、科协工作等方面开展深入阐述和分析；评价篇围绕区域科技创新能力、高新区创新发展绩效、高等学校重大科研基础设施和大型科研仪器开放共享、科技企业孵化器和众创空间绩效等方面开展综合性评价；案例篇围绕科技立法、城市创新生态、重大创新平台、科技精准扶贫和创新型县市等进行阐述和分析，并提出对策建议；调研篇围绕发展科技服务业、绿色技术创新、人工智能、两型采购政策、科技成果转化、抢抓"新基建"机遇、发展脑科学、科技创新驱动贫困地区发展等方面分析，提出相关对策建议；附录记录了2019年湖南科技创新领域发生的重大事件。

　　关键词：创新型省份　科技创新　产业创新　高质量发展　湖南

Abstract

This book is the first annual report organized and compiled by China Hunan Provincial Science & Technology Department, it comprehensively reviews and summarizes the strategic deployment, major decisions, important progress, outstanding achievements and departmental scientific and technological innovation in Hunan Province in 2019, and deeply discusses the overall and forward-looking issues in the construction of innovative provinces and scientific and technological innovation in Hunan, and the major issues, strategic ideas, main ideas, important measures and policy suggestions for the high-quality development of Hunan's scientific and technological innovation in 2020. Seven parts are included in this book: Keynote Reports, General Report, Special Topics, Evaluation Section, Case Section, Investigation Section and Appendix. The Keynote Reports is an important discussion on the construction of innovative provinces and the revitalization of rural talents by the leaders of Hunan Provincial Party Committee and Government and the experts of First Scientific and Technological Innovation Strategy Advisory Expert Committee of Hunan Province ; the General Report is the analysis of Hunan science and technology innovation situation in 2019 and prospect of 2020 by Tong Xudong, Secretary of the Party Group and Director of China Hunan Provincial Science & Technology Department; in the Special Topics, the relevant functional departments carry out in-depth elaboration and analysis on scientific and technological innovation of universities, manufacturing industry innovation, industrial innovation talents, agricultural science and technology innovation, population health science and technology innovation, state-owned enterprise innovation, financial technology innovation, and science and technology association work and other aspects; in the Evaluation Section, a comprehensive evaluation of Hunan's regional scientific and technological innovation ability, innovation and development performance of High-tech Zones,

Abstract

opening and sharing of major scientific research infrastructure and large-scale scientific research instruments of colleges and universities, and performance of science and technology enterprise incubator and maker space and other aspects; the Case Section focuses on science and technology legislation, urban innovation ecology, major innovation platform, science and technology targeted poverty alleviation and innovative counties and cities, and puts forward countermeasures and suggestions; the Investigation Section Centre on science and technology service industry, green technology innovation, artificial intelligence, two types of procurement policy, transformation of scientific and technological achievements, seizing the opportunity of "new infrastructure", developing brain science, and driving the development of poverty-stricken areas by scientific and technological innovation, etc., and put forward relevant countermeasures and suggestions; the Appendix records the major events in Hunan science and technology innovation field in 2019.

Keywords: Innovative Province; Scientific and Technological Innovation; Industrial Innovation; High Quality Development; Hunan

目 录

Ⅰ 主题报告

B.1 加快建设创新型省份　着力构建科技创新基地………… 杜家毫 / 001

B.2 在湖南省推进创新型省份建设暨科技奖励大会上的讲话
　　……………………………………………………… 许达哲 / 007

B.3 在乡村人才振兴调研座谈会上的讲话……………… 朱忠明 / 017

B.4 高水平推进湖南创新型省份建设的思考与建议
　　………………… 湖南省第一届科技创新战略咨询专家委员会 / 021

Ⅱ 总报告

B.5 2019年湖南科技创新情况及2020年展望…………… 童旭东 / 034

　一　2019年湖南省科技创新工作再上新台阶……………………… / 035

　二　充分把握新形势新要求，增强抓科技、谋创新的
　　　使命感和紧迫感…………………………………………………… / 041

　三　2020年湖南省科技创新工作展望……………………………… / 044

Ⅲ 专题篇

- B.6 湖南省高校科技创新工作回顾与思考 …………………… 蒋昌忠 / 051
- B.7 湖南省制造业创新发展情况与展望 …… 湖南省工业和信息化厅 / 061
- B.8 湖南省引进产业创新人才的实践与思考
  ………………………… 湖南省人力资源和社会保障厅 / 066
- B.9 湖南省农业科技创新发展现状及对策建议 ………………… 袁延文 / 077
- B.10 湖南省出生人口健康科技创新发展报告 ………………… 陈小春 / 087
- B.11 湖南省属国企要在创新引领战略中发挥主力军作用
  ……………………………………………………………… 丛培模 / 096
- B.12 引金融"活水"浇灌科技创新之花 ………………………… 张世平 / 103
- B.13 以"四大工程"为载体服务创新型省份建设 ………… 刘小明 / 111
- B.14 从研发费用加计扣除政策执行情况看湖南创新发展
  ……………………………………………………………… 刘明权 / 117

Ⅳ 评价篇

- B.15 湖南省区域科技创新能力评价报告（2020）
  ………………… 魏 巍 符 洋 杨彩凤 张 越 杨 镭 / 127
- B.16 湖南省高新区2019年创新发展绩效评价报告
  ………………………… 谭力铭 廖 婷 李维思 彭子晟 / 144
- B.17 2019年湖南省高等学校重大科研基础设施和大型科研仪器
  开放共享评价报告 ………………………… 彭敬东 张 登 / 158
- B.18 湖南省2019年科技企业孵化器、众创空间绩效评价报告
  ………………………… 张小平 毛明德 李 滢 彭子晟 / 167

Ⅴ 案例篇

B.19 坚持立法先行　强化机制创新　为高质量发展营造良好创新生态
　　　　………………………… 湖南省人大教育科学文化卫生委员会 / 187

B.20 打造一流科技创新生态　开创高质量发展新局面
　　　　……………………………………………… 长沙市科学技术局 / 204

B.21 让大科城成为湖南创新型省份建设的闪亮名片
　　　　………………………………… 岳麓山大学科技城管理委员会 / 211

B.22 深化科技精准扶贫　彰显首倡地责任担当
　　　　……………………………………… 湖南省科学技术厅扶贫办 / 217

B.23 高举创新引领大旗　争当创新型县市标杆
　　　　………………………………………………… 湘阴县人民政府 / 223

Ⅵ 调研篇

B.24 发展科技服务业　助建创新型省份 ………………… 吴金明 / 229

B.25 加快绿色技术创新　驱动湖南经济高质量发展 ……… 唐宇文 / 237

B.26 湖南省人工智能产业创新发展报告
　　　　……………………… 章国亮　李维思　刘　蓓　郭小华 / 245

B.27 湖南两型采购政策探索与实践研究
　　　　………………………………… 赵煜明　易　春　郭小华 / 256

B.28 坚持市场需求导向　推进湖南科技成果转化事业高质量发展
　　　　……………………………………………… 曹山河　李　宇 / 266

B.29 科技创新赋能"新基建"　带动湖南产业高质量发展
　　　　……………………… 章国亮　李　斌　周　斌　李维思 / 276

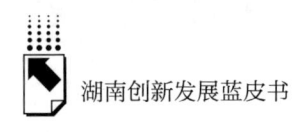

B.30 抢占前沿"脑"有所为
　　——湖南省脑科学与类脑研究现状及对策
　　……………… 刘黎明　廖开怀　陈新胜　郭小华　蔡春梦 / 290

B.31 科技创新驱动湖南相对贫困地区发展研究 …………… 曲　婷 / 301

Ⅶ　附录

B.32 2019年湖南科技创新改革发展大事记 ………………………… / 312

CONTENTS

Ⅰ Keynote Reports

B.1 Accelerating the Construction of the Innovative Province, Promoting the Establishment of Science and Technology Innovation Center　　　　　　　　　　　　　　　　*Du Jiahao* / 001

B.2 Speech on Accelerating the Construction of the Innovative Province & Hunan Scientific and Technological Award Ceremony　　　　　　　　　　　　　　　　*Xu Dazhe* / 007

B.3 Speech on Rural Talent Revitalization Forum　　*Zhu Zhongming* / 017

B.4 Suggestions and Thoughts on Hunan's High Level Construction of the Innovative Province

The First Scientific and Technological Innovation Strategy Advisory

Expert Committee of Hunan Province / 021

Ⅱ General Report

B.5 2019 Annual Report of Hunan's Scientific and Technological Innovation, and Prospect in 2020　　　　　　　*Tong Xudong* / 034

1. Science and Technology Innovation in Hunan Province has Reached A New Level in 2019 / 035
2. Fully Grasping the New situation and New Requirements, and Enhancing the Sense of Mission and Urgency of Grasping Science and Technology and Seeking Innovation / 041
3. Prospect of Science and Technology Innovation in Hunan Province in 2020 /044

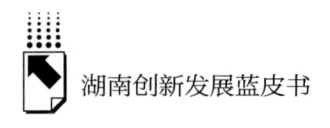

Ⅲ Special Topics

B.6 Review of Scientific and Technological Innovation in Hunan's Universities Review of Scientific and Technological Innovation in Hunan's Universities *Jiang Changzhong* / 051

B.7 Review and Prospect of Innovation Development in Hunan's Manufacturing Industry
Industry and Information Technology Department of Hunan Province / 061

B.8 Practice and Thoughts of Recruiting Industrial Innovation Talents in Hunan
Human Resources and Social Security Department of Hunan Province / 066

B.9 Current Situation and Countermeasure of Scientific and Technological Innovation Development in Hunan's Agriculture
Yuan Yanwen / 077

B.10 Report of Scientific and Technological Innovation Development in the Health of Hunan's New Born Population *Chen Xiaochun* / 087

B.11 Provincial State-Owned Enterprises Should Play a Principal Role under the Strategy of "Innovation Leads to Open and Rise" *Cong Peimo* / 096

CONTENTS

B.12 Bringing "Economy Spring" to Scientific and Technological Innovation　　　　　　　　　　　　　　　　　　　*Zhang Shiping* / 103

B.13 Promoting the Construction of the Innovative Province by "Four Projects", Highlighting the Unique Role of CAST and Scientists　　　　　　　　　　　　　　　　　　*Liu Xiaoming* / 111

B.14 A Perspective of the Development of Hunan from the perspective of Implementation of Pretax Additional Deduction Policy　　　　　　　　　　　　　　　*Liu Mingquan* / 117

IV　Evaluation Section

B.15 Evaluation Report on Regional Scientific and Technological Innovation Ability of Hunan Province (2020)
Wei Wei, Fu Yang, Yang Caifeng, Zhang Yue and Yang Lei / 127

B.16 2019 Annual Report of Hunan High-Tech District's Innovation Performance Evaluation
Tan Liming, Liao Ting, Li Weisi and Peng Zisheng / 144

B.17 2019 Annual Report of the Open and Sharing Evaluation of Major Infrastructure and Large-Size Scientific Facilities in Hunan's Higher Education Institutions
Peng Jingdong, Zhang Deng / 158

B.18 2019 Annual Report of Hunan's High-Tech Business Incubators and Public Innovation Spaces Performance Evaluation
Zhang Xiaoping, Mao Mingde, Li Ying and Peng Zisheng / 167

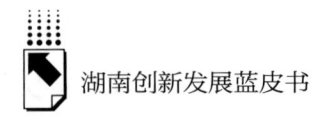

V Case Section

B.19 Insisting on Legislation First, Strengthen Mechanism Innovation, Creating a Good Innovation Ecology for High Quality Development

Education, Science, Culture and Health Committee of Hunan Provincial People's Congress / 187

B.20 Creating a First-Class Science and Technology Innovation Ecology and Creating a New Situation of High-Quality Development

Changsha Science and Technology Bureau / 204

B.21 Changing Dake City into a Shining Card for the Construction of Innovative Provinces in Hunan

Yuelushan University Science and Technology City Management Committee / 211

B.22 Deepening Targeted Poverty Alleviation Through Science and Technology and Highlighting the Responsibility of the Initiative

Poverty Alleviation Office of Science and Technology Department of Hunan Province / 217

B.23 Holding High the Banner of Innovation and Leading to Be the Benchmark of Innovative Counties and Cities

The People's Government of Xiangyin County / 223

VI Investigation Section

B.24 Developing Science and Technology Service Industry, Promoting the Construction of the Innovative Province *Wu Jinming* / 229

B.25 Promoting Hunan's High-Quality Economic Development with Green Technological Innovation *Tang Yuwen* / 237

B.26 Report on Innovation and Development of Artificial Intelligence Industry in Hunan Province

Zhang Guoliang, Li Weisi, Liu Bei and Guo Xiaohua / 245

B.27　A Research on Exploring and Implementing of Two-Oriented Products Government Procurement Policy in Hunan

Zhao Yuming, Yi Chun and Guo Xiaohua / 256

B.28　Adhering to the Market Demand Oriented Innovation, Promoting the High Quality Development of Scientific and Technological Achievement Transformation in Hunan　　*Cao Shanhe, Li Yu* / 266

B.29　Driving the High Quality Industrial Development in Hunan by Accelerating Innovation of New Infrastructure

Zhang Guoliang, Li Bin, Zhou Bin and Li Weisi / 276

B.30　Current Situations and Countermeasures of Brain Science and Brain-Like Research in Hunan

Liu Liming, Liao Kaihuai, Chen Xinsheng, Guo Xiaohua and Cai Chunmeng / 290

B.31　A Research of How Scientific and Technological Innovation Promotes the Development of Hunan's Relative Impoverished Areas　　*Qu Ting* / 301

Ⅶ　Appendix

B.32　A List of Hunan's Major Events of Scientific and Technological Innovation in 2019　　/ 312

主题报告

Keynote Reports

B.1
加快建设创新型省份　着力构建科技创新基地

杜家毫[*]

习近平总书记强调，抓住了科技创新就抓住了牵动发展全局的"牛鼻子"。近年来，湖南省科技战线认真贯彻党中央决策部署，在建设科技创新基地、组织重大科技攻关、培育高新技术企业、优化创新生态等方面做了大量工作，为全省经济社会发展作出了积极贡献。特别是近年来在研发投入、高新技术企业数量、获国家科技奖励方面，一年一个台阶，很不容易，值得充分肯定。希望再接再厉，自觉把科技工作放到大局中去谋划和推进，找准工作着力点和切入点。

---

[*] 杜家毫，中共湖南省委书记，湖南省人大常委会主任。

一 学深悟透习近平总书记关于科技创新的重要论述，着力在贯彻落实上走在前、作表率

党的十八大以来，以习近平同志为核心的党中央将"创新"放在新发展理念的首位，实施创新驱动发展战略。习近平总书记反复强调创新是引领发展的第一动力，抓创新就是抓发展、谋创新就是谋未来；强调核心技术靠化缘是要不来的，也是花钱买不来的，只有自力更生，坚定不移走中国特色自主创新道路；强调要面向世界科技前沿、面向国家重大需求、面向国民经济主战场，推进以科技创新为核心的全面创新，在关键领域、"卡脖子"的地方下大功夫；强调科技管理部门要抓战略、抓规划、抓政策、抓服务，发挥国家战略科技力量建制化优势。习近平总书记2013年在湖南考察时指出，湖南科教资源底蕴深厚，要努力实现优势领域和关键技术重大突破，争取在转方式、调结构方面走在前列。我们要自觉学习贯彻，对标对表抓落实。

从"向科学进军"的号召到"科学技术是第一生产力"的论断，再到习总书记强调"创新是引领发展的第一动力"；从"科教兴国"到"创新驱动发展战略"，再到建设创新型国家，我们党对科技创新的重视是一以贯之的。全省科技战线一定要深刻理解"创新驱动是国策"的深刻内涵，深刻领会创新引领开放崛起战略的深远考量，在科技创新上站得更高、看得更远、抓得更实。

二 坚持一张蓝图干到底，着力构建科技创新基地、加快建设科教强省

湖南省第十一次党代会提出创新引领开放崛起战略，打造"五大基地"中，第一个就是以长株潭国家自主创新示范区为核心的科技创新基地；建设"五个强省"，其中之一就是实现从人才大省向科教强省转变。随后又提出

推进科技、文化、管理、产品四大方面的创新，科技创新是最核心的。几年下来，横向比，湖南省综合创新能力总体保持在全国第10位左右，纵向比，湖南省在专利申请量、研发投入和科技成果等方面都有不少新突破。下一步，要对照省第十一次党代会确定的目标任务，结合湖南省科技发展"十四五"规划编制实施，加强系统梳理、中期评估和跟踪落实，坚定不移地抓下去，力争全省科技创新能力和创新成果与全省地区生产总值在全国的排位更相匹配。在抓手上，要以创新型省份建设为统揽，抓好部省会商成果的落实，支持相关市州创建国家创新型城市，持续监测和评价进展情况。在平台上，争取平台等牌子很重要，更重要的是让这些牌子能闪闪发光。要把已有的平台用好，进一步做强做大长株潭国家自主创新示范区，继续加快区域性创新平台建设，抓住湖南省被纳入首批国家产教融合建设试点省等机遇，推进岳麓山大科城、马栏山文创园、国家智能制造示范区、生物种业技术创新中心等重大创新平台建设；发挥中南大学、国防技术大学、湖南大学等高校作用，加快创业孵化基地、大学生创业园、创新创业园区"135工程"升级版等建设。在政策机制上，要尊重创新规律，积极解放思想，把产学研金政更好地结合起来，抓好省里出台的科研项目资金管理相关规定的落实，激励科研人员创新。如果企业想走在市场前列，就一定要在研发投入上、在创新上下大功夫，否则很难实现可持续发展。要把企业作为科技创新的主战场，落实好企业所得税减免、研发费用税前加计扣除、研发经费奖补等优惠政策，积极打造创新型领军企业，加快高新技术企业"增量提质"、科技型中小微企业发展，促进新型研发机构加快发展，让企业家、科学家的创新活力充分涌流。

一定时期内，湖南的创新实力和北上广深还不能比，但湖南有自己的优势，在一些领域走在全国乃至世界前列。现在湖南自主创新最集中的还是在长株潭地区，要进一步把这个重点凸显出来，把优势发挥得更好，同时不断补齐短板，以此辐射带动全省的创新发展。相信只要湖南弘扬"敢为人先"的精神，沿着既定目标一抓到底，"自主创新长株潭现象"将永不落幕。

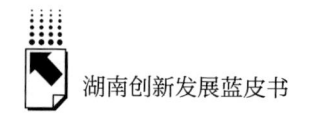

三 坚持创新链与产业链、人才链、资金链深度融合，推动构建开放合作的创新生态

深圳能成为"创新之都"，很重要的就是形成了"基础研究＋技术攻关＋成果产业化＋科技金融＋政府服务"的全过程创新生态链。

要围绕产业链部署创新链。创新一定要和产业结合起来。湖南在一些领域的创新走在国内甚至世界前列，比如工程机械每年都申请不少专利，轨道交通的 IGBT，等等，要不断把这些成果发扬光大，把最有优势的领域做优做强。按照中央打好产业基础高级化、产业链现代化攻坚战的部署，结合湖南省工业新兴优势产业链发展需求，瞄准制约新兴产业培育和现代服务业发展的技术瓶颈，系统布局科技重大专项和战略性产业攻关与产业化项目，持续加大工程装备、轨道交通、磁浮技术、生物种业等优势领域的技术创新力度。要聚焦"科技成果转化不通畅""墙内开花墙外香"等堵点和痛点，鼓励企业依托产业链自主自愿组建共性技术平台，打造更多产业技术创新联盟，努力争取把更多好的创新成果留在本地进行转化，把外地一些好的成果引到湖南来。

要围绕创新链打造人才链。湖南有吃得苦、霸得蛮、创一流的精神，能够不断产生一些科技方面的领军人才和创新团队。不少科技专家一辈子就干一件事，研发某一个领域，将在某一个领域填补国内空白、走进世界领先行列作为毕生追求。例如，袁隆平院士一直在杂交水稻领域耕耘，培养了很多优秀的水稻专家，现在还在攻关耐盐碱水稻，朝着"禾下乘凉"的目标奋进；何继善院士一直致力于为地球"把脉"，发明的探测方法能够精准探测到地下 8000 米的矿藏；"试管婴儿之母"卢光琇一直致力于生殖医学、人类干细胞等研究，走在国内前列。他们都是湖南科技创新的杰出人物、典型代表。要深入实施"芙蓉人才行动计划"，建立柔性灵活的人才激励服务模式，既注重引进新的高层次创新团队和人才，也统筹考虑对本土人才的培育和激励，同时发挥好行业协会的作用，让人才第一资源发挥更大作用。

要围绕创新链完善资金链。这几年湖南下决心加大研发投入，每年科技资金有所增加，要坚持精准精细，把这些资金用在刀刃上，撬动更多社会资本投入，助力一些重点项目、重点产业、重点园区做优做强，以使它们产生更好的带动效应。对科研经费，既要严管，也要放活，把握好度，按习近平总书记所说的，就是要"让经费为人的创造性活动服务"。要建立科研经费投放跟踪反馈机制，看看哪些企业和项目，是在科技部门支持下孵化成长起来的，最大限度地提高投放效益。

四 聚焦三大攻坚战加强科技攻关，更好满足人民群众对美好生活的向往

习近平总书记讲科技是国之利器，人民生活赖之以好。打好三大攻坚战，每一战都离不开科技的支撑。

要围绕打好防范化解重大风险攻坚战加强科技攻关。中央提出的治理体系和治理能力现代化，是跟现代科技和信息化紧密结合的。防范政府债务、社会治理、安全生产等领域风险，都需要运用互联网、大数据等科技手段。政府是信息的"富矿"，要好好深入挖掘，发挥信息化在提升政府管理能力和服务水平中的重要作用。同时，科技领域本身也存在安全、泄密风险，包括个人隐私泄露等问题，习近平总书记讲的关键核心技术"受制于人"、供应链断供等"卡脖子"问题在湖南省重点产业领域均有一些堵点和痛点。比如轨道交通、工程机械都是湖南的亮丽名片，但车辆制动系统零部件进口占比还很高，发动机、液压件等核心技术与世界先进水平比，还有差距。

要围绕打好污染防治攻坚战加强科技攻关。洞庭湖水生态保护、湘江流域重金属污染防治、矿山废渣处理、黑臭水体治理等，都有一些亟待破解的技术难题。要组织科研院所和企业聚焦这些问题联合攻关，力争在科技治污防污、源头减污方面拿出更多成果。

要围绕打好脱贫攻坚战加强科技攻关。脱贫攻坚和农业科技创新密不可分，很多农民也尝到了科技创新带来的甜头。比如炎陵黄桃、靖州杨梅，通

过品种改良、引进培育技术，实现了规模化发展，带动了农民增收。要扛牢抓实科技扶贫的部门责任，引导科技资源下沉，加大农业科技宣传、科技特派员下乡、项目攻关和成果转化运用力度，帮助培育壮大扶贫产业，在慢性病、出生缺陷防治等领域突破关键技术，发挥科技创新在脱贫攻坚、乡村振兴中的引领和支撑作用。

五 增强大局意识、服务意识、创新意识，着力建设高素质专业化的科技管理干部队伍

要坚守政治机关的定位，落实全面从严治党责任，加强业务学习和实践锻炼，提高领导和推动科技创新的本领，着力打造一支"忠诚、担当、专业、务实、守正"的科技管理干部队伍。要坚持正确的权力观、政绩观、事业观，把推动科技进步、为科技企业发展当"铺路石"作为人生追求和最大满足，把自己的知识、能力融入本职工作，支持推动更多湖南的科技创新成果达到国内乃至国际领先水平。要加强机构改革后的整合融合，以自我革命精神深化放管服改革，强化末端管理，切实推动部门职能从研发管理向创新服务转变。要关心关爱基层科技工作者，加强对人才和各类创新主体的上门服务、"一对一"服务，及时帮助解决实际困难。

总之，湖南省委、省政府将一如既往地高度重视科技创新工作，为科技系统干部和广大科技工作者的工作和生活创造良好条件。希望全省科技战线齐心协力、奋发作为，为建设创新型省份发挥更大作用、作出更大贡献！

B.2
在湖南省推进创新型省份建设暨科技奖励大会上的讲话

许达哲*

部署推进创新型省份建设,贯彻习近平总书记关于科技创新的重要论述,湖南省上下应大力实施创新引领开放崛起战略,进一步加强以科技创新为核心的全面创新,为推动全省高质量发展、建设富饶美丽幸福新湖南提供战略支撑。

一 深学笃用习近平总书记关于科技创新的重要论述,为建设富饶美丽幸福新湖南提供强有力的科技支撑

党的十八大以来,以习近平同志为核心的党中央坚持创新发展的新发展理念,始终把科技创新摆在国家发展全局的核心位置,明确提出"着力增强自主创新能力""努力实现关键核心技术自主可控""瞄准战略性、基础性、前沿性领域,坚持补齐短板、跟踪发展、超前布局、同步推进"的发展路径,强调了"必须坚持党对科技事业全面领导""建设一支规模宏大、结构合理、素质优良的创新人才队伍"的关键保障。尤其是习近平总书记会见探月工程嫦娥四号任务参研参试人员时所作的重要论述,为湖南做好新时代科技创新工作指明了前进方向、提供了根本遵循。

---

* 许达哲,中共湖南省委副书记,湖南省人民政府省长、党组书记。

习近平总书记强调，伟大事业都始于梦想。梦想是激发活力的源泉。湖南人历来"心忧天下、敢为人先"，敢于梦想、成就梦想。如毛泽东就有"欲与天公试比高"的豪情，"万类霜天竞自由"的美好向往。"知行合一"的湖南人民，用一个个世界瞩目的创新成果、一段段生动壮丽的创新事迹，正在新时代演绎一个又一个梦想成真的奇迹。我们要秉承勇于追求和实现梦想的执着精神，进一步传承红色基因、弘扬优秀传统，以"敢教日月换新天"的革命豪情，开拓创新、努力奋斗，为实现中国梦贡献湖南力量。

习近平总书记指出，伟大事业都基于创新。创新决定未来。中华民族要屹立于世界民族之林，关键在于创新；湖南要走在中部崛起前列，关键在于创新。未来一段时间是湖南省全面建成小康社会进而开启实现基本现代化新征程的关键时期，正处在爬坡过坎的关键阶段。要始终坚持创新是第一动力，勇于推陈出新、勇于破除阻碍创新创造的条条框框，下大力气集聚资源，重点突破科技创新的几个关键点，以点带面，实现全面发展。要瞄准世界科技前沿和顶尖水平，抓住大趋势，下好"先手棋"，打好主动仗，夯实基础，储备长远，加强对关系根本和全局的重大科学问题部署，实现前瞻性基础研究、引领性原创成果的重大突破，努力让湖南在全国乃至世界高技术领域占有重要一席之地，为全省高质量发展提供更有力的支撑。要牢固树立人才引领发展的战略地位和人才是第一资源的理念，培养一大批安、专、迷的创新型科技人才，形成有利于竞相成长各展其能的激励机制、有利于各类人才脱颖而出的竞争机制。

习近平总书记强调，伟大事业都成于实干。实干，就是要脚踏实地、严谨务实；就是要保持定力、心无旁骛；就是要耐得住寂寞，不图虚名、不务虚功；就是要朝着既定目标，做扎扎实实的工作，一步一步前进。对湖南而言，就是要围绕创建创新型省份，大力实施创新引领开放崛起战略，在基础攻关、关键核心技术攻关、高新技术产业发展、高新技术企业培育、创新平台和基地建设、创新生态优化、研发投入、科技成果转化等方面，实实在在地抓下去，确保抓在实处、抓出成效。

二　全省上下坚持创新发展，大力实施创新引领开放崛起战略，奠定了创新型省份建设的良好基础

近年来，湖南全面系统学习、理解、掌握习近平总书记关于科技创新的重要论述，认真落实习近平总书记对湖南工作的重要指示精神，始终把科技创新摆在全省经济社会发展的核心位置。湖南省第十一次党代会决定大力实施创新引领开放崛起战略，提出科教强省建设目标，打造内陆创新高地。2018年，十三届全国人大一次会议湖南代表团提出《关于支持湖南建设创新型省份的建议》后，湖南迅速启动创新型省份建设相关工作，全面推进科技、产品、文化和管理创新，以创新引领高质量发展迈出实质性步伐。

一是创新成果不断涌现。瞄准受制于人的核心技术、转型升级的关键难题、湖南发展的迫切需要，加大关键核心技术的攻克力度，积极承担国家重大科研任务，超级杂交水稻、超级计算机、超高速列车在全国很有影响，中低速磁浮列车、先进掘进装备、"海牛号"深海钻机等大批创新成果不断涌现。"十三五"时期共获国家科技奖励56项，2018年获得国家科技奖励27项，其中一等奖4项，占全国的1/7；全省万人有效发明专利拥有量较2015年增长80.2%。

二是创新投入不断加大。建立财政科技投入稳定增长机制，实施加大全社会研发经费投入行动计划，出台支持企业研发财政奖补办法。"十三五"以来，省级财政科技专项经费每年增长40%以上；研发经费投入在2017年增长21.3%的基础上，2018年增长15.8%，总量突破650亿元；投入强度在2017年提高0.18个百分点的基础上，2018年再提高0.13个百分点，达1.81%。

三是创新体系不断完善。打造以长株潭国家自主创新示范区为核心的科技创新基地，在岳麓山国家大学科技城、马栏山视频文创产业园布局一批重大科技创新项目，积极创建长株潭国家军民融合创新示范区，以及国家可持续发展议程创新示范区等战略性创新平台，推动国家创新型城市、创新型县（市）和国家级高新区建设。"十三五"以来，湖南省国家级高新区新增2家、达8家；长沙、株洲、衡阳获批国家创新型城市，浏阳、湘阴、资兴入

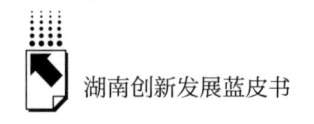

选国家首批创新型县（市）；国家级重点实验室、工程技术研究中心、企业技术中心分别达18家、14家、48家。

四是创新生态不断优化。坚持政策激励、机制创新，修订高新技术发展条例、科学技术奖励办法等地方性法规规章，出台创新型省份建设若干财政政策、知识产权强省建设等政策，完善科研经费、项目计划管理和人才引进、税收减免制度。2018年全省技术合同成交额较上年增长38.7%。"十三五"以来，引进战略新兴领域紧缺人才78人、创新团队4个，长期在湘工作外国专家1367人，已拥有"两院"院士76人。推进大众创业、万众创新，全省新增省级以上孵化器12家、众创空间45家。

五是创新效应不断释放。"十三五"以来，科技进步贡献率提升5.3个百分点，高新技术产业增加值年均增速高出GDP增速10个百分点以上。狠抓"5个100"产业项目建设，100个重大科技创新项目共完成投资185.8亿元。狠抓新动能培育，以产业创新能力的提升，促进战略性新兴产业发展壮大。2018年高加工度工业、高技术制造业增加值分别增长10.1%和18.3%，高新技术企业新增1507家、总量达4660家，是2015年的2.56倍，是"十二五"五年增长数量的2.57倍。

另外，湖南省创新发展还有不少亟须破解的难题：高新技术企业数量虽然快速增长，但与沿海省市相比还有较大差距；确保研发经费投入占比达到全国平均水平，还需要加大工作力度；创新支撑能力还不强，一些关键核心技术仍然存在瓶颈制约；成果转化渠道还不畅通，不少成果还难以顺利转化和实现产业化；全社会科学素养需要提高，在了解科学知识、掌握科学方法、树立科学思维、崇尚科学精神等方面，还需要加强引导和培养。对这些问题，我们要引起高度重视，采取有效措施加以解决。

三 深入推进创新型省份建设，引领和支撑全省高质量发展

目前，湖南省已出台《湖南创新型省份建设实施方案》。要坚持大力

实施创新引领开放崛起战略,围绕打造内陆创新高地、创业高地、科技高地、人才高地,努力推进创新型省份建设。力争到2020年,全省创新综合实力持续提升,全社会研发经费投入强度达到全国平均水平,高新技术产业增加值占GDP比重不断提高;到2035年,全省高新技术企业数较"十二五"末翻两番,高新技术产业增加值占GDP的比重大幅提升,达到45%以上,在全国率先研发和掌握一批颠覆性、标志性、有巨大带动作用的高新技术成果,部分关键技术领跑世界,部分重点产业领域具备全球竞争力,为建设创新型国家作出积极贡献,贡献湖南力量。2019年,力争高新技术企业、规模以上工业企业、限额以上商贸流通企业均新增1000家以上,科技进步贡献率提高到59%左右,发展壮大、做优做强工程机械、轨道交通、航空发动机和电子信息、新材料,以及消费品工业产业集群。

(一)培育创新引擎,形成全域创新生动局面

一是打造长株潭科技创新基地。以"三区一极"和"三谷多园"建设为目标,以长沙"科创谷"、株洲"动力谷"、湘潭"智造谷"为重点,推动长株潭国家自主创新示范区建设取得新的突破性进展。加强"双一流"高校及学科建设,在优势学科、特色学科上下更大的力气,力争在世界科技前沿占有一席之地。着力打造"两山"特色创新高地,打造全国领先的自主创新策源地、科技成果转化地、高端人才集聚地。

二是推进创新型城市建设。长沙、株洲、衡阳三市要发挥主体作用,落实建设方案,结合各自实际,探索创新发展路径,打造区域创新示范引领高地。岳阳、常德、益阳、娄底等市,要发挥自身优势,加快创新发展。对已承担创建任务和申报开展创新型城市建设的市州,在人才、平台、政策、投入等方面,予以针对性支持。

三是加快创新型县市建设。把县域创新作为建设创新型省份的重要部分。浏阳、湘阴、资兴三市要着力加大创新投入,加强示范引领,打造创新特色明显、创新创业环境优良、经济社会效益好的典型示范。聚焦县域支柱

产业发展、特色产业培育和重点企业技术创新需求，打造县域科技创新支撑载体。同时，要在创新驱动发展、农业农村智慧产业、科技成果转移转化，以及农村一、二、三产业融合等方面建设一批示范县，服务全省脱贫攻坚和乡村振兴。

（二）优化创新战略布局，构建开放高效协调的创新体系

坚持面向世界科技前沿、面向经济主战场、面向国家重大需求，在重点领域和关键环节取得突破。

一是加大基础研究、应用基础研究和产业化融合发展。依托信息科学、材料科学、农业科学、资源与环境科学、健康科学等优势学科，部署基础研究和应用基础研究。加强与国家自然科学基金委员会合作，推动实施区域创新发展联合基金，在生态农业、现代种业、新材料、自主可控信息技术等领域实施基础研究。

二是提升关键核心技术自主创新能力。积极参与承接国家科技创新2030重大项目和工程，部署一批科技创新项目，攻克一批关键核心技术和共性技术，形成若干战略性新技术、新产品。坚持问题导向和目标导向，围绕20条新兴优势产业链实施一批产业技术攻关项目，主动布局一批"卡脖子"技术攻关、新一代人工智能研发等科技专项。力争在2020年，突破特色畜禽育种、农产品安全检测、人工智能、边缘计算支撑、工业装备测控系统自主可控、工程机械高端产品、高性能智能机器人及核心零部件、增材制造、大气土壤水污染防治、重大疾病防控、精准医学等技术和产品。在2022年，突破清洁生产、建筑节能、重大自然灾害监测预警与风险控制、数字诊疗装备、智能交通及交通安全、通用飞机、航空核心芯片、极端环境下工程机械或工程机器人、网络协同制造和智能工厂、增材和激光制造、脑科学与类脑研究、健康促进、养老助残、合成生物、高效农业智能装备、农田重金属污染防控等技术。在2035年，突破水体污染控制与治理、重大新药创制、前沿共性生物技术、绿色生物制造、自动驾驶系统、深海重载机器人、高性能模具、高速精密重载轴承、智能制造核心控制部件、新一代超高

速动车组、智能化育种等技术。

三是加快科技创新平台基地建设。积极创建国家生物种业技术创新中心、郴州国家可持续发展议程创新示范区等战略性创新平台。高水平培育岳麓山实验室，支持有条件的机构创建国家重点实验室、技术创新中心和临床医学研究中心，加快创建国家医疗中心和区域医疗中心。完善科技园区管理机制，到2020年力争每个市州至少有1家国家级科技园区，省级科技园区达到100家。14个市州要各显其能，紧扣自身优势和实际情况来创建。

四是积极创建军民融合创新示范区。努力承担知识产权军民融合、军民科技协同创新平台、自然资源领域卫星应用军民融合等试点任务。推进国防科技协同创新、军民融合高端智能制造、国家战略纵深军事保障基地建设。围绕军民两用技术成果转化、卫星应用、通用航空等方面推进机制创新，努力形成可复制可推广的经验。全面启动与国防科技大学的新一轮战略合作，完善军民融合、产学研用一体协同创新机制。

（三）激发创新活力，大力培育创新企业

一方面，要发挥好骨干企业的综合优势。培育"独角兽"企业和"瞪羚"企业，支持科技领军型企业创建国家级研发平台、引进海外高端人才、深化国际科技合作。深入开展产业项目建设年活动，大力培育骨干企业，引进和培育总部企业。加快发展产业技术创新战略联盟，开展跨区域、跨领域、跨系统创新合作。另一方面，要发挥好中小企业的活力优势。完善全省中小企业公共平台服务体系，构建科技、财政、税务互联互通的高新技术企业认定培育平台，鼓励技术先进型服务企业和科技型中小企业申报高新技术企业，落实企业所得税减免、研发费用税前加计扣除、研发经费奖补等优惠政策。

（四）优化创新生态，更好释放人民群众无穷创造潜能

一是强化知识产权保护。健全知识产权严保护、大保护、快保护、同保护工作体系，完善知识产权立法，加大专利、商标行政执法力度，加大知识产权侵权行为惩治力度。建立企业专利联络员制度，为高新园区、企事业单位提供优质知识产权服务。

二是推进科技创新机制改革。深化科技领域"放管服"改革，让科研院所和高校在选人用人、科研立项、成果处置、职称评审、薪酬分配等方面有更多自主权。要优化整合各类科技计划和科技资金，加强科研项目和资金配置的统筹协调；推动科技企业与资本市场精准对接，引导风险资本、民间资本、银行信贷资金和担保公司进入科技投资领域。打破"唯论文、唯职称、唯学历、唯奖项"倾向，深化项目评审、人才评价、机构评估改革，把技术转移、成果转化作为重要标尺。

三是打造创新人才高地。深入实施"芙蓉人才行动计划"，组织好湖湘高层次人才集聚工程、国家级和省级高端外专项目、"海外名师惠三湘"引智工程，培育和集聚一批院士、学术带头人、领军型科技企业家、高端领军人才和创新团队。整合人才服务政策，为引进人才做好配偶随迁就业、子女就学、社保医疗、住房等配套服务。大力实施减轻科研人员负担专项行动，建立健全鼓励创新、宽容失败的机制。

四是强化创新开放合作。积极融入"一带一路"国际合作行动计划，发挥杂交水稻、中医药、新能源、装备制造等领域技术优势，在生物种业、医疗健康、轨道交通、智能电力等领域建立科技合作平台。对接长江经济带、粤港澳大湾区等战略，加强泛珠地区、湘港、湘台等创新合作，加快推动各项合作协议和项目落实落地。2019年，重点是深化湘港科技合作，在基础研究、产业对接、平台建设、成果转化、人才培育等方面，探索建立交流合作机制。

四 科学务实高效推进创新型省份建设，为高质量发展提供强劲动力

各级各部门要强化创新工作与经济工作的统筹安排，把创新型省份建设

摆上重要议事日程，按照实施方案明确的分工，制定具体措施，加强协调配合，研究解决突出问题，确保各项任务顺利实施完成。

（一）抓组织领导

坚持和加强党对科技事业的领导，坚持正确政治方向，把思想和行动统一到党中央对科技事业的部署和省委、省政府建设创新型省份的要求上来，形成谋创新、抓创新、促创新的强大合力。提高抓创新发展的能力和水平，争做创新领导者、组织者和推动者。

（二）抓研发经费投入

要发挥企业主体作用，加大企业的创新投入，围绕产业链形成创新链，围绕创新链优化配置社会资源，加大全社会对创新的投入。要对2018年研发投入行动的实施成效进行考核评价，没有完成任务的市州和相关责任单位，要认真查找原因，加大推进力度。要认真落实已经出台的企业研发财政奖补政策，引导企业有计划、持续增加研发投入，兑现高校、科研院所研发财政奖补政策。要将市州、县（市、区）科技投入产出纳入省真抓实干指标考核体系，根据投入产出指标的总量和增量综合评价，科学给予奖补资金支持。

（三）抓创新成果转化

让好的创新成果走出实验室、走向市场，关键要建立市场导向、效益优先的转化机制，探索产学研用紧密结合的新路子，更迅速、更高效地转化科研成果，形成研发成果助推产业提质增效、市场效益反哺研发创新的良性循环。企业要发挥主体作用，通过拓展创新成果应用的市场领域和市场空间来扩大生产规模、降低生产成本，不断培育企业新的增长点。要加快科技成果使用权、处置权、收益权下放，健全科技成果、知识产权评估、归属和利益分享机制，探索推进知识产权和创新成果股份化。高标准、严要求做好科学技术奖励评审，鼓励广大科研人员把创新成果写在三湘大地上。

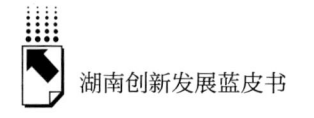

（四）抓部省会商成果落实

2018年湖南省与科技部进行了新一轮部省会商，明确在完善区域创新体系、加强重点产业技术创新、加大科技惠民力度等方面深化合作，协同推进湖南创新型省份建设。要加强与科技部等国家部委的沟通衔接，逐项分解会商任务，制定好施工图、时间表，加大落实力度，推进部省会商向更深层次、更细举措、更高水平迈进。要全力支持战略咨询委就省科技创新的战略性、方向性重大问题开展专题调研、充分研究，积极采纳战略咨询委的研究成果，更好地发挥其对建设创新型省份、推动高质量发展的"思想库""智囊团"作用。

鼓励青少年勇于探索，形成创新氛围，凝聚中国力量、培育创新文化、促进开放共享。通过"中国航天日"活动的举办，提高全民科学素养，大力激发广大青少年崇尚科学、探索未知、敢于创新的热情，推动形成讲科学、爱科学、学科学、用科学的良好氛围。

唯有创新，才能开启未来之门，才能赢得未来。要深入贯彻习近平总书记关于科技创新的重要论述，按照省委部署，大力实施创新引领开放崛起战略，加快创新型省份建设步伐，改革创新、锐意进取。

B.3
在乡村人才振兴调研座谈会上的讲话

朱忠明[*]

一 提高政治站位,切实把思想高度统一到习近平总书记关于乡村人才振兴的重要论述上来

习近平总书记关于乡村人才振兴工作的重要指示,深入阐释了乡村人才振兴的重大意义和深刻内涵,是湖南省做好乡村人才振兴的根本遵循和行动指南。

(一)人才是乡村振兴的核心要素

习近平总书记多次强调创新是实现乡村振兴的战略支撑,而人才恰恰是科技创新和技术进步的核心要素。人才振兴是乡村振兴的基础和重要内容,如果没有人才振兴,乡村振兴就成了无源之水、无本之木。人才兴,则产业兴,人才旺,则农村旺。

(二)人才是脱贫攻坚的内生动力

2020年是全面建成小康社会和脱贫攻坚的决胜之年。习近平总书记指出,要通过积极培养本土人才,鼓励外出能人返乡创业,鼓励大学生村官扎根基层,为决胜脱贫攻坚提供人才保障。湖南省作为脱贫攻坚的"首倡地",更要注重脱贫攻坚人才队伍建设,坚决打赢脱贫攻坚战。

---

[*] 朱忠明,湖南省人民政府副省长、党组成员。

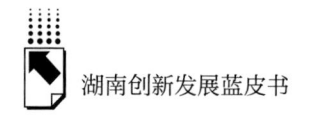

（三）人才是农业现代化的关键支撑

2016年3月，习近平总书记在参加十二届全国人大四次会议湖南代表团审议时，殷切嘱托湖南着力推进农业现代化、提高农业综合效益和竞争力。实施乡村振兴战略的总目标就是实现农业农村现代化，只有立足加强农业农村人才队伍建设，培养新型农业经营主体，才能有效推进农业农村现代化。

二 把握重点精准发力，努力打造乡村人才振兴的"湖南样板"

近年来，湖南省委、省政府坚决贯彻落实党中央、国务院的决策部署，按照科技部、住建部等有关部委的具体要求，抓实抓好乡村人才振兴工作，院士专家工作站、科技专家服务团、科技副县长、科技特派员等乡村人才振兴的湖南模式和经验成果不断涌现。

（一）"两个全覆盖"打通"最后一公里"

湖南省以科技专家服务团为重点，在全省123个县（市、区）组建了科技专家服务团，实现了科技专家服务团对全省所有县（市、区）、科技特派员对全省所有贫困村科技服务和创业带动的"两个全覆盖"，切实推动科技特派员工作方式由"单兵作战"向"团队作战"转变，推动科技特派员服务领域从单一农业领域向医疗卫生、环保、旅游、电商、金融等领域拓展。

（二）技术成果转化带动农业产业升级

围绕乡村振兴"产业兴旺、生态宜居、乡风文明、治理有效、生活富裕"，湖南省组织科技人才开展产学研深度合作，加大农作物、畜禽、水产、林木等重大农业科技攻关，在超级稻、茶叶、中药材等领域形成了一批重大科技成果。比如，在湖南省脱贫攻坚主战场湘西自治州奉献12年青春的国家优秀科技特派员王润龙，主持制定了湘西黄金茶种植加工4项技术规程，指导吉首市黄金茶茶园面积突破9万亩，年产量达1380吨，实现综合产值6.3亿元，2.3万建档立卡贫困户直接受益。

（三）立足本土培养，补齐人才短板

实施乡村振兴战略，本土人才是主力军。在选拔引进乡村人才的同时，更加注重本土培养人才。通过结合科技特派员和"三区"科技人才支持计划，举办各类农民实用技术培训班，开展实地技术指导，帮助地方培养各类农村实用人才。比如郴州宜章县科技专家服务团组织开展70期"蒙泉讲堂"，先后邀请欧盟专家、农业部、湖南农业大学等专家教授授课，在全县范围内培训各类实用人才2万余人次，培养出363名脱贫能人、致富能手、乡土专家，4903户贫困户通过发展产业、自主创业实现脱贫致富。

三 围绕"四才"并举，推动乡村人才振兴工作高质量发展

尽管湖南在推进乡村人才振兴工作上取得了一定的成绩，但是乡村振兴是一篇大文章，还有许多的不足和差距。下一步将按照习总书记的指示精神，坚决贯彻党中央、国务院关于乡村人才振兴的决策部署，激发乡村振兴的活力，加快实现农业现代化步伐。

一是广开"门路"引才。广开进贤之路，广纳天下英才。湖南省正在大力实施《乡村人才振兴行动计划（2018~2022年）》，引进和壮大科技专家服务团、科技特派员队伍，支持企业家、党政干部、专家学者、规划师、建筑师、律师、技能人才、乡村旅游人才等服务乡村振兴。引导高校毕业生、退役军人和创业能人返乡工作和创业，进而发挥人才的"集聚效应"，吸引更多人才扎根基层、奉献乡村。

二是提供"土壤"育才。大力实施乡村实用科技人才培育行动，加强对高校毕业生、返乡农民工、大学生村官、科技示范户、职业农民等生产经

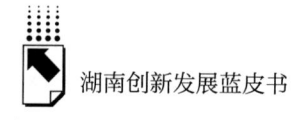

营主体的科技培训，培育一批有文化、懂技术、会经营的新型职业农民、乡村工匠、文化人才和非遗传承人等。

三是加大"马力"用才。"农村富不富，关键看支部"，把村党支部书记作为推进乡村振兴的奠基工程和动力引擎来抓。同时，继续深入推行科技特派员制度，支持高校和科研院所选派具有丰富实践经验的专家深入服务脱贫攻坚和乡村振兴建设。

四是做好"激励"留才。加大农业农村基础设施建设投入，努力改善农村教育、就业、医疗、基础设施、人居环境，不断优化乡村人才成长环境和创新创业环境。进一步完善制度体系和政策环境，激励各类人才在农村广阔天地施展才华、大显身手。

B.4
高水平推进湖南创新型省份建设的思考与建议

湖南省第一届科技创新战略咨询专家委员会

以创新型省份建设为统揽,湖南近年在创新驱动发展方面成效显著。全省的高新技术产业增加值增速连续保持在14%以上;2018年全省获得国家奖励27项,占了全国的1/10;研发投入也在快速增长,高新技术企业在2019年底有望突破6000家;获批了3家国家医学中心;新批了常德、怀化国家级高新区,宁乡即将获批。

2019年11月15日,中共湖南省委副书记、湖南省人民政府省长许达哲主持召开第一届科技创新战略咨询专家委员会第二次全体会议。与会专家委员围绕湖南创新引领开放崛起战略实施和创新型省份建设发表意见。

曹健林(主任委员、全国政协教科卫体委员会副主任、国家科技部原副部长)提出以下五点思考和建议。

第一,多途径加大科技创新投入,保障科技创新主体创新发展。"巧妇难为无米之炊。"唯物主义,要求有投入,无论是政府的投入,还是社会的投入。政府投入是社会投入的先导和榜样。当然近年来湖南科技投入有很大的增长,2018年达到了658.3亿元,增速很快,但投入强度仅1.81%,依然低于全国平均水平。建议进一步加大财政科技资金投入,通过引导投入,带动企业投入流向关键领域、关键行业。

第二,进一步完善创新生态体系建设,激发创新活力。有社会需求就可以去做,比如自动驾驶,最缺两头,一是缺场景,湖南可以考虑;二是缺高端,缺真做数学的。现在很多自动驾驶用的软件都是国外的,如果真做这个,要弄出一套更安全、更可靠的系统,还要防技术封锁。要加强基础研究,可以通过自动驾驶壮大汽车产业,创造良好的发展。2018年湖南高新技术产业增加值占GDP的比重为23.25%,离2020年30%的发展目标还有较大差距。建议从落实政策、营造氛围、构建平台等方面着手,强化市场需求引导作用和企业市场主体作用,完善激励企业研发的普惠性政策,不断营造科技创新发展大环境。

第三,继续深化重点领域的体制机制改革。有些工作,全国各地反应不一样,可以先做起来。比如,为什么临床医生非要考外语、非要发表文章、非要发表英文文章,这和治病的水平不敢说一点不相关,但是相关性肯定不强。是不是可以在某些领域做起来,可能真正可以引进一些特殊的人才。深化重点领域的体制机制改革,这篇文章湖南真的还可以大做。

第四,健全科技干部交流机制,提升科技发展的主观动力。科技口的干部,在管经济、管科技的地方,比如省级的有不少;还有山东等其他地方都不少。这是体现各地重视科技的非常关键的举措。

第五,以往讨论的项目自下而上的比较多,比较少的是自上而下的。省委、省政府对于湖南未来的经济社会发展最清楚,应该留一些作业,交由专家委员会来做。专家委员会聚焦省里的事,履行好对湖南发展的这份责任,提供一些更有参考价值的意见和建议。

丁荣军(副主任委员、中国工程院院士、中车株洲电力机车研究所有限公司董事长)认为,从2018~2019年评奖、新院士的诞生情况,可以看出湖南科技创新取得的成果确实很明显,显示了湖南省委、省政府对科技创新的高度重视。

第一,湖南科技创新和经济增长速度不匹配。尽管这些年湖南的经济增长很快,但是湖南新产业诞生与每年获得国家奖甚至新院士的产生不太匹配。相当一部分成果被沿海地区产业化,要引起省里重视。建议将战略咨询专家委员会成员分成若干个小组,对湖南的重点产业或者省委、省政府拟发展产业进行实地考察和调研,出5~6份甚至更多的咨询报告,供省委、省政府决策。湖南经济目前整体不是特别强，支持能力还有限，可以根据咨询报告，有目的地选择最强的做得更强，把有限的资源投入最好的产业。

第二，从实验室到企业之间的创新中心还比较缺乏。现在湖南缺的不是重点实验室，也不是企业的自主创新，是类似的创新中心。建议省里面创新实验室能够走下去，如果湖南省能够牵头做，在国内一定能够走到前面，为湖南经济发展做出贡献。同时，要在评奖上、经费上给予支持。如果研究成果拿到外省产业化，要把科研经费收回，要有这样的承诺。

郑健龙（副主任委员、中国工程院院士、长沙理工大学教授）认为，湖南省这些年高度重视科技创新对经济发展的促进作用，经济、人才、创新成果都有了飞速的发展。湖南高层次人才在国内处于第一方阵，高水平科技成果也在第一方阵，经济发展得很快，但从总量来看、从经济质量来看，只是中等偏上，还达不到第一方阵的水平，因为湖南的人才、科技创新能力还有一定差距。基于以上的情况，提出以下三点建议。

第一，全面认识湖湘文化的深刻内涵，深度挖掘湖湘文化的创新元素，来引领创新型湖南建设。湖湘文化是湖南人耳熟能详、引以为豪的"心忧天下、敢为人先，经世致用、坚韧不拔"。通常，人们认为湖湘文化是革命的文化，和平年代应该赋予湖湘文化新的内涵，和平年代是经济高速发展的年代，更应该突出湖湘文化实事求是、敢于创新的元素。宣传和阐释湖湘文化的时候，应该更多地强调在当今时代湖湘文化的核心元素是实事求是、科技创新和管理创新。无论是政府各个部门，还是全体老百姓都应该全面理解湖湘文化的深刻内涵，强调湖南人的创新能力和创新精神，并且政府应该加以适当的引导。

第二，对教育，特别是高等教育有必要进一步重视。无论是在国内还是在国外，高等教育和创新都是一对孪生兄弟。只有从根上重视教育的发展，特别是高等教育的发展，才能促进创新实力的提升。高校相当于人才的洼地，比如：现在全国都在建设"双一流"高校，江西和广西的投入比湖南大得多。"双一流"建设说是高校的建设，实际上是创新平台的建设，创新人才的建设。从骨子里重视高等教育才能形成人才洼地，利用高校这一平台，广泛吸引全国各地的人才来到湖南。要着眼长远可持续发展的创新，把高等教育的发展纳入科技创新发展的重要建设目标。

第三，要突出重点，既要进一步做强做大生物制药、智能制造等传统产业，又要根据当前湖南省实际情况，关注一些新兴产业，通过引进人才、给予政策资金支持来发展。当前一个重要领域是人工智能（机器人）。日本把机器人作为未来社会变革的一个重要力量、重要产品。湖南有条件、有基础，除了智能制造，还有智能建造。三一重工抓智能建造，目前中国工程院在推装配式建筑，这个领域的发展也非常重要。中低速磁悬浮，湖南有产品，但是发展的空间还要进一步拓展。现在正在建地铁，针对中低速磁悬浮可以做进一步的深入研究，进一步发掘潜力，将之打造成为湖南的一张特色品牌。

严庆（副主任委员、中国科学院科技促进发展局局长）针对通过科技促进发展，包括经济社会发展、可持续发展，提出以下建议。

第一，从政府层面梳理湖南科技需求，做到有的放矢。湖南跟中国科学院的合作总是不温不火。尽管研究所跟下面具体合作很迫切，但湖南未来的发展方向还需要进一步明确。关于创新型省份建设在推进过程中到底遇到了哪些问题，需要进一步梳理，在这个基础上，将确定的若干个领域分析透。有些问题是科技的问题，有些未必是科技的问题。

第二，面向未来发展，久久为功。国家重视发挥地方政府的积极性，地方政府省级领导的创造力不断增强，积极寻求与我们合作。湖南面向未来的发展，可能要做一些脱离现有基础和已有条件的东西，有一些地方直接提出做一些无中生有的东西，这些东西是有必要的。但是这些东西要做，恐怕不是一任领导做成的事情。在与地方合作的过程中，最怕的是随着领导的更替，战略进行调整。有一些事情没一两个任期做不成，一定要一张蓝图绘到底，一直做下去。当然有一些文化背景，如果能跟湖湘文化结合起来，持续性会更强一些。

第三，要以胸怀和情怀来做一些"无中生有"的事情。现在地方政府相互竞争，经常会扎堆。无论是商业模式的创新，还是其他创意，有一个好的，紧接着各个地方政府一哄而上。湖南地处中部，如果走在前面，有了一些成果，可能会被沿海地区拿过去，投入更大的财力支持。可以借着湖南已有的工作基础，添砖加瓦。过去湖南在装备制造业方面不如辽宁，而现在是不相上下，且湖南的趋势更好，往这个方向去发展、发力，大有希望。湖南在装备制造业的基础上加强信息化和智能化，在长江经济带绿色发展、郴州可持续发展议程方面有机遇，也有约束，在这样的情况之下湖南的装备制造业有很大的文章可做，需要咨询委员会就这个专题深入研究。

李昌珠（委员、湖南省林业科学院院长、研究员）针对"关于依托重大科研平台、建立长沙河东生物经济带"提出以下观点。生物经济是高质量发展的抓手，是落实新时代生态优先、绿色发展战略的需求，也是调结构、转方式，实现资源节约、环境友好的路径。此处生物经济主要是指生物种业、油茶木本油料产业和生物环境产业，湖南市场潜力有4000亿元，其中油茶即将突破1000亿元。3~5年要争取将长沙河东的芙蓉区和雨花区建设成为生物种业、油茶木本油料产业和生物环境国家级创新高地，把湖南的一些优势产业融入国际产业链、价值链，让人才、技术、信息流向长沙。目前，湖南有很多国家平台——湖南农业大学、湖南省农业科学院、中南林业科技大学和湖南省林业科学院，有6位院士，具备了建设国际品牌高地的基础条件。需要政府统筹资源，建设国家平台，建设创新链、人才链，建设多个企业联合实验室，避免土地开发一锤子买卖。例如，江南大学在江苏无锡，有近2000亩土地，没有做房地产，而是与国际一流新兴产业（企业）建各类联合实验室，每年不是卖房产，不做低级价值链生意，而是卖高技术产品、卖核心技术。湖南已有两大基础：一是2018年生物种业技术创新中心正在积极申报；二是2019年9月26日湖南省省长许达哲出席中国油茶科创谷的签约仪式，省部共建木本油料国家重点实验室批复在即，争取建成国

际化平台，建设一流的国家创新高地，条件相对成熟。同时，在芙蓉区、雨花区、天心区已有环保科技园等。

具体提出以下两点建议。第一，把生物经济带作为长株潭标志性工程，作为创新型省份建设重点工程，并纳入湖南省重点工程建设主要内容予以长期支持。作为省级重点工程才能进行土地资源的整合，在保护好生态环境的前提下建设大平台、建设大产业，促进科技和经济的高效融合。第二，加强机制创新。科技创新需要政府和企业多方支持，也需要各个行业的支持。科技厅也很辛苦，但是科技资源还是有限的。光靠河东，目前经济实力不够，需要各行各业的力量，特别是争取长沙市政府的支持。倡导省市区共建、产学研政合作，请求省市政府设立创新风投基金，政府搭平台，企业是建设主体，大学和科研院所是核心技术供应主体，利用市场机制整合资源，建设生物经济带，实行"一带多园多区"，避免重复研究、资源分散，真正把三大产业打造成为国际品牌。

吴金水（委员、中国科学院亚热带农业生态所所长、研究员）认为，湖南省在科技创新方面取得了很大的成绩，特别是农业。湖南省已经有省级、市级、县级创新（创新型省份、城市、县市），农业占很大的比重。湖南省在农业方面也有很大的优势，特别是谋划发展岳麓山种业创新中心是非常重要的。强调"加强新时期农业科技创新，筑牢湖南省农业高质量转型发展基础"。现在的农业科技与十几年、二十几年、五十几年前解决温饱问题完全不一样，新的体制还没有形成。习近平总书记提出农业供给侧结构性改革，是在湖南提的，对湖南提出了一个新的战略上的国家需求。但也面临瓶颈问题：一是现在农民的收入，一个工一天150元，还找不到人做，成本比以前高很多；二是国际大宗农产品，比如美国猪肉价格才3元。面临这么大的挑战，高质量转型和高质量发展是必须要做的，也是农业供给侧结构性改革的主攻方向。在这里，提以下三个建议。第一，农业科技要从"以量为发展方向"调整到"以质和质优为发展方向"。品种选育、技术研发要向高质量发展倾斜，要部署稻谷粟优质品种的选育计划。第二，建设一批国家实验站。国家正在部署国家野外监测研究站，湖南已有 2 个（桃源站和祁阳站），农科院还有 1 个，2019 年有可能会增加。部署和加强农业环保自动化、高品质生产和加工技术装备的研发。第三，打造一些高水平科技园区和生态高质量发展模式。湖南具备了条件，建议省政府考虑出台一些措施和计划。

何清华（委员、山河智能股份有限公司董事长）从军民融合的角度提出"聚焦优势企业，构建军民融合创新高地"。他认为湖南是军事工业重点省份之一，近年来在省委、省政府的重视支持下发展得很快，并从企业角度阐释了什么是优势企业。

第一，要有强国、强军的情怀。山河智能成立 20 年，企业创办之初，在租赁的厂房墙上就写下"修身治业，兴企强国"八个大字。20 年来，始终坚持将"民参军"作为企业发展的重要方向。山河智能的强军情怀与实际行动，让政府、军方、众多军事院校和军工企业真切感受到其"民参军"不是权宜之计、不是赶时髦。目前，山河智能已成为一家能够为陆、海、空、火多军种提供多种装备服务的军民融合企业。这都需要强军情怀的支撑。

第二，要有创新，山河智能提出先导创新模式。山河智能的无人化装备在参加陆军挑战赛的各家参赛队伍中是独一无二的，机构创新性非常强，中央电视台对山河智能的无人化平台做了两次专题报道，并且该无人装备上到西藏将近 5000 米的高原。同时他本人也对海军工程大学马伟明院士承担的系统，参与提出了不少原创性意见，投入大量精力，进行了拳头系统的设计，形成了多项专业技术成果，解决了一些"卡脖子"的问题，这些都是依靠先导式创新模式。

第三，要打造一支能征善战的专业团队。山河智能始终坚持军品优先、民技军用原则，将最优秀的研发人员和最好的资源长期投入军品项目的培育中。通过承担以"高新工程"重点型号项目——轮式装甲工程车为代表的多个军品项目的设计试制、严格实验和批量列装，培养历练出一支善于创新、吃苦耐劳、甘于奉献的军品研发、制造、试验、服务队伍，成为山河智能军民融合业务持续、健康发展的基石。近三年承担"建军90周年"阅兵及其他重大军事演训活动的装备保障，多次获得部队好评与嘉奖。

第四，要完善创新设计、精益制造、精细管理"三位一体"的体系。形成一个好的产品，不管是军品还是民品，一定要有创新、制造、管理，三者都达到一个高度，才能够保证。山河智能的产品出口欧洲，目前已成为挖掘机保有量最大的中国企业。经过这两年的努力，尽管受贸易摩擦的影响，2020年其在美国市场也会获得重大突破。高端市场倒逼山河智能在创新、管理及制造等方面形成非常严谨的体系。

第五，深化发展无人化装备科技创新。在无人化装备领域，要在国内外发展水平差距相对较小的格局中保持应有的地位，甚至局部实现弯道超车。只有强化创新、点面结合、以点带面，才能让我军的无人化装备获得持续健康、快速有效的发展。无人化装备的发展与相应战术战略的发展是一个多层次的相辅相成协同发展的积淀过程，不可能一种模式、一蹴而就、一步到位，应该由简至繁，先有效可靠地解决部队的部分迫切现实需求问题，在使用中增强研制单位与基层部队的互动，使装备与战术战法相互促进，实现逐步迭代，不断改进升级，推动无人化装备的体系化变革与发展。

郭学益（委员、中南大学副校长、教授）认为应"以科技创新为引领促进湖南战略性新兴产业的发展"，具体提出以下三点建议。

第一，加速岳麓山国家大学科技城建设。湖南省委、省政府对此特别重视，实施以来取得了很大的进展。目前建设规范有序，建设成效突出，比如潇湘大道提质改造、麓山南路和后湖的综合整治，大学科技城的人文环境得到了极大的改善。特别是中南大学科技园研发总部，已实现深度对接，有5500余家企业对接，目前已有189家企业注册，注册资金达13亿元，上市企业、控股公司8家，很多院士专家科研成果在科技园转化，累计缴费实现4600万元，2020年预计产值达100亿元。中南大学科技园已经取得了良好的成果，展现了未来发展的前景。现在中南大学面向科技园的总部企业、职工共享学校资源，让入主企业享受中南大学教职工待遇，实现了园区、校区、城区、景区的深度融合，形成了融洽紧密的校内关系。具体来讲，首先，进一步做好战略统筹规划和科学布局。现在是局部的、分段的建设，真正建成有国际影响的、有世界影响的大学科技城，需要在更高的层面和层次来建设。其次，进一步强调协同创新，建立国家实验室，包括中南大学、湖南大学、湖南师范大学等科研院所，努力实现平台的共享、资源的共享，实现人才的共同交流。特别是要进一步推进产业链的合作，着力推进科技成果的就地转化，让更多的成果在大学科技城里落地生根、开花结果。最后，进一步借鉴北京、上海等地成功的建设经验，在此基础上形成湖南特色。

第二，加大对人才的支持力度，使人才在湖南能够引得进、留得下、发展得好。大家都有共识，创新驱动发展的实质是人才的驱动。湖南跟沿海地区、发达地区省会城市相比，在人才的规模、结构、活力等方面有较大的差距，迫切需要加快人才发展、体制机制的改革，真正打造一支德才兼备、规模宏大、高端引领、活力迸发的人才队伍，为创新型省份建设提供强大的人才驱动力。具体来讲，首先，加大专项资金投入。高校是吸引聚集高层次人才的地方和重要的平台，建议省财政在"双一流"建设的基础上专门安排人才经费，支持高校提高人才待遇，增强人才引进的竞争力，更好地引进和培养、留住人才。其次，统筹人才的项目体系。湖南有很多人才帽子项目，包括芙蓉学者建设、湖湘人才、长株潭高层次人才，但缺乏品牌吸引力。建议整合形成一个品牌，重点支持吸引高端人才。并且，建议对各种人才计划加大力度，增加支持的人才数量。再次，优化人才政策。对海内外高层次人才实行专门的政策、绿色通道，吸引他们到湖南来发展，对高校人才和产业人才一视同仁。目前，高等学校和政府引进人才的政策不一致。政府引进人才给房租、补贴等支持，但是高校引进人才就由学校自己解决。希望能够使高校人才按照产业人才同等标准享受省市人才的资助。引进人才方面有一个具体的问题，安家费、购房补贴要交税，建议加强协调，免去相关费用，更大力度支持人才。最后，政府出资建设一批人才住房，改善人才的居住条

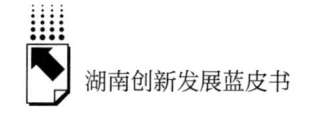

件，可以买商品房，很多人才进来以后能够尽快入住，更快投入工作，这也是一个条件的保障。

第三，构建新型科技创新服务体系，促进园区和产业的发展。关于建设创新型省份，湖南产业发展形势不错，长株潭有高新园区，每个地州市县都有产业园区。各类园区科技创新的能力不足，技术需求的渴望很强，但是缺乏人才支撑和技术支撑。建议省委、省政府建立更加有效的机制，鼓励高等院校、科研院所结合"双一流"建设，把湖南的优势学科更好地跟特色产业相结合，鼓励高层次、高端人才和发展的企业紧密结合。比如，围绕精准扶贫战略思想，每个地方都派驻了脱贫的队伍和领导。建议出台相应的政策，对园区同样派科技人才和队伍入驻，跟园区、产业实现对接。

张尧学（委员、中国工程院院士、湖南省科协第十届全省委员会主席）提出区块链和大数据再往上走一点就是信息产业；认为湖南今后的发展重点中，信息产业是必不可少的，现在发展得也非常快。但是有一个瓶颈，超过一个亿的企业非常少。他认为这与湖南的人才、研究、创新、产业有很大的关系。

具体来讲，区块链不是一个简单的去中心的记账，而是思想观念的变化。比特币产生的记账方式，给人们提供了一个追溯可信的工具和方法。比如，恋人写一个爱的誓言，写在区块链里就会永远在那里。写在石头上可以用东西抹掉，区块链永远去不掉。这个方式改变了人们的思维。区块链带有商业模式，今后任何一个产业要做到可信、安全，都会用到区块链。与互联网、计算机的出现给人类社会带来改变一样，区块链对人类的思维和产业将带来巨大的改变，建议加强对区块链的研究、重视和投入。

另外，通过大数据湖南完全可以形成一个新的生命科学产业，把地方医院、市级医院、省级医院连在一起。打造云龙实验室，财政厅、科技厅和卫健委联合起来推进，把各个地方的医院和湘雅等省里的医院连起来，把省里相关大数据做起来。一些健康监控设备，改变了生活。比如心电监测仪，省里正在积极推动，一个月预销售额达1亿元，监测人的脑梗和心梗，365天把健康数据录入系统,医生可以提出警告,仪器也可以提出警告,脑梗可以减少95%以上。这些设备正在改变人类的生活,同时给产业发展带来极大的机会。建议加大对医疗大数据、区块链的研发投入,通过项目拉动,落实到云龙实验室建设,省政府统一领导,相关厅局统一协调,拉动形成百亿大产业。

谭蔚泓(委员、中国科学院院士、湖南大学副校长)主要围绕"双一流"建设、生物医药、湖南省国家级平台等三个方面,谈了一些体会和建议。

第一,湖南省的"双一流"建设取得了很大成绩,优秀大学对于当地社会、经济发展产生着巨大影响力。办最好的大学,是政府最重要的责任,也是社会经济发展的最好推动力。近年来,湖南大学取得了很多成绩,这得益于省的资金支持和科技奖励。

第二,生物医药事关健康中国战略,健康是最重要的前沿领域。习近平总书记讲过,"没有全面健康,就没有全民小康"。近年来,在湖南省委、省政府的重视支持下,省科技厅大力落实生物医药强省策略,取得了显著成效。但是必须清楚地认识到,我国在生物医药方面的重点和难点问题:一是重大疾病的分析;二是新药研发严重滞后;三是医院基本上都是进口的医疗设备;四是城乡医疗差距巨大。在长沙,你可以找到很好的医生看病,但是在其他地区或者县区一级就很难。建议精准定位临床研究,要把鼓励大量医生做论文的导向在医院系统扭转过来,一定要以临床问题为导向。科研成果只有在医生的手上,才能真正成为病人的福音。湖南人才济济,在医药界也有不少领军人物,建议省政府集聚引进人才资源,加大院士培养力度,加快生物医药学科发展和产业壮大。

第三,引进中科院等国家级平台资源。目前中科院正在积极拓展与地方的合作领域,尤其是在生物医药领域。比如,中科院在重庆的医学单位就有13个,附属医院是中科院的样本中心,建了很多中科院的研究所。湖南除了亚热带所,没有中科院的任何单位。建议积极发挥科学家的纽带作用,与

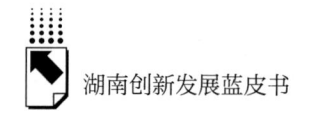

中科院、中国工程院紧密联系，争取把中国工程院和中国科学院的研究所建到湖南来。

李泽湘（委员、香港科技大学电子与计算机工程学系教授、长沙智能机器人研究院有限公司董事长、大疆创新科技有限公司董事长）提出，科技创新最终要产生经济成果，科技创新的要素包括市场、科研、人才、资本，如果不是最后与产生经济成果相联系，都不能算是这个范畴。论文也好，排名也好，获奖也好，如果没有跟最终的产业经济成果联系起来，价值还是很有限的。

他还谈了谈过去20余年在深圳、港科大探索固高、大疆，将其从做产品的小公司培育成平台性公司的体会和思考。第一是人。国内所有的大学，包括港科大，人才的培养没有为创业这些要素考虑。第二是探索以产业化为导向的新型研发机制。在东莞市政府支持下，他本人建立了松山湖机器人产业基地。这是一种全新的研发机制，以孵化、创业为目的的小研发团队，形成了研发成果就必须出去创业，而不是继续在研究所里面待下去。到现在为止的4年时间里，已经有50余个团队"走出去"。目前，正计划把这种模式和十几年的探索在长沙落地。围绕创业人才的来源，和湖南大学合作建立了机器人学院；和长沙市政府谋划了智能驾驶、智能网联汽车的平台，主要是立足长沙的工程机械、智能、新材料等方面的积累，为下一个千亿元产业做铺垫。通过搭建平台，把要素都聚到一个很小的环境，让创业者在这里面能够获得支持，能够"走出去"，形成"麓谷智慧"小生态。这些最重要的前提，就是湖南、长沙这些年科技创新氛围有了很大的改变。第三，科技创新应该抓住增量。培育战略性新兴产业，依靠新型的产业公司推动传统产业的转型升级，把存量做上去，达到事半功倍的效果。领域的选择上，湖南必须要有所取舍，要发挥自身的优势，聚集资源，把"浓度""温度"做上去。第四，明确重点领域。智慧交通或者智能装备，是一个很有潜力的领域。包括智能网联汽车、轨道车辆、工程车辆等，把人工智能、机器人、传感器、物联网等新技术、新成果集成起来。这方面湖南有优势。民生领域包括食品、生物、农业、环境，有很多共同点，也可以加大力度。精密制造、医疗器械、智能终端，可以朝着打造全国知名甚至世界知名的消费品牌来发力。建议把这三个领域的发展趋势、各种各样的要素梳理清楚。第五，探索产业人才双研制教育。依托中南大学、湖南大学或者其他高校，不需要全面深入改革去改变这个主体，可以采取做特区的模式，建设新型机器人学院、新型人工智能学院。我国的智能装备产业，跟德国和瑞士相比，最大的差距就是技工、技师。通过双研制教育，把技校用新型方式来做，打造研究生版本的机器人学院。

这里面从政府的角度还有几个很重要的因素。一是资本。虽然说是风险投资，都是双学院培养出来的，对科技、对科技的发展，对前沿懂得不多。建议政府借鉴新加坡的经验，设立组合拳基金，引进民间资本。二是场景。聚焦几个行业，提供一些场景，主要依靠市场推动。比如，智慧交通，自动驾驶研究院，中车的公交、环卫、工程，以及矿山、工地、校车等。政府提供场景为新型公司做市场应用，提供政策、平台支持，助力发展、成熟，再向全国、全球进行推广。我们将花时间、精力进行反复的论证，服务省和市里决策。

总 报 告

General Report

B.5
2019年湖南科技创新情况及2020年展望

童旭东*

摘　要： 本报告围绕加快建设创新型省份和科技创新推动高质量发展，阐述了2019年湖南在坚定科技创新正确政治方向、创新发展新格局、高质量发展新动能、区域创新发展、重大民生需求、创新主体发展、创新创业生态、科技创新合作空间、创新发展工作等九方面的行动与成效。结合目前国际形势和国家战略及高质量发展对科技创新发展的新形势新要求，提出2020年湖南科技战线应增强抓科技、谋创新的使命感和紧迫感，重点从科技创新供给、创新优势转化、创新平台建设、创新高地建设、民生科技创新、区域科技合作、重点领域改革、科技人才培养引进使用、科技监督和学风作风建设等九方面

---

* 童旭东，湖南省科学技术厅党组书记、厅长。

开展工作,力争实现2020年科技创新工作目标。

关键词: 科技创新 创新型省份 高质量发展

2019年正值新中国成立70周年,也是湖南省加快建设创新型省份、推动高质量发展攻坚克难的关键一年。在湖南省委、省政府的坚强领导下,全省科技战线深入学习贯彻习近平新时代中国特色社会主义思想,以建设创新型省份为统揽,不断强化科技创新对高质量发展的支撑引领作用。全省科技进步贡献率提升至58.7%;研发经费投入总量较上年增长15%以上,投入强度接近2%;高新技术产业增加值增长14.3%,高出GDP增速6.7个百分点;高新技术企业总数达6287家,较上年增长34.9%;登记入库科技型中小企业3220家,同比增长26.4%;完成技术合同成交额490.7亿元,同比增长74.2%;取得了"湖南造"CJ6动车组、"鲲龙500"海底集矿车、碳纤维长丝产品、超高强度钢材、全国产固态硬盘控制芯片等一批重大创新成果;获国家科学技术奖励31项,超出全国总数的1/10。国务院公布2019年实施创新驱动发展战略、推进自主创新和发展高新技术产业成效明显的地方名单,以及改善地方科研基础条件、优化科技创新环境、促进科技成果转移转化以及落实国家科技改革与发展重大政策成效较好的地方名单,两名单中全国各5个省市,湖南均入围,"十三五"以来4年4次获国务院表彰激励。

一 2019年湖南省科技创新工作再上新台阶

(一)坚决贯彻党中央国务院和省委、省政府各项决策部署,坚定科技创新正确政治方向

湖南省科技战线树牢"四个意识",坚定"四个自信",坚决践行"两

个维护"，深入学习贯彻习近平总书记关于科技创新的重要论述和对湖南工作的重要指示精神，把旗帜鲜明讲政治贯穿于科技创新工作全过程；把讲大局、讲看齐，落实到贯彻新发展理念、深入实施创新引领开放崛起战略各项部署中去。第一时间组织传达学习党的十九届四中全会精神和中央、省委经济工作会议精神，坚持学用结合，切实把学习成效转化为推动创新型省份建设和科技改革发展的实际行动。扎实开展"不忘初心、牢记使命"主题教育，牢牢把握"守初心、担使命、找差距、抓落实"的总体要求，深入开展调研，结合广大科研工作者和人民群众对科技创新最急、最忧、最盼的事项，梳理形成包括78个问题的整改清单，立行立改，持续推进，确保主题教育常态化、长效化。落实中央和省委推动全面从严治党向纵深发展的各项部署，持续加强科技系统党风廉政建设，抓好以案示纪和警示教育，从严从实做好日常监督，树牢纪律规矩红线。

（二）扎实推进创新型省份建设，全面创新发展新格局逐步形成

湖南省委、省政府召开全省推进创新型省份建设暨科技奖励大会，部署和动员相关工作。湖南省政府印发建设实施方案，出台若干财政政策措施。湖南省省长许达哲主持召开创新型省份建设领导小组会议，加强工作调度。整合设立创新型省份建设专项，制订工作方案，明确了自然科学基金、科技重大专项等7个计划类别。国家级创新型城市、创新型县市建设稳步推进，启动了长沙岳麓区等14个省级创新型县（市、区）的培育建设。用好考核评价"指挥棒"，全面建立了市州、县（市、区）、高新园区、"双创"平台等创新绩效评价指标体系。加强评价结果发布和运用，对4个市州、20个县（市、区）进行真抓实干通报表扬和资金奖补激励。省政府召开省科技创新战略咨询专家委员会第二次会议，听取各位院士、专家委员意见建议；举办"湖湘创新70年"致敬大会，对科技创新各领域的典型个人、团队和重大创新事件进行集中现场致敬，营造全社会尊重科学、尊重人才、尊重创新的浓厚氛围。全省上下进一步统一思想认识，各项建设任务加快落实，全面创新格局加速形成。

（三）围绕产业实施重大科技攻关项目，高质量发展动能显著增强

湖南省获中央引导地方科技专项资金较上年增长33.6%，首次获评中央引导地方科技发展资金绩效评价5个优秀地区之一。承担智能机器人、网络协同制造和智能工厂、纳米科技等一批国家重点专项。深入实施产业项目建设年"5个100"行动，扎实抓好"100个重大科技创新项目"，进一步延伸产业链、提升价值链，促进科技创新与产业转型升级的融合、融通。全年共实施智能机器人研发、组合烟花全自动安全生产、高端工程机械装备研制、高性能电子玻璃生产等重大项目115个，完成投资176.8亿元，投入研发经费55.1亿元，分别超出年度计划25.2%和48.7%。坚持"三个面向"顶层设计、布局科技重大专项和重点研发计划项目，科技重大专项单项资助额度突破5000万元。超级地下工程专项加快研发超大直径隧道智能掘进装备，为国家重大工程提供支撑；出生缺陷协同防治专项完善全过程的技术解决方案，服务优生优育。实施战略性新兴产业项目48个、创新创业技术投资项目87个，加强5G+4K、碳基纳米器件、新型传感器等前沿领域部署，强化Wi-Fi 6芯片、超高温特种电缆、难熔金属基复合材料、大直径轴承等"卡脖子"技术攻关，防范化解科技和产业发展的重大风险。争取国家自然科学基金项目1403项、经费7.6亿元，其中，区域创新发展联合基金7000万元，在首批四省中获资助数量占比最高。

（四）积极布局建设重大创新平台、基地，区域创新发展迈出新步伐

加快推进长株潭自创区调扩区，将"两山"纳入核心区、26个园区纳入拓展区，扩大政策辐射范围，方案已呈报国务院待批。围绕"三谷"定位，通过省市集成联动的方式，支持了湖南光电集成创新研究院、湖南应用数学中心、省部共建木本油料资源利用国家重点实验室、湖南先进传感与信息技术研究院、生物种业技术创新中心、湘潭智造谷增材制造产业技术创新

中心及3D打印产业基地等标志性创新平台建设。郴州获批国家可持续发展议程创新示范区，省政府出台专门支持政策、设立专项资金定向支持，加快探索"水资源可持续利用与绿色发展"的经验模式。宁乡高新区即将获批国家高新区，岳阳临港高新区升级国家高新区已完成现场考察，正征求部委意见待批。常德高新区获批国家现代装备制造高新技术产业化基地，怀化高新区的中药材、洪江高新区的精细化工新材料获批国家火炬特色产业基地。新增张家界武陵源等3个省级农业科技园区和雨湖等6个高新区。马栏山视频文创产业园获批建设国家科技与文化融合示范基地；岳麓山种业中心建设启动实体化平台运作；国家耐盐碱水稻技术创新中心已通过科技部组织的专家咨询论证；推动国家级洞庭湖生态系统野外科学观测站立项，多点多极支撑的区域创新发展格局逐步形成。

（五）聚力打赢"三大攻坚战"，保障重大民生需求实现新提升

深化科技精准扶贫，促进茶叶、中药材全产业链专项，科技特派员创新创业专项，中央引导地方科技发展专项资金及特色产业发展进一步向贫困地区倾斜，全力服务决战决胜脱贫攻坚。新选派403名省级科技特派员和770名"三区"科技人才，目前在岗人员超过5000人。新组建72个科技专家服务团，实现了科技专家服务团对全省所有县（市、区）、科技特派员对所有贫困村"两个全覆盖"。2019年10月，在北京召开的科技特派员制度推行20周年总结会议上，湖南作为优秀省份受邀出席，4人、2个单位获表彰。省科技厅荣获2019年度脱贫攻坚工作先进单位。聚焦打好污染防治攻坚战，联合省发改委出台《关于构建市场导向的绿色技术创新体系的实施意见》，在黑臭水体治理、流域重金属污染防治等重点难点领域研发推广一批先进技术；深入实施政府采购两型产品政策，发布第八批"湖南省两型产品政府采购目录"，纳入123家企业的449项产品；将有色冶炼场地土壤—地下水协同修复、多源无机固废集约利用等研发需求纳入国家重点研发计划。围绕青少年近视、急性高危胸痛、癌症等常见病、多发病，加强技术攻关，开发研制新药、器材和设备。聚焦安全生产，实施自然灾害防治技术

装备现代化工程。围绕超高楼层消防、强天气道路交通安全、危险环境应急救援等进行系统布局，不断提升群众幸福感、安全感。

（六）加强创新主体培育和人才队伍建设，高质量发展的骨干力量加速壮大

湖南省政府设立高新技术企业经济贡献奖，进一步激发企业创新活力，加快高新技术企业增量提质步伐，高新技术企业数量提前超额完成"十三五"目标。强化研发投入奖补引导和税收激励政策落实。研发投入奖补政策实现对企业、高校、科研院所三大创新主体全覆盖，奖补企业1767家、奖补资金达5.94亿元，同比分别增长103%和60.1%；首次兑现37家高校和科研院所奖补、奖补资金达1869.62万元。全省高新技术企业享受所得税减免48.8亿元，较上年增长17.9%；高新技术企业中享受研发费用加计扣除政策的比例达86%，减免税额50.2亿元。2684家科技型中小企业享受研发费用加计扣除优惠政策，优惠金额达39.24亿元，分别较上年增长28.9%和37.1%。聚力人才"第一资源"，以芙蓉人才行动计划为指引，大力实施湖湘高层次人才集聚工程，引进高端外国专家1642人，法籍诺奖院士让—皮埃尔·索维奇，美国前总统奥巴马科技顾问、美籍院士查德·米尔金其中2人获中国政府友谊奖。全省7人当选2019年两院院士；4人获"何梁何利奖"，获奖人数居全国第三位；39人入选"万人计划"；6人入选国家"杰青"，13人入选国家"优青"，入选人数为历届之最。

（七）完善科技创新政策和服务体系，创新创业生态不断优化

加强科技创新立法，新修订的科技奖励办法、高新技术发展条例颁布施行，完成实施科技成果转化法办法修订，长株潭自创区条例通过省人大常委会审议，为产业创新、园区提质升级提供政策和法律保障。落实国家"三评"改革措施，出台首个省级层面人才评价实施办法，深入推进"四减"和九项减负行动，为科技人才松绑赋能。常德高新区、衡阳高新区获批国家创新创业特色载体，新增国家级科技企业孵化器5家、众创空间14家，省

级科技企业孵化器8家、众创空间40家、星创天地50家，创新创业孵化全链条的服务体系进一步完善。会同省财政厅出台了《湖南省科研基础设施和科研仪器向社会开放共享双向补贴实施细则（试行）》，兑现补贴经费1300万元，入网仪器年均使用时间提升48.6%。部署开展"科技成果转化年"活动，制订实施方案，建设潇湘科技要素大市场和科技金融服务中心，加快完善成果转移转化体系。协同推动湖南高新技术企业对接科创板，启动建设区域性股权市场"科技创新专板"，建立涵盖106家高新技术企业的科创板上市后备企业库，向上交所推荐50家重点企业，威胜信息成为中部地区首个科创板上市企业。

（八）深化开放合作创新，国际与区域科技创新合作空间不断拓展

新认定省级国际科技创新合作基地14家。推动省内有关单位与英国组建湖南光电集成研究中心，与美国、日本、澳大利亚、瑞典联合组建国际自身免疫疾病联合研究中心。落实"一带一路"倡议，推动杂交水稻、新能源、健康医疗等领域优势企业"走出去"，中埃可再生能源联合实验室被科技部认定为全国首批14家"一带一路"联合实验室之一。参与组织首届中非经贸博览会，做好主宾国塞内加尔代表团的接待，对非科技交流与合作进一步深化。会同有关单位在德国举办2019"欧洽周"，组织科技企业参加"汉诺威国际工业博览会"。对接粤港澳大湾区发展战略，组织港湘科技创新融合发展专题对接会，启动"湖南—香港科技创新技术转移工作站"建设；对接澳门科教代表团，推动湘澳两地科教融合发展。加强省院省校合作，推动湖南省与中国工程院签订新一轮科技创新合作协议，省院共建的中国工程科技联合创新中心——岳麓山工业创新中心揭牌。推动湖南省与天津大学签订科技创新合作协议，省校科技创新与人才合作进一步加强。加强援藏援疆工作统筹，与西藏自治区科技厅、新疆维吾尔自治区科技厅以及新疆生产建设兵团签订科技合作协议。

（九）加强协同联动，创新发展"一盘棋"的工作合力加速汇聚

围绕创新型省份建设各项任务，领导小组各成员单位密切配合。省财政

持续加大科技创新投入，出台《湖南省创新型省份建设专项资金管理办法》，优化科技创新计划布局。省委组织部、宣传部、省发改委、教育厅、工信厅、生态环境厅、农业农村厅、卫健委、文化旅游厅等责任单位立足行业、领域发展实际，创新工作机制，统筹布局创新资源和成果转化应用，加快科技创新、产品创新、管理创新、文化创新等各方面的全面创新，促进科技创新全面融入"五位一体"战略布局，更加有效地服务产业转型升级、生态环保和重大民生改善。各市州科技创新工作亮点纷呈。常德强化科技管理力量配备，在县（市、区）全面恢复科技局，所有园区设立科技部门，推出了社会力量设立科技奖等创新举措，科技助力"开放强市，产业立市"成效突出。长沙高新技术企业突破3000家，占全省总数近一半；怀化、张家界、邵阳高新技术企业数量分别较上年增长61.5%、44.7%、42.9%，居全省前三位。株洲、岳阳、益阳、永州加强组织领导和督查督办，深入推进研发经费投入行动计划，实现了较高的目标完成率。湘潭建立产学研合作创新发展基地11个，探索促进科技成果转化新机制。郴州抓紧抓实创建各项工作，成功获批国家可持续发展议程创新示范区。衡阳举全市之力建设国家创新型城市，创新关键指标快速提升。娄底、湘西创新科普宣传机制，科技下乡、科普进校园、进社区等活动社会反响好，有力推动科技惠及民生。

二 充分把握新形势新要求，增强抓科技、谋创新的使命感和紧迫感

习近平总书记要求领导干部要胸怀两个大局，一个是中华民族伟大复兴的战略全局，另一个是世界百年未有之大变局，这是我们谋划工作的基本出发点。当前，新一轮科技革命和产业变革与世界大变局、中国大发展形成历史性交会。应对大变局、推动大发展，根本动力在于科技创新的突破性进展和制度的伟大创新。我国经济已转向高质量发展阶段，湖南创新引领高质量发展正在提速前进，科技创新正处于大有可为的机遇期和乘势而上的突破期。特别是面对抗击疫情、加快复工复产的形势，打好化险为夷、转危为机

的战略主动战，对科技创新提出了更高要求。做好2020年全省科技创新工作，要着重从以下三个方面把握。

（一）贯彻中央科技创新重大决策部署，为打好迈进创新型国家行列收官战贡献湖南力量

《国家创新驱动发展战略纲要》明确，到"2020年进入创新型国家行列"。党的十九大"两步走"战略安排，将"科技实力将大幅跃升，跻身创新型国家前列"作为第一阶段的重要目标。2019年以来，习近平总书记在中央政治局集体学习、全国"两会"、国内考察等重要场合，多次强调科技创新的重要性，要求"紧紧扭住技术创新这个战略基点""掌握更多关键核心技术""加快推动区块链技术和产业创新发展""为高技术企业建立加速机制"，号召全国科技工作者瞄准世界科技前沿，引领科技发展方向，肩负起历史赋予的重任。2020年1月10日，全国科技工作会议在北京召开，明确指出"2020年是实现进入创新型国家行列目标的收官之年"。

湖南省是科教资源大省，也是国家批复建设的10个创新型省份之一。要认真学习、深刻领会习近平总书记的重要讲话和批示指示精神，把思想和行动统一到建设创新型国家和世界科技强国的战略部署上来，不断增强责任感、紧迫感。要对照创新型省份目标任务，加强部门协同协作，全力抓好建设方案的组织实施，聚焦研发投入、高新技术企业培育等关键指标持续发力，确保建设目标顺利实现、建设任务如期完成。

（二）聚焦全省高质量发展大局，为坚决打赢三大攻坚战、全面建成小康社会提供有力支撑

省第十一次党代会作出实施创新引领开放崛起战略的决策部署，明确了"三个着力""四大体系""五大基地"等目标任务，创新、开放的发展理念深入人心，全面创新、全面开放的格局加速形成。省委、省政府部署产业项目建设年活动、创新型省份建设、"芙蓉人才行动计划"、深化开放合作创新，都把科技创新摆在关键位置。2019年10月，湖南省委书记杜家毫专

程到省科技厅调研，强调要坚持一张蓝图干到底，着力构建科技创新基地，加快建设科技强省，让"自主创新长株潭现象"永不落幕。湖南省省长许达哲专门主持召开会议，专程到郴州调研，靠前部署推进创新型省份、国家可持续发展议程创新示范区、岳麓山种业中心建设等工作。省政府工作报告围绕加快建设创新型省份进行了系统部署。

全省科技战线要切实扛起创新引领高质量发展的责任，坚持问题和需求导向，主动服务各类科技型企业平稳复工复产，加强产业技术创新，加速科技成果转移转化，通过强化高质量科技供给，化危为机，赢得长远发展主动权。要围绕进口依赖程度高、受疫情冲击严重的轨道交通、工程机械等支柱产业，加强关键核心技术、共性技术攻关和进口替代产品研发。针对疫情期间涌现的智能制造、无人配送、在线消费、医疗健康等新兴产业，加强研发攻关，打造应用场景，培育壮大新模式新业态，将潜力有效转化为产业发展的动力，进一步释放湖南省发展的潜力和动能。要急发展之所急、解民生之所难，将科研攻关聚焦到不平衡、不充分的短板瓶颈问题和"三大攻坚战"亟待破解的技术难题上来，更好满足人民群众对美好生活的向往。特别是针对常态化疫情防控形势，不断强化重大疫情防控救治的科技支撑，为保障人民生命安全和身体健康筑牢防线。

（三）加快完善科技创新体制机制，全面提升科技治理能力和创新体系效能

党的十九届四中全会以坚持和完善中国特色社会主义制度、推进国家治理体系和治理能力现代化为主轴，把制度建设和治理能力建设摆到更加突出的位置，围绕深化各领域各方面体制机制改革，推动各方面制度更加成熟更加定型，进行了科学谋划，吹响了改革再出发的号角。全会将"完善科技创新体制机制"作为国家治理体系和治理能力现代化的重要内容进行部署，要求"构建核心技术攻关新型举国体制""健全鼓励支持基础研究、原始创新的体制机制""健全符合科研规律的科技管理体制和政策体系"等，对科技改革发展提出了新的更高要求。去年以来，国家层面出台了扩大高校和科

研院所科研相关自主权、促进新型研发机构发展、构建市场导向的绿色技术创新体系、弘扬科学家精神、加强作风和学风建设等文件，打出了改革"组合拳"。

湖南省科技系统要深刻学习领会，抓好国家的各项改革举措的落实落地。要突出源头创新和应用导向，改革科研组织体系，围绕优势特色产业提质增效、传统产业转型升级、战略新兴产业培育、未来产业发展和重大民生需求等，完善关键核心技术攻关体制机制，加强体系化布局；要着力优化科研管理，完善制度、规范程序，探索更加精准、科学的项目评审方式，通过"解剖麻雀"，梳理各个环节，推动流程优化再造，真正把好项目挑出来、赛出来。要遵循科技创新规律和人才成长规律，完善科技人才发现、培养、评价、激励机制；要健全科技支撑管理科学的机制，运用大数据、人工智能、区块链等新技术优化治理方式、提升治理效能，强化社会治理、公共安全等工作的科技支撑。要优化政府科技行政管理职能，落实"四抓"定位，深化放管服改革，更好地激发市场主体的创新活力，不断提升科技创新管理服务能力和创新体系效能。

三 2020年湖南省科技创新工作展望

坚持以习近平新时代中国特色社会主义思想为指引，深入学习贯彻党的十九大精神和十九届二中、三中、四中全会精神，贯彻新发展理念，落实中央、省委"一手抓疫情防控，一手抓复工复产"的决策部署，坚定不移实施创新引领开放崛起战略，坚持一张蓝图干到底，按照省委经济工作会议和省政府工作报告的具体部署，加快建设创新型省份和科教强省，以"两山两区"引领区域创新发展；以重大创新平台和重大科技项目带动原始创新和产业技术创新，以创新生态优化培育壮大创新主体，以科技创新体制机制改革和学风作风建设提升创新体系效能，为打赢三大攻坚战、全面建成小康社会、实现新湖南愿景提供有力支撑。2020年力争全省全社会研发经费投入强度达到全国平均水平；实现高新技术产业增加值增长11%以上；高新技术企业达到 6800 家；全省技术合同交易额增长 30% 以上；科技进步贡献率提高到 60%。

（一）抓重点研发攻关，增加高水平科技创新供给

一是引领优势特色产业转型升级、提质增效。紧扣 10 大技术创新领域和 20 条工业新兴优势产业链，坚持创新链与产业链、人才链、资金链深度融合，扎实抓好"100 个重大科技创新项目"，推动清洁化、数字化技术赋能装备制造等传统产业，不断延伸产业链、提升价值链。二是加强"卡脖子"技术攻关。坚持问题和需求导向，顶层设计和主动布局一批关键共性技术攻关和进口替代项目，防范化解科技领域重大风险。对接国家科技重大专项和科技创新 2030 重大项目，实施重大装备、自主可控计算机、人工智能与机器人、现代种业等重大专项，推进 5G、人工智能、区块链、生命科学、新材料、高端装备等领域攻关。三是加强应用基础研究与前沿技术研发。在信息技术、生物医药、人口健康等重点领域，加强基础研究和应用基础研究。瞄准世界科技前沿，大力发展新材料、人工智能、建模与仿真等前沿领域技术和颠覆性技术，为未来产业发展储备能量。组织实施好 2020 年度区域创新发展联合基金，开展省基金重点项目招标。健全实验动物领域特色研发创新体系。四是加强研发投入激励引导。实施对企业、高校、科研院所等创新主体全覆盖的研发投入后补助政策，引导市州、县市、园区、投资机构配套支持，促进项目、平台、人才相互衔接、有机融合，探索发布企业研发投入百强名单。

（二）抓新技术新成果转化应用，不断推动创新优势转化为发展胜势

一是加强融通创新及成果应用。建立科技创新成果清单和企业需求清单，促进更多科技成果就地转化。融合产学研各方力量，建立科技应用场景，加强 5G、区块链、人工智能、云计算、生命科学、新材料、高端装备产品的成果验证和示范应用。健全潇湘科技要素大市场的运行机制和服务功

能，设立5家左右潇湘科技要素分市场，在县（市、区）和行业组织探索建立工作站，加速科技成果市场转化应用。完善湖南省科技金融服务中心建设，推动湖南企业对接上交所科创板。二是引导科技型企业"专精特新"发展。健全梯次接续的孵化成长体系，加快科技型中小微企业创新发展和高新技术企业"增量提质"。加强对各类科技企业受疫情影响的统计和监测，对受疫情影响较大而出现生产经营困难的企业给予精准支持。三是培育壮大新型研发机构。出台管理办法，培育一批市场化运作、效率更高、机制灵活、开放包容的新型研发机构，加快省属科研院所改革和转型发展。以技术转移服务、检验检测服务、创业孵化服务以及科技金融服务为重点，积极培育和壮大科技服务市场主体，创新科技服务模式，促进科技服务业专业化、网络化、规模化发展。

（三）抓重大创新平台建设，打造自主创新和原始科技成果发源地

一是积极创建国家级创新平台。依托岳麓山种业中心争创国家实验室，抓好省部共建木本油料资源利用国家重点实验室、国家耐盐碱水稻技术创新中心、湖南应用数学中心、岳麓山工业创新中心、军民科技协同创新平台、国家智能制造创新发展试验区、长沙新一代人工智能创新发展试验区等创新平台建设。二是优化省级创新平台布局。系统布局省重点实验室等创新平台，提升创新平台基础研究能力，支持有条件的单位建设更高等级的生物安全实验室。争创洞庭湖国家野外科学观测站，打造洞庭湖生态保护公共科技服务平台。三是加强创新创业载体培育。推进高新园区、龙头骨干企业、高校院所建设行业特色鲜明的专业化众创空间和孵化器，新增省级众创空间30家、孵化器10家、星创天地30家。

（四）抓民生科技创新，全力服务和保障打赢"三大攻坚战"

一是支撑重大民生技术研发与集成应用。聚焦环境保护、人口健康、生物技术、公共安全、防灾减灾、文物保护、文化体育等领域的重大民生需求，加大项目攻关和成果转化运用力度，提升社会民生创新服务水平。二是

支撑打赢疫情防控阻击战。会同有关部门，做好疫情防控应急科技攻关任务的组织协调，强化防控诊疗技术研发和成果应用，在病毒溯源、预期防护、快速检测、疫苗研发、临床救治、中医药和中西医结合治疗等领域集中力量，快速突破。三是支撑脱贫攻坚和乡村振兴。强化种业创新支撑，在粮食作物、茶业高质量发展、高品质畜禽产品等领域实施一批重点科技项目，突破农业优势特色产业发展的技术瓶颈。抓好2020~2021年科技专家服务团团长和科技特派员的选派工作，依托科技专家服务团带动万名科技人才服务农业农村发展。抓好产业关键技术攻关、平台建设和人才培训，构建开放竞争、多元互补、协同高效的农业科技社会化服务体系。

（五）抓创新高地建设，辐射带动区域高效协同发展

一是统筹推进创新型省份建设。调整创新型湖南建设工作领导小组成员单位，压实省直部门、市州责任分工，做好建设指标体系的调度和监测评估，进一步推动《湖南创新型省份建设实施方案》的落地落细。指导和支持株洲、衡阳抓好国家创新型城市建设和评估，支持湘潭、怀化、常德等市州创建国家创新型城市，培育建设一批创新型县（市、区）。实行差异化政策，支持湘西湘南地区提升科技创新能力，加快实现后发赶超。二是深化长株潭自创区建设。按照"三谷多园"架构，强化长株潭自创区、核心区、拓展区和辐射区分类布局，优化发展空间。推进岳麓山国家大学科技城科创平台、湖南光电集成创新研究院、湖南先进传感与信息技术研究院、株洲航空发动机科研基地、湘潭机器人产业园等长株潭自创区重大项目建设。开展自创区三年行动计划（2017~2019年）执行情况评估，推进自创区条例贯彻落实，促进自创区创新政策资源向全省辐射。三是打造重大创新功能区。着力推进郴州国家可持续发展议程创新示范区建设，着力突破水资源保护和开发利用、重金属污染和尾库尾砂治理、资源型产业绿色转型等领域关键技术。协同推进"两山"建设，岳麓山国家大学科技城着力深化产教研融合，建设全链条的创新孵化体系；马栏山视频文创产业园坚持科技、文化"双轮驱动"发展模式，加快汇聚国际国内高端文创资源。四是

加快科技园区提质升级。积极争取岳阳、娄底、湘西州、张家界等地高新区创建国家级高新区，引导和支持一批省级产业园区转型升级为省级高新区，推进永州国家农业科技园区升建国家农业高新技术产业示范区，争取益阳成功创建国家农业科技园区，加快省级农业科技园区提质升级和创新发展。

（六）抓国家与区域科技合作，全面融入区域和全球创新网络

一是深化国际科技合作。主动应对中美贸易摩擦，支持省内高校、科研院所和企业，对欧洲和其他先进国家（地区）开展研发平台共建、人才引进与交流、技术合作研发、科研人员联合培养，加快推动光伏发电、杂交水稻、中医药等优势领域技术、产品在共建"一带一路"国家的应用和推广，拓展与非洲、东南亚、东欧、拉美等地区的科技合作。二是积极对接国家区域发展战略。加强同长三角、粤港澳大湾区等地的创新合作，推动各项合作协议和项目落实落地。组织举办长三角经贸合作洽谈周科技创新合作专场对接会、中国（郴州）国际水资源可持续利用与绿色发展博览会（论坛）。深入实施中部崛起战略，探索园区共建等异地合作模式，引领中西部地区创新创业发展。三是加强省院省校合作。落实省政府与中国工程院科技创新合作协议，加快推进岳麓山工业创新中心建设。推动省政府与中国科学院新一轮合作协议的签订，加快中国科学院湖南技术转移中心的改革与发展。推动省校合作协议实施，引进更多的科技项目和创新平台落地湖南。

（七）抓重点领域改革攻坚，激发释放创新活力

一是深化科技创新计划改革。健全科技创新市场导向制度，探索建立定向委托、一事一议、揭榜制等项目组织实施方式，更加重视提升项目绩效和标志性成果产出，不断完善符合科研规律的管理机制和评价体系。制定立项评审工作规程（试行），推动出台项目管理办法、后补助管理办法等规范性文件。优化科技咨询与评审专家库管理，加强管理信息系统建设。二是深化军民科技融合创新。积极创建国家军民科技协同创新平台。支持省科技事务

中心开展知识产权军民融合试点,探索构建产学研用深度融合的新型研发机构。三是健全科技创新战略研究与决策咨询机制。加强全局性、战略性重大问题研究,加强国际科技创新动向研判,建立技术预测长效机制,为确立科技创新主攻方向和突破口提供决策依据。扎实开展"十四五"科技创新规划研究及编制工作。健全创新调查体系,加强创新能力监测评价,为全省创新发展提供动态监测依据与决策建议。建设湖南省科技大数据中心,推进科技数据的整合与共享。

(八)抓科技人才培养引进使用,壮大创新创业队伍

一是加强科技人才队伍建设。以"芙蓉人才行动计划"为指引,组织实施好湖湘青年英才、省科技领军人才、湖湘高层次人才聚集工程等人才培养引进支持计划,支持一批高层次科技创新创业和急需紧缺人才。突出"高精尖缺"导向,集聚国际国内顶尖人才、专家团队。二是优化人才创新体制机制。联合省委统战部、省教育厅研究制定"省科技企业特派员三年行动计划",引导科技人才服务基层一线。完善省自然科学系列职称评价办法,加快健全导向明确、精准科学、规范有序、竞争择优的科学化、社会化、市场化人才评价机制,激发人才创新创业活力。三是探索建立重点领域人才、外国专家联系服务机制,不断构建坚实有力的人才支撑服务体系。持续推动全省科技创新人才出国(境)培训,切实提升科技创新创业人才的创新意识与创业能力。

(九)抓科技监督和学风作风建设,提升创新治理体系效能

一是健全科技创新监督机制。完善科技项目、人才计划、平台建设、科技奖励、机构履职的监督管理机制,营造风清气正科研环境。优化科技项目和资金管理流程,加快组建专业化机构,不断完善科技、人才项目和创新平台的评估评价和验收管理机制。二是强化科研诚信体系建设。加强科研活动全过程各类参与主体的诚信监督管理,严肃失信行为的调查处理和惩戒,归集共享严重失信行为信息,依法依规实行联合惩戒。组建全省科技

伦理委员会，建立完善议事规则，加强科技伦理管理制度调研，摸清科技伦理建设现状，加强科研活动中科技伦理的动态监管。三是加强学风作风建设。落实中央关于加强作风和学风建设要求，充分利用新闻媒体、网络等载体，加大对学风作风先进典型和先进事迹的宣传报道，大力弘扬求真务实、开拓创新的科学家精神，培育促进科技事业健康发展的强大精神动力。

专 题 篇

Special Topics

B.6
湖南省高校科技创新工作回顾与思考

蒋昌忠*

摘　要： 湖南省高校深入贯彻落实湖南省委、省政府创新引领开放崛起战略部署，着力促进科技成果及时转化为生产力，服务国家创新驱动战略取得良好成效。高水平大学和学科建设成效明显，高层次人才队伍和科技创新平台建设初具规模，建立和完善了科技成果转化制度和机制，校地校企合作逐步推进，创新创业教育工作稳步开展，涌现一批标志性科研成果和成果转化案例。但目前还面临创新链与需求链对接机制不健全、科技成果输出总量不足、科技成果转化率偏低、科研经费投入不够等困难。报告提出做好高校科技创新工作的几点建议：实施"双一流"建设工程，打牢科技创新的基础；建立以需

---

* 蒋昌忠，湖南省教育厅党组书记、厅长，湖南省委教育工委书记。

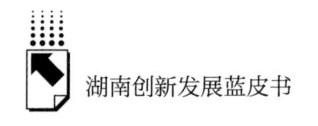

求为导向的产教融合协同创新机制；加速推动技术创新和科技成果转化；不断提高创新人才培养质量；加大校地校企合作力度；进一步加大科研经费投入。

关键词： 科技创新　学科建设　产学研合作　成果转化

近年来，湖南省高校坚持以习近平新时代中国特色社会主义思想和有关科技创新的重要论述为指导，深入贯彻落实湖南省委、省政府创新引领开放崛起战略部署以及相关政策文件要求，着力促进科技成果及时转化为生产力，积极服务国家创新驱动战略取得良好成效。

一　湖南省高校科技创新基本情况

（一）高水平大学和学科建设成效明显

湖南省高校对接国家和地方经济社会发展需求调整学科建设方向，加大对学科建设的投入，积极引导高校在重点领域、重要方向进行学科布局，增强服务经济社会发展的能力，学科建设取得明显成效。根据教育部公布的首批世界一流大学和一流学科建设名单，全省有3所大学进入世界一流大学建设高校名单，4所大学的12个学科进入世界一流建设学科名单。根据《湖南省高等学校"双一流"建设项目实施计划》，湖南省第一个周期共建设"双一流"建设高校4所、国内一流大学建设高校7所、国内一流学科建设高校4所、高水平应用特色学院7所，组织专家认定世界一流建设学科12个、国内一流建设学科64个、国内一流培育学科80个，遴选应用特色学科80个。

（二）高层次人才队伍和科技创新平台建设初具规模

湖南省教育厅结合国家战略需求和湖南产业发展需要，积极引导高校在重点领域、重要方向进行高层次人才队伍和科技创新平台建设，增强服务经济社会发展的能力。目前，全省高校共有科技研发人员（R&D人员）8.4万人。拥有两院院士42名、国家杰青71名，国家自然科学基金创新研究群体9个。拥有45个国家级重点实验室和工程技术中心，包括7个国家重点实验室、7个国防科技重点实验室、21个国家工程实验室、4个国家工程技术研究中心和6个国家工程研究中心。此外，还有7个国家"2011协同创新中心"（牵头3个，参与4个），居全国第3位。湖南省教育厅从2012年开始，共投入4亿元，建设了46个湖南省"2011协同创新中心"，促进高校与骨干企业、科研院所和政府部门深化合作，开展重大科学研发和关键技术攻关。

（三）建立和完善了科技成果转化制度和机制

国家和湖南省关于科技创新、成果转化和人才激励等一系列新文件出台后，2018年10月，湖南省教育厅出台《关于进一步加强省属高校科研经费管理工作的若干意见》，激发科研人员从事产学研及科技成果转移转化工作的积极性，提高科研质量和科技成果转移转化效益，同时督促各高校进一步出台详细、可操作性强的管理制度和办法，以科研经费管理、科技成果转化机制、科技绩效评价办法等为重点，对高校现有政策进行清理、修改和完善。目前，大部分高校已依据文件精神出台了新的具体政策和管理办法，例如，中南大学、湖南大学、湘潭大学、湖南师范大学、湖南科技大学等高校建立了符合科技成果转化特点的岗位管理、职称评定、考核评价和工资激励等相关制度，完善了科技成果转移转化工作流程，实行科技成果转移转化公示，推进科技成果转化集体决策。2020年2月，教育部、国家知识产权局、科技部联合下发《关于提升高等学校专利质量促进转化运用的若干意见》后，湖南省教育厅召开视频会议，与省知识产权局以及湖南大学、湖南师范大学、湘潭大学、长沙理工大学等十几所高校专家和科研人员就提升专利质量、促进专利转化运用等问题进行研究和探讨，及时贯彻落实文件精神。

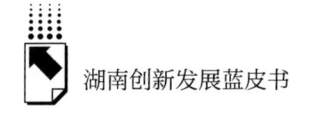

（四）校地校企合作逐步推进

2017年，湖南省教育厅研究制定并由省政府办公厅印发《关于深化普通高校校地校企合作的意见》，从建立校地校企合作平台、优化高校学科专业体系、推进高校课程体系改革、创新高校人才培养模式、建设高校实训实习基地、建设双师双能型教师队伍、推进校地校企协同创新等9个方面出台深化校地校企合作的举措。在这些举措的推动下，高校与骨干企业、科研院所和地方政府联合建设了57个省高校产学研合作示范基地和135个校企合作人才培养基地，相关高职院校牵头成立了34个职业教育集团，加盟合作单位1795家，其中规模以上企业总数达到742家。高校大型仪器设备全部向企业开放。全省高校与省内所有市州和70%以上的县（区）建立了长期稳定的合作关系，与省内80%以上的大中型企业开展了实质性合作，建立战略联盟293个，通过深化校企合作，帮助湖南有色、南车集团、时代新材、隆平高科、三一重工等一批重点企业实现了技术和市场的新突破。2019年，湖南省教育厅出台《关于推进岳麓山大学科技城建设和发展的实施意见》，引导和推动岳麓山大学科技城坚持把人才作为大学科技城建设的核心要素，加快创新型人才队伍建设，凝聚和培养高端科教人才，激发各类人才的积极性和创造性；充分发挥"双一流"高校（学科）、人才和科技优势，围绕合作、共享、融合、高效的发展目标，推进大学科技城高质量建设，提高其服务科教强省建设能力。同时，紧密对接马栏山视频文创产业园的需求设置专业。长沙学院2018年新增的影视摄影与制作、表演、文化产业管理三个专业，就是紧扣园区视频文创产业链的需求设置的，并积极为马栏山视频文创产业园输送一大批高校毕业生。2019年10月24日，长沙学院与马栏山视频文创产业园、草莓V视联合建立"长沙学院就业创业实训基地"，三家单位在长沙学院联合举办"看见马栏山，找到好工作"马栏山视频文创产业园专场校园双选会，园区30多家视频文创类企业与长沙学院400多名应届毕业生深度对接，解决园区入驻企业的"人才荒"，开启了园区校企合作的新篇章。

（五）创新创业教育工作稳步开展

湖南省高校把创新创业教育改革作为深化高等教育综合改革的重要抓手，通过举办创新创业大赛、完善创新创业课程体系、实施大学生创新创业训练计划、推进创新创业基地建设、开展大学生学科竞赛活动等方式推动创新创业教育工作向纵深发展。全省 36 所普通本科院校全部开设创新创业教育必修课，31 所普通本科院校设立创新创业学院。普通本科院校现有创新创业教育专职教师 567 人，就业指导专职教师 673 人，创新创业兼职导师 3774 人。现有在校生创业项目 2614 个，参与学生达 20690 人，获得资助经费 2454 万元，普通本科院校大学生休学创业项目 65 个。

（六）涌现一批标志性科研成果和成果转化案例

近三年来，湖南省高校获得国家和省部级科技奖 597 项，占全省 75% 以上，授权专利 21868 项，占全省 17.3%，取得了超级计算机、"海牛"深海钻机、高性能沥青基碳纤维等世界领先成果，涌现了一批成果转化的成功案例。如中南大学"有色冶炼含砷固废治理与清洁利用技术"立足国家砷污染防治重大需求，在 10 余家冶炼龙头企业推广应用，三年处理利用砷固废 16 万吨，新增产值 40.51 亿元。在抗击新冠肺炎疫情中，中南大学湘雅三医院曹科团队发明并研制"医用双效消毒灭菌柜"，实现对传播载体快捷、高效和安全的消毒灭菌，首批 10 台送往武汉"战疫"一线，在切断医护之间和医患之间的交叉传播方面发挥了重要作用。湖南大学"冶金特种大功率电源系统关键技术与装备及其应用"已形成自主知识产权的三大系列 15 种电源装备，产品累计销售 18.48 亿元，已推广至 150 多家大中型冶金企业，市场占有率达 70%。湖南师范大学"鱼类遗传育种研究"获得 7 个国家水产新品种证书，累计生产优良鱼类苗种 60 多亿尾，产值达 200 多亿元，已在全国 28 个省份推广养殖。再如湘潭大学"恶劣工况下高可靠性自动变速器、离合器研发及推广"，应用该技术的自动变速器共产销 20 余万台，销售收入达 15.88 亿元，带动整车产值达 276 亿元。湖南农业大学

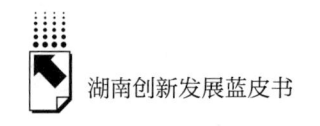

"水稻研究""油菜研究"突破两系法杂交水稻技术、"稻—稻—油"种植技术等系列关键技术在南方稻区推广,新品种、新技术、新成果超过50项,累计应用面积达5000万亩,带动农民增收100亿余元。

二 湖南省高校科技创新工作面临的困难

(一)高校创新链与地方产业需求链的协调对接机制不健全

近年来,随着科技成果转化对促进地方经济社会发展作用的日益显现,各级政府在破除壁垒、打通成果转化渠道方面做了大量的工作,研发投入等指标也持续获得各方关注。但在畅通创新链与产业链信息对接渠道、完善统筹协调机制等方面还需继续加强。高校与地方产业之间的信息沟通渠道还不畅通。全省高校在获取市场需求信息上方法和渠道不多,缺乏有效的对接机制,使科研导向与市场需求不能密切结合,许多成果在产生之初便由于偏离市场而难以转化。各部门统筹协调机制还不完备。科技成果转化的推进需要多部门的协作配合,但目前各级政府跨部门的工作协调机制还不健全,缺乏有效合力为推进科技成果转化、服务地方经济发展提供全面保障和全力支撑。

(二)科技成果输出总量不足,大额项目转化本地不占优

近三年湖南省高校技术合同总成交额逐年提升,但年均增速仅为1%。高校技术合同成交额占全省的比重仍然偏低。2017年成交7.75亿元,占3.8%;2018年成交7.83亿元,占2.8%;2019年1~11月成交8.47亿元,占2.2%。与此同时,全省高校在总量输出不足的情况下,还出现异地转化偏多的现象。2016~2018年全省高校技术合同成交额输出省外的金额比例达到62%,且技术合同成交金额排名前60位的项目中,输出省外的比例高达77%。

(三)科技成果转化率偏低

近年来,高校仍然存在"重数量轻质量、重申请轻实施"的不良导向,

"重研究轻应用、重成果轻转化、重论文轻专利"的现象较普遍。近三年，全省高校专利数量虽多，达到两万多项，但实际达成合同意向的只有727项。合同金额和实际收入金额分别仅有10亿元、2亿元左右。有些专利虽然转让了，但是未必产生实际效益。例如，近年来出现了有些企业为达到申报高技术企业的资质要求而从高校低价买入专利凑数的情况，这种行为虽然表面上提升了转让数量，却完全没有实现专利转化应用的目的，反而有损于高校专利转化工作健康发展和企业核心竞争力的提升。

（四）科研经费投入不够

目前，高校科研项目经费主要依靠国家拨款，还没有建立完善的科研融资制度，科研经费筹资渠道狭窄，用于科技成果开发上的经费更是少之又少。特别是中试实验环节是科技成果推广应用并最终转化为现实生产力的关键环节，但由于高校科技投入和成果转化资金不足，许多高校没有能力组织进行科技成果的中试试验，严重影响到科技成果转化的成熟度和规范性，最终影响到科技成果转化的质量和市场需求度。

三 做好高校科技创新工作的几点建议

（一）实施"双一流"建设工程，打牢科技创新的基础

推动"双一流"学科建设。对接国家科技发展战略和湖南省经济社会发展重大需求，建设好"双一流"建设学科、一流（培育）学科，加快学科链、科技链、创新链与产业链、服务链紧密对接，在基础科学和关键技术研究上抢占全球高科技领域的制高点；对接地方经济转型升级和产业发展需要，建设好应用特色学科、高职特色专业群，突破一批关键产业技术，解决一批"卡脖子"产品研发难题，推动全省产业结构加快向中高端迈进。打造一批具有战略支撑力的科研基地和创新平台。对接国家科研基地和重大研发平台规划，充分发挥高校学科、人才优势，广泛吸纳海内外人才、技术和

资金，建设国际领先的国家实验室等综合性创新平台，建设一批特色鲜明的国家重点实验室、国家工程（技术）研究中心、国家工程实验室等科技创新平台，调整优化省部级科技创新平台在高校的布局，形成结构合理、功能完善、体系健全、共享高效的创新平台建设体系。

（二）建立以需求为导向的产教融合协同创新机制

各级行业主管部门要牵头组织产业联盟、行业协会等，梳理各领域"颠覆性""卡脖子"技术等关键核心技术需求，并通过产业专家服务团等凝练相关技术指标，建立项目滚动需求库，通过举办需求对接、技术推介等活动，分类定向发布至高校，加速成果的委托开发和定向转化，对对接成功的项目给予政策和资金支持。建立校地对接机制。鼓励高校结合重点和特色产业与各市州、园区签订合作协议，建立技术供需长效对接机制。省级层面要将合作对接的成效，以技术合同成交额、吸纳技术合同成交额等指标形式纳入对市州和园区的绩效考核内容。聚焦资源合理配置。资源配置要向服务本地成果转化聚焦，各级各部门在项目立项、经费配置、职称评定、奖励表彰中要有针对性地设置成果转化相应指标，将资源配置向服务本地经济方面倾斜，不断推进政策、人才、资金、技术等创新资源向重大成果的转化及产业化聚焦。

（三）推动技术创新和科技成果转化

发挥高校创新主力军作用。支持高校积极参与湖南"五个100"项目，集中力量在新材料、新能源、新一代信息技术、生物医药、机器人、先进轨道交通、重大装备、生态环保、航空产业、军民融合产业、现代农业等领域突破一批关键技术，在工业、农业、服务业、文创产业等方面打造一批"湖南智造""湖南创造"优秀产品。推进中南大学、国防科技大学、湖南大学等加强重点领域前沿基础研究和前瞻技术研究，建设材料科学与工程国际联合研究中心、航空与宇航国际前沿科学中心、生物技术研究中心，力争在基础性、原创性科学研究，前沿技术和颠覆性技术创新，战略高技术和关键核心技术研发等方面实现突破。

加速高校科技成果转化。推动高校与行业（领域）上下游科研院所、企业加强合作，建立企业科技需求与高校科技资源对接机制，增强高校科学研究、科技创新和技术服务的针对性，建立高校科研成果与企业对接机制和社会发布平台。以创新性企业、高新技术企业、科技型中小企业为重点，共同建立科技成果转化基地，建设一批产学研合作示范基地、职教集团和产业技术创新联盟，承担流程改造、工艺革新、产品升级等研究任务，开展成果应用与推广、标准研究与制定等工作。

（四）提高创新人才培养质量

完善协同育人机制。积极推进校企、校地、校所、校校深度合作，建立产教融合、协同育人的人才培养模式，密切结合地方产业转型升级的趋势和动态，调整学科（专业）设置，着力打造一批地方（行业）急需、优势突出、特色鲜明的学科（专业），实现专业链与产业链、课程内容与职业标准、教学与生产过程对接。推动部分地方本科高校加快向应用型转变，通过"转型发展"促进人才培养类型结构调整，促进高校内涵式发展、提高发展质量。推进军民融合人才培养，依托国防科技大学优势学科（专业），推动其与湖南大学等高校开展国防科技创新人才联合培养。支持长沙学院、湖南大众传媒职业技术学院、湖南艺术职业学院等共建马栏山新媒体学院，以数字视频产业链发展需求为导向，充分发挥学科（专业）优势，采取共建行业学院、开展订单式培养、建立校企创新创业基地等多种形式，与园区企业联合培养高素质专门技术人才。

深化高校创新创业教育改革。探索建立创新创业导向的人才培养机制，大力培养各行各业创新创业高素质应用型人才。开展知识产权专业课程教育及培训工作，与企业、研究院所联合建立学生实习实践培训基地和研究生联合培养基地。组织高校青年教师和高年级研究生深入地方、企业一线，开展创新创业活动，探索并打造具有高校特色的"师徒创新创业"新模式。

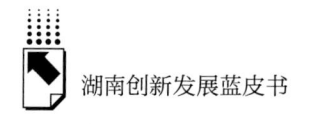

（五）加大校地校企合作力度

推动高校与行业（领域）上下游科研院所、企业加强合作，建立企业科技需求与高校科技资源对接机制，增强高校科学研究、科技创新和技术服务的针对性，建立高校科研成果与企业对接机制和社会发布平台。以创新性企业、高新技术企业、科技型中小企业为重点，共同建立科技成果转化基地、产学研合作示范基地、职教集团和产业技术创新联盟，承担流程改造、工艺革新、产品升级等研究任务，开展成果应用与推广、标准研究与制定等工作。推进职业教育产教融合计划，做好国家产教融合项目建设，遴选建设一批省级产教融合示范园区、顶岗实习基地。支持高校围绕产业链配置创新链、项目链，组织实施一批重点科技攻关项目、一批重点科技成果转化项目，解决全省支柱产业、优势产业和战略性新兴产业存在的技术难题，与企业联合推进新技术、新产品、新装备、新业态的研发和成果转化，把高校科技优势转化为符合企业和市场需求的现实生产力。

（六）加大科研经费投入

引导高校突出对基础研究的投入，承担国家和全省重大科研任务，加大自筹研发经费投入力度，争取横向项目，吸引社会和企业资本的投入，形成研发经费的多元投入机制。鼓励高校从每年的"双一流"经费中拿出专门的款项用于加大科技成果转化投入，拓宽科技成果转化经费来源渠道，通过多种形式开展社会融资，完善融资体系。引导高校加强对科技成果的孵化，不断提高成果质量，加快推广应用，尽快实现经济效益。对科技成果做得好的高校，采取后补助的方式给予奖励。指导高校深化产学研合作，与企业、科研院所联合建立重点实验室、科研攻关中心组等，整合资源，实现优势互补，互利共赢，为科技成果转化创造有利条件。

B.7
湖南省制造业创新发展情况与展望

湖南省工业和信息化厅

摘 要： 2019年，湖南工业和信息化系统认真贯彻落实创新引领开放崛起战略，全省企业技术创新体系建设取得积极进展，企业技术创新能力显著提升，产业链与创新链进一步融合发展，持续推进制造业产品创新，不断完善制造业创新平台，积极引导制造业创新创业，有力地促进了全省制造业高质量发展。同时，湖南制造业创新发展仍然存在一些不足：关键核心技术对外依存度高，产业共性技术供给不足；以企业为主体的制造业创新体系还不完善；产品档次不高，缺乏国内外知名品牌；制约企业技术创新的体制机制障碍仍然存在等。2020年，湖南将全面实施制造业创新能力建设工程专项行动，加快建立以创新中心为核心载体的制造业创新体系，搭建一批创新平台，抢抓机遇培育新业态，培育更有影响力的示范标杆企业，突破一批"卡脖子"技术，开发一批重点新产品，努力提升产业基础能力和产业链现代化水平。

关键词： 制造业 技术创新 产业链 湖南

一 2019年湖南制造业创新情况

2019年，湖南省工业和信息化系统认真贯彻落实创新引领开放崛起战略，围绕建设制造强省目标和任务，以工业新兴优势产业链为重点领域，实施制造业创新能力建设专项行动。全省企业技术创新体系建设取得积极进展，企业技术创新能力显著提升，有力地促进了全省制造业高质量发展。2019年，全省规模工业增加值同比增长8.3%。

（一）推动产业链与创新链融合发展

落实省委书记杜家毫关于整合产业链的批示精神，调整优化20个工业新兴优势产业链，2016年确定的20个工业新兴优势产业链中，10个保持不变，对8个进行合并、拆分或拓展，新增生态绿色食品和5G应用2个产业链。强化产业链政策支撑，出台《关于进一步加速发展工业新兴优势产业链的意见》，出台航空航天、信息安全等领域专项政策，支撑产业链发展的政策体系更加完善。稳步推进产业链重大项目，集中制造强省等专项资金支持产业链重点项目，实施亿元以上的建链、补链、强链、延链重大项目超过200个。三一智联重卡产业园开工，达产后可实现30万台智联重卡、60万台柴油发动机，年产值将超过1500亿元。总投资达150亿元新金宝年产1300万台喷墨打印机等一批项目形成新的增长点，威马新能源三电系统智能制造产业园等一批投资50亿元以上的项目开工建设，投资额超200亿元的三安光电三代半导体等一批项目落户，铁建重工超级地下工程智能成套装备关键技术研究与应用等一批项目有望形成强大带动效应。

（二）持续推进制造业产品创新

以"100个重大产品创新项目"为工作重点，引导全省各级各部门抓产业、抓项目、抓创新、抓产品。组织实施重大产品创新项目117个，完成投资91.82亿元，实现销售收入250.15亿元，上缴税收10.53亿元，突破关键技术310项，新增专利申请数984件、专利授权数415件。68个项目竣工投产，一批重大产品填补国内空白。山河科技"五座复合材料轻型飞机"项目突破轻型飞机气动设计、试验及适航、制造工艺等关键技术，填补我国全复合材料飞机型号空白。岳阳高澜装备"海上风力发电机组用水冷装置"在风电和新能源领域形成我国的自主品牌和核心知识产权。科力尔电机

"罩极电机、贯流风机"关键指标达到国际先进水平，产品主要供应通用电气、伊莱克斯等世界500强知名家电集团。推进省首台（套）重大技术装备产品认定和保险补偿机制试点工作。2019年省内认定首台（套）重大技术装备143台（套）；申报获得国家首台（套）重大技术装备保险补偿84台（套），补贴资金7201万元。开展重点新材料产品首批次应用示范专项奖励。2019年，对105个首批次重点新材料应用示范项目予以支持，涉及首批次销售额8.68亿元，帮助一批重点新材料产品成功"试车"和推广应用。全省12家企业108个项目共获得国家新材料首批次保险补偿资金5029万元，位居全国第一。2019年，全省中高端技术产品较快增长，新能源汽车增长1.5倍，电子计算机整机增长51.4%，建筑工程机械增长27.1%。

（三）不断完善制造业创新平台

加强制造业创新中心建设顶层布局，组织制造业重点领域龙头企业、产业联盟、协会、高校、科研院所等编制发布《湖南省制造业创新中心建设领域总体布局》，引导开展制造业创新中心建设，完善湖南制造业创新体系。株洲国创轨道科技有限公司获批国家先进轨道交通装备创新中心，成为全省第一家、全国第十家国家制造业创新中心。湖南能创科技有限责任公司被认定为省级制造业创新中心，湖南和创磁电科技有限公司、湖南楚微半导体科技有限公司积极创建省级制造业创新中心。目前，湖南拥有国家级制造业创新中心1家、省级制造业创新中心6家。持续创建国家技术创新示范企业，2019年湖南方盛制药股份有限公司、三诺生物传感股份有限公司和湖南中车时代电动汽车股份有限公司获批国家技术创新示范企业。目前，湖南拥有国家技术创新示范企业27家，总数居全国各省（区、市）前列。积极有序推进省级企业技术中心建设。组织了第25批省级企业技术中心认定工作，新增认定了长沙中联重科环境产业有限公司等23家省级企业技术中心，对已认定的全省269家省级企业技术中心进行了年度评价，保留了其中258家企业的"湖南省认定企业技术中心"资格。目前，湖南拥有省级企业技术中心281家。

湖南创新发展蓝皮书

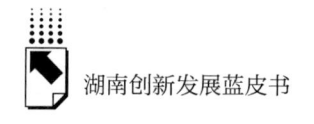

（四）积极引导制造业创新创业

大力推进创业孵化基地建设。2019年成功推荐衡阳高新区、郴州经开区入选第二批国家双创升级特色载体，新获批国家小型微型企业创业创新示范基地4家。引导全省中小企业"专精特新"发展。全省新增培育小巨人企业280家，全省小巨人企业累计达到760家，其中567家参与工业新兴优势产业链建设，479家参与工业"四基"创新；10家中小企业入选国家工信部第一批"专精特新"小巨人企业。成功举办第二届"创客中国"湖南省中小微企业创新创业大赛，1800家企业参赛，形成服务对接成果287个，达成融资意向6.2亿元。

同时，湖南制造业创新发展仍然存在一些不足：关键核心技术对外依存度高，产业共性技术供给不足；以企业为主体的制造业创新体系还不完善；产品档次不高，缺乏国内外知名品牌；制约企业技术创新的体制机制障碍仍然存在等。

二 2020年湖南制造业创新发展思路

深入贯彻实施创新引领开放崛起战略，全面实施制造业创新能力建设工程专项行动，进一步强化企业创新主体地位和主导作用，加快建立以创新中心为核心载体的制造业创新体系，突破一批产业重大关键共性技术，开发一批重点新产品，努力提升产业基础能力和产业链现代化水平，为推动全省制造业高质量发展提供源头支撑。

（一）抢抓机遇培育新业态

以数字经济为突破口，大力推进移动互联网、5G应用创新、超高清视频、区块链、工业互联网、人工智能等新兴产业发展。以创新为驱动、以应用为牵引，推进创新链、产业链、资金链、人才链、政策链融合，完善产业生态体系。

（二）培育更有影响力的示范标杆企业

聚焦工业新兴优势产业链、工业"四基"创新、区域特色产业转型升级等重点领域，再认定省级小巨人企业 240 家以上，累计达到 1000 家，继续培育一批国家"专精特新"小巨人企业。积极组织华菱、三一重工等大型企业申报国家级单项冠军，培育 20 个左右省级单项冠军。

（三）突破一批"卡脖子"技术

落实国家信息技术产业"振芯铸魂"、重大短板装备、工业强基等工程部署，组织企业参与国家"揭榜挂帅"，支持省内骨干企业和科研机构整合产业链技术、装备、人才、市场等各类资源，协同攻克制约全省工业新兴优势产业链发展的核心技术、短板装备和关键材料等。

（四）开发一批创新产品

进一步完善首台（套）重大技术装备、首批次重点新材料产品奖励措施，加快创新技术和产品的推广应用。重点围绕 20 个工业新兴优势产业链，继续筛选发布"100 个重大产品创新项目"，在自主可控计算机及信息安全、人工智能、智能网联汽车、新材料等战略关键领域开发一批重大创新产品。

（五）搭建一批创新平台

继续开展国家制造业创新中心创建，对现有省级制造业创新中心加强评估和动态管理，再培育 4 家左右省级制造业创新中心。加快国家新材料测试评价平台区域中心建设，认定 20 家左右省级企业技术中心，进一步完善以企业为主体的技术创新体系。促进工业设计与制造业融合发展，培育一批设计创新企业和产品，认定 20 家左右省级工业设计中心。

B.8
湖南省引进产业创新人才的实践与思考

湖南省人力资源和社会保障厅

摘　要： 产业创新人才是实施创新驱动发展战略、推动经济高质量发展的重要支撑力量。本报告全面回顾了湖南省2018~2019年引进产业创新人才的基本情况，概括了产业创新引才的特点，总结了引进产业创新人才的主要成效：一是产才融合紧密；二是柔性引才凸显；三是人才效能增强。介绍了湖南引进产业创新人才的做法：引前——明确目标，高位推进；引中——拓展渠道，专业引才；引后——保障到位，留聚人才。分析了当前存在的问题与不足：比较优势不明显；人才需求不均衡；引才合力未形成。提出了加强产业创新人才引进的对策建议：强化长株潭城市群一体化引才效应；实施"湖湘产业创新人才引进"专项；加强"联湘创新创业人才工作站"专业化引才；发展壮大人力资源市场；优化人才服务和保障。

关键词： 产业创新人才　专业引才　柔性引才　湖南

习近平总书记指出，"要牢固树立人才引领发展的战略地位，全面集聚人才，着力夯实创新发展人才基础"。大力引进产业创新人才，实现人才链和产业链、创新链的深度融合，是推动湖南经济高质量发展的重要内涵。在引才工作中，必须融入创新理念，遵循市场经济规律和人才流动规律，大胆探索引进方式，注重人才引进实效，为提升湖南产业核心竞争力、构筑区域发展新优势提供坚实的人才智力支撑。

一 引进产业创新人才基本情况

2018年,湖南省委决定开展产业项目建设年活动(2018~2020年),着力抓好"五个100"重大项目建设(重大产业建设、重大产业创新、重大产品创新、500强企业产业和科技创新人才引进),明确由湖南省人社厅牵头开展100个科技产业创新人才引进项目。2018~2019年,人社部门围绕"四个100"重大产业项目和特色优势产业,择优引进了一批急需紧缺产业创新人才,有力助推了产业发展壮大。

(一)基本情况

2018~2019年,湖南专项引进226名高层次产业创新人才,其中,长沙、株洲、岳阳、常德4市共引进146人,占全省引进总人数的64.6%,各自引进占比都超过10%。分地区来看,市州引才能力与经济发展状况正相关,中西部特别是西部地区人才引进较少;长株潭3市引进人才数是湘西地区5市的4.4倍,强弱悬殊较大;长株潭城市群中,湘潭引才能力相对较弱,排名居市州第5(见表1)。分性别来看,本次引进人才男性有209人,占比92.5%;女性仅17人,占比7.5%。分来源地来看,来自国(境)外的32人,占比14.2%;来自国内其他省(区、市)的193人,占比85.8%。应该说,引进的产业创新人才是湖南高层次人才队伍的绝对增量。

表1 湖南省2018~2019年各市州引进人才数量统计

单位:人,%

序号	市州	2018年	2019年	两年合计	两年占全省比重	排名
1	长沙市	26	24	50	22.1	1
2	株洲市	23	18	41	18.1	2
3	岳阳市	15	13	28	12.4	3
4	常德市	17	10	27	11.9	4
5	湘潭市	10	8	18	8.0	5
6	衡阳市	4	9	13	5.8	6

续表

序号	市州	2018年	2019年	两年合计	两年占全省比重	排名
7	郴州市	5	2	7	3.1	7
8	永州市	2	5	7	3.1	8
9	娄底市	1	6	7	3.1	9
10	益阳市	3	3	6	2.7	10
11	邵阳市	3	3	6	2.7	11
12	怀化市	1	4	5	2.2	12
13	湘西州	1	3	4	1.8	13
14	张家界市	1	2	3	1.3	14
15	高校	—	4	4	1.8	—
16	总计	112	114	226	100	—

资料来源：湖南省人力资源和社会保障厅。

（二）主要特点

1. 引进人才多处在创新高峰期

全省2018~2019年引进的226名产业创新人才中，40岁及以下的有66人，占总人数的29.2%；41~50岁的84人，占比37.2%，是人数最多的群体；51~60岁的61人，占比27.0%；61岁及以上的15人，占比6.6%（见图1）。据研究，科技研发最佳年龄区在25~45岁，峰值年龄在37岁左右，而国内科研人员出成果的黄金期在45岁左右。本次专项引才中，50岁及以下的共150人，占总人数的66.4%，表明本次专项引进的人才大部分处于产业创新的黄金期，是一次较务实且高效的引才之举。

2. 引进人才专业耦合度高

全省2018~2019年引进的产业创新人才学科（专业）大多与重大产业建设、重大产业创新、重大产品创新、500强企业产业等结合紧密，引进后能充分发挥专业优势，直接指导企业进行项目研发和生产，能将自身研究成果最大限度地转化为项目效能。以长沙市为例，2018~2019年长沙市共引进50名产业创新人才，其中49名专业与引进项目高度耦合，占比达98%。湖南迈太科医疗科技有限公司2019年引进的韩国籍专家PARK KYUNG KOOK（朴慶

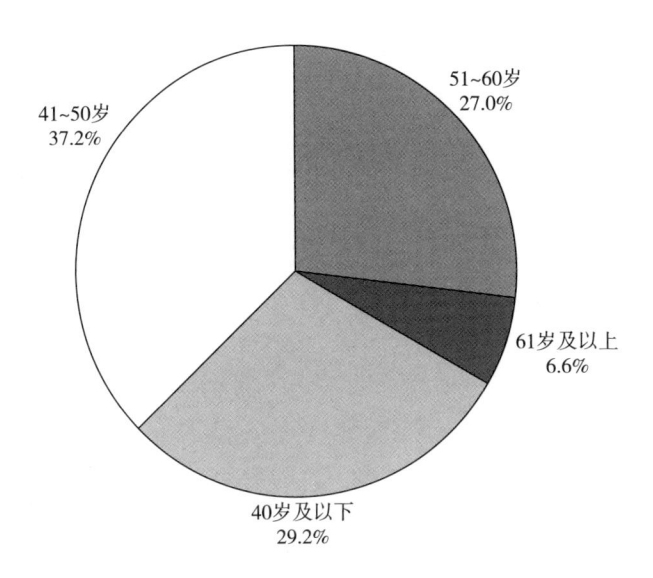

图1 湖南省2018~2019年引进产业创新人才年龄分布

国),主要从事生物医学工程核磁共振方面的研发,依托长沙"7.0T超高场核磁共振和脑科学研究中心"项目引进,引进后无缝对接指导公司研发出中国首台拥有自主知识产权的脑普磁共振设备及系列产品,填补了国内空白。

3. 引进人才层次普遍较高

在2018~2019年这次专项引才中,引进诺贝尔奖得主2人,中国科学院和工程院院士5人,外籍科学院院士2人,以及其他国内外顶尖科学家14人占比高达10.2%。从引进人才的专业技术职称看,拥有高级职称的达到176人,占总人数的77.9%。其中正高级职称124人,占比54.9%;副高级职称52人,占比23.0%;中级职称及以下的50人,占比22.1%(见图2)。据了解,部分境外引进专家因评价体系不同无职称;部分是国内的青年专家,持中级职称,但均具备丰富的工作经历和较高的科技素养。

从学位结构看,博士学位获得者为绝大多数,达到204人,占比90.3%;硕士学位获得者16人,占比7.1%;本科学位及以下6人,占比2.6%(见图3)。表明本次专项引进的人才受教育年限普遍较长,知识储备较为丰富。

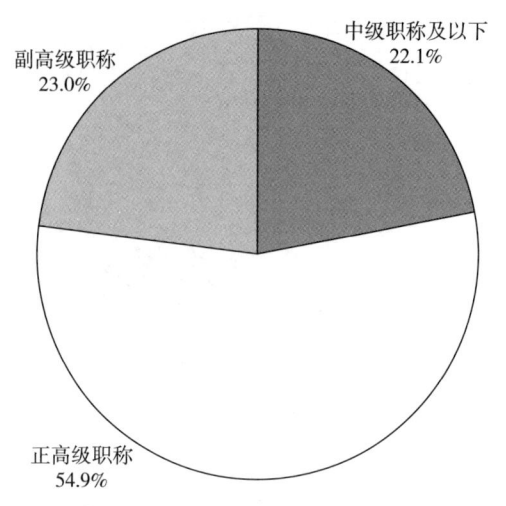

图 2　湖南省 2018~2019 年引进产业创新人才职称分布

（中级职称及以下 22.1%；副高级职称 23.0%；正高级职称 54.9%）

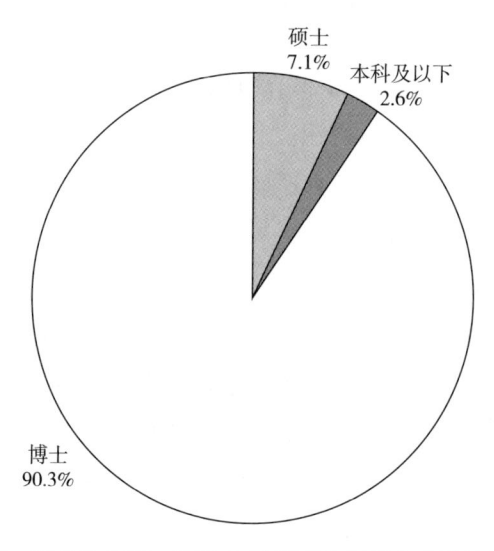

图 3　湖南省 2018~2019 年引进产业创新人才学位分布

（硕士 7.1%；本科及以下 2.6%；博士 90.3%）

（三）主要成效

1. 产才融合紧密

产业创新人才引进工作紧紧围绕产业项目建设年"四个100"重大建设

项目和地方特色优势产业开展。226名产业创新人才中依托"四个100"重大项目引进129人,其中,"100个重大产业""100个重大科技创新""100个重大产品创新""引进100个五百强企业"项目分别引进21人、42人、55人、11人。依托市州特色优势产业项目引进97人(见表2),均分布在产业科研一线领域,直接服务企业创新发展。其中,新材料产业引进66人、航空航天产业引进24人、工程机械产业引进22人,排名居前三位。农产品加工、茶产业、电子信息、医药等其他万千亿产业均有人才引进,基本覆盖了湖南省新兴工业优势产业链和特色优势产业,产才融合发展局面初步形成。

表2　2018~2019年湖南引进产业创新人才依托产业项目情况

单位:人

项目	2018年	2019年	合计
依托"四个100"重大建设项目引进	38	91	129
依托市州特色优势产业引进	74	23	97

2. 柔性引才凸显

随着国内外人才竞争态势加剧,人才引进方式进一步多元化,柔性引才逐渐成为引才主要方式。2018~2019年引进人才中104人为全职引进,占比46.0%;122人为柔性引才,占比54.0%。部分市州规避地域、交通等劣势,拓宽引才路径,本着"不为所有、但求所用,不求所在、但求所为"的原则,不盲目追求全职引入,形成可刚可柔聚才"强磁场",吸引了一大批科创人才灵活快捷靶向集中攻关和技术合作,越来越多的"候鸟型教授""周末工程师"为湖南省经济建设发展贡献才智。柔性引进的诺贝尔奖得主莫利纳,指导长沙标朗住工科技有限公司在新一代智能空气净化壁材超藻泥研究上取得重大突破。岳阳国信军创六九零六科技公司柔性引进清华大学黄振博士,在人工智能信号分选、无源探测定位等军民两用技术领域取得重大成果。

3. 人才效能增强

引进的产业创新人才大多带着项目、资金、专利,甚至带着团队来湘投

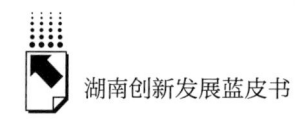

资兴业，给湖南的产业技术革新和创新发展注入了新鲜"血液"。一大批科研成果和技术发明转化应用，有望在部分核心产业领域突破一批关键技术，给企业带来较大的经济效益。引进人才牵头签订项目合同622项，合同金额达17.79亿元，实现产值28.41亿元、税收1.58亿元。共申请专利981项，培养骨干专业人才600人次。杉杉能源产业股份公司引进储能领域胡进博士，主持"10万吨动力电池材料产品开发与转化"项目，计划总投资超过200亿元，预计年产值150亿～200亿元、利税10亿元，提供就业岗位1000人以上，将推动湖南先进储能材料及电动汽车产业结构转型升级。

二 引进产业创新人才主要做法

围绕引进100个产业创新人才，助推产业项目建设年活动，人社部门立足职能，加强改革创新，优化实践路径，取得了较好的引才效果，形成了一些行之有效的做法。

（一）引前——明确目标，高位推进

每年人社部门制定年度产业创新人才引进工作实施方案，明确引才标准，细化引才指标体系。湖南省人社厅专门成立引才工作领导小组，一把手挂帅，分管领导部署，明确专班负责，通过建章立制、分解任务、压实责任，确保引才工作顺利推进。指导市州成立高规格的工作推进小组，各市州结合当地产业项目和重点新兴产业、特色产业发展的要求，进一步落实责任分工，下发清单方案。长沙、衡阳、永州等市州推出"挂图作战""一单四制""分级调度"等切实管用的制度，形成了主要领导亲自抓、人社部门具体抓、职能部门配合抓的工作格局。

（二）引中——拓展渠道，专业引才

多样化引才是应对人才竞争的必然选择。湖南打破固定思维，积极拓展

引才渠道，强化柔性引才和专业化引才，构建与市场经济相适应的引才新模式。人社财政两部门联合出台了《联湘创新创业人才服务工作站管理办法》，在全省择优设立 15 家联湘创新创业人才服务工作站，每家给予 20 万元资助资金，支持帮助省重点产业企业引进高精尖缺人才。市州纷纷采取"走出去""请进来"等方式，组织园区、企业赴深圳等参加国际人才交流大会，联合中联办等举办香港博士团长沙行活动，强化集中组团引才。举办海外引才联络站授牌和海外人才需求对接会，开启全球揽才模式。

（三）引后——保障到位，留聚人才

积极做好引进后的人才保障工作，湖南先后出台了《湖南省畅通职称评审绿色通道 10 条实施意见》《湖南省创新民营企业专业技术人才职称评审 10 条措施》等政策。建立引进人才评审绿色通道、海外高层次来湘人才职称评审"直通车"，进一步畅通民营企业人才职称评审渠道。明确 20 条新兴优势产业链高精尖缺工程人才开展专场评审。同时，将引进人才纳入"湖南省 121 创新人才"、湖南省专业技术人才知识更新等培养培训工程，相关省市人才支持计划、津贴项目向其倾斜。长沙市颁布 22 条人才新政后，又出台 30 余个配套细则，组建 17 个人才服务窗口。衡阳市成立高层次人才发展促进会，为产业创新人才提供良好的工作和生活环境，力求引得进、留得住。

三　存在的主要问题及原因

（一）比较优势不明显

湖南地处中部地区，区位优势缺乏，经济发展水平和对外开放程度不及东部沿海地区，同时又不能享受国家对西部地区的倾斜政策，人才待遇普遍偏低。加之 20 条新兴产业链与周边省市重复度高，部分产业本身基础和竞争力不强，相比广东、上海、江苏等产业发展水平较高的省份，对创新人才吸引力不够。相比海南等自贸区，在人才引进投入、人才政策优惠上也有差

距。区位、产业等比较优势不明显，再受资源、经费等因素制约，省（境）外人才来湘意愿不强烈，湖南吸引人才的后发竞争力等亟须提升。

（二）人才需求不均衡

湖南产业布局不均衡，中西部地区产业结构调整和承接产业转移任务重，对产业创新人才的需求并不急切。从各市州2018~2019年引进产业创新人才数量来看，呈现东强西弱。湘中地区娄底市反映，受地域环境和经济水平的制约，娄底市的先进装备制造、新能源、新材料等新兴产业起步晚、规模小，创新研发基地、高新技术平台等发展相对滞后，对产业创新人才吸纳能力较弱。湘西地区张家界市反映，该市属旅游地区、老少边穷地区，产业发展主要依赖于旅游业和服务业，第一、第二产业发展不足，科技含量高的高新技术产业匮乏，即使为完成引进指标任务，短期内引进了，也会因"英雄无用武之地"而流失。

（三）引才合力未形成

目前，各级政府部门引才工作职能定位不清晰，在制定产业创新人才引进规划、完善相关制度上尚有欠缺，具体引才工作又"冲锋在前、大包大揽"，导致企业的引才积极性、主动性没有被充分调动起来，人才资源市场化配置还远远不够。部分企业甚至认为引才是政府的义务，一味寄希望于政府部门包办引才，等靠要思想严重，政企合作的引才合力尚未汇聚。同时，各行业主管部门立足本领域实施不同的引才项目，战略性新兴产业创新人才引进缺乏顶层设计和总体安排，职能部门分工不明确，未能握指成拳形成引才整体合力。

四 加强产业创新人才引进的建议

（一）强化长株潭城市群一体化引才效应

依托"芙蓉人才行动计划"设立"长株潭产业创新人才聚集工程"，以长株潭"城市群"和"产业群"统一发布引才政策和招聘目录,加大"长株潭城市群"品牌宣传,提升"长株潭城市群"对产业创新人才的吸附能力和辐射效应。在长株潭城市群一体化发展基金中单设"长株潭产业创新人才开发基金"。统筹长株潭产业创新人才的引进、评价、激励、服务等,统一制定实施长株潭产业创新人才认定标准和认定办法,确保层次相当、水平相近的产业创新人才享受同等优惠政策,形成长株潭三市人才工作协同机制,实现融才融智与融城融产深度协同。

(二)实施"湖湘产业创新人才引进"专项

目前,湖南省省级层面主要开展了湖南省百人计划、湖湘高层次人才聚集工程以及各行业领域人才引进项目,这些项目大多立足于引进高层次科技人才和社科理论研究人才,引进人才大多集中在高校和科研院所。100个产业创新人才引进是产业项目建设年子项目,是一个阶段性引才工程,实施两年来突破了一批关键技术,壮大了高新技术企业,培植了中小企业,带动了创业就业。因此,很有必要在产业项目建设年完成后将其升级为"湖湘产业创新人才引进计划"重点专项工程,着眼于专门服务企业,为做大做强重点产业不断引进急需紧缺创新人才。

(三)加强"联湘创新创业人才服务工作站"专业化引才

企业是产业创新人才引进的主体,要广泛调动各类企业的引才积极性。政府加强引导和宏观管理,鼓励发展人才猎头公司等专业化服务机构,设立"联湘创新创业人才服务工作站"等专业引才组织,充分发挥其联系企业、联系人才、联系政府、联系服务窗口和联系社会的"五联"作用,一方面为产业升级发展做好前瞻性人才储备,为企业快速成长提供人才供给,另一方面协助做好引进人才来湘驻湘创新创业各类服务。为企业和省(境)外高层次创新人才搭建信息平台,网罗挖掘省(境)外产业创新人才,实现与省内企业需求精准对接、帮助各类企业引进急需高端人才。

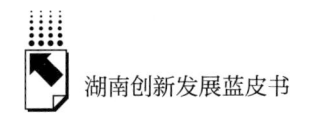

（四）发展壮大人力资源市场

支持中国长沙国家级人力资源产业园建设，鼓励吸引知名人才资源服务企业在湖南设立分支机构或与湖南企业合资合作，构建统一开放的人才市场体系。加快政府人才公共服务与经营性服务分离，坚持综合性服务与专业化服务齐头并进，完善产业创新人才流动配置机制，构建多元化分配体系，激发创新人才活力，助力湖南省高层次产业创新人才引聚和发挥作用。克服人才为地域、单位、部门所有的惯性思维，防止人才管理的官本位、行政化倾向，破除户籍、档案、社保关系等阻碍人才流动的体制机制障碍，为人才自由流动营造更加宽松的环境。

（五）优化人才服务和保障

引才是前奏，留才是关键。要围绕产业创新人才的需求，完善创业投资金融服务，优化企业成长孵化服务等。建立省市县纵向一体、部门横向联动的公共服务网络，提高服务效率，加快形成主体多元、形式多样的人才服务体系。发挥高层次人才一站式服务窗口和人才专员服务制度，对引进的产业创新人才特别是国内外顶尖人才，在签证居留、配偶安置、子女入学等工作和生活待遇方面给予倾斜。创建"国际人才社区""青年人才驿站"等人才活动阵地，为人才提供高品质服务。发挥主流媒体的舆论引导作用，设立人才工作专栏，及时宣讲人才新政策，精彩讲述人才好故事，协同做好人才大文章。

B.9
湖南省农业科技创新发展现状及对策建议

袁延文*

摘　要： 农业发展的核心驱动力是科技创新。近年来，湖南省形成了以袁隆平等院士为引领的农业科技创新研发队伍，农业科技创新取得了重要进展：构建了完善的农业科技创新体系，研发了一批农业关键技术，推广了一批农业先进技术成果，开展了富有成效的农业科技服务。但湖南农业科技创新仍存在认知不足、资源配置需要优化、人才队伍有待加强、投入总量不足、成果转化平台亟待拓展等问题。本报告提出加快湖南省农业科技创新发展的对策建议：一是创建全省科技创新管理新格局；二是加大农业科技创新投入力度；三是加强农业科技创新人才队伍建设；四是积极推进农业科技创新成果转化应用，实现湖南从农业大省到农业强省的跨越式发展。

关键词： 农业科技创新　产业技术体系　科技创新成果转化　农业科技服务

　　农业发展的核心驱动力是科技创新，通过科技创新推动农业有序转型和升级，是发展现代农业、推动农业供给侧结构性改革的重要路径。近年来，

---

* 袁延文，湖南省委农村工作领导小组办公室主任，省农业农村厅党组书记、厅长。

湖南省构建了较为完善的农业科技创新体系，形成了以袁隆平等院士为引领的农业科技创新研发队伍，积极开展农业关键技术攻关和农业科技服务，走出了一条具有湖南特色的农业科技创新发展之路。但湖南省仍存在制约农业科技创新的多重因素，农业科技创新整体上处于全国中等水平，需要破解科技创新过程中的难题，进一步加快创新步伐，才能为建设创新型湖南注入强大动力。

一 湖南省农业科技创新取得重要进展

近年来，湖南省各级农业农村部门认真学习贯彻习近平总书记关于农业科技创新系列重要指示精神，以实施三个"百千万"工程和"六大强农"行动为抓手，按照打造优势特色千亿产业的要求，坚持科技强农导向，积极推进农业科技创新、成果转化和科技服务等各项工作，让农业插上了科技的翅膀，为着力推进农业现代化提供了强力支撑。

（一）构建了完善的农业科技创新体系

湖南省是农业大省，也是农业科技创新大省，全省已构建了完善的农业科技创新体系。一是科研机构相对完备。目前，全省有省级农业科学院1个，省农业农村厅系统农业科研机构5个。市州级农、牧、渔、农机科研机构30个。拥有中国科学院亚热带生态研究所、中国农业科学院麻类研究所、中国农业科学院祁阳红壤研究所等3个在湘的国家农业专业科研单位。湖南农业大学、湖南师范大学等涉农大专院校组建了一批非独立的农业科研所。此外，隆平高科、希望种业、金健米业等农业龙头企业也建立了自己的科研机构。二是科研人才优势明显。目前，湖南省农业领域拥有袁隆平、官春云、印遇龙、邹学校、刘仲华、刘少军等6位中国工程院院士，全省现有直接从事农业科研人员3600余人，其中副高职称以上的专业技术人员1000余人。三是科技创新平台逐步完善。目前，湖南省拥有南方粮油作物协同创新中心、杂交水稻工程技术中心、油菜（棉花、柑橘、蚕桑）育种（改良）分中心等国家级或省级农业科技研发创新平台。其中院士领衔的平台有：袁隆平院士领衔的国家杂交水稻工程技术中心、杂交水稻国家重点实验室、国家水稻工程实验室，国家耐盐碱水稻技术创新中心和耐盐碱水稻农业部重点实验室正在筹建之中；官春云院士领衔的国家油料改良中心湖南分中心；印遇龙院士领衔的生物饲料安全与污染防控国家工程实验室；邹学校院士领衔的园艺作物种质创新与新品种选育教育部工程研究中心；刘仲华院士领衔的国家植物功能成分利用工程技术研究中心；刘少军院士领衔的省部共建淡水鱼类发育生物学国家重点实验室等。四是现代农业产业技术体系不断拓展。湖南省已建成水稻、生猪、油菜、水果、蔬菜、茶叶、水产、草食动物、中药材和旱粮等10个产业技术体系，共设有顾问1名、首席专家10名、岗位专家66名、区域试验站54个，基本实现了一个优势特色产业有一个创新团队，每个产业的关键环节有一名岗位专家，每个产业的主产区域有一个试验站，有力地促进了产业发展。

（二）研发了一批农业关键技术

近年来，湖南省在农业关键技术领域取得了重大突破。一是超级稻研发水平居世界前列。在全国率先实现了亩产700公斤、800公斤、900公斤、1000公斤的目标，培育出了"隆两优1308""Y两优957"等一系列超级稻品种，2019年新增超级稻确认品种5个，占全国新增确认品种的50%。截至2019年底，湖南省拥有农业部超级稻确认品种27个（全国共132个）。二是部分成果达国内先进水平。2010年以来，全省农业系统取得各类科技成果1000多项，获得各项奖励400多项，其中获得国家科学技术奖9项（见表1）。此外，"湖南省农田质量提升综合配套技术推广""湖南省二化螟全程绿色防控技术推广"等成果获全国农牧渔业丰收奖成果奖一等奖。"超级稻三定栽培技术研究与示范""广适性水稻光温敏不育系Y58S选育及其生产配套技术""特色植物功能成分高效利用关键技术创新与产业化""反刍动物营养调控与饲料高效利用技术研究与应用"等技术获得湖南省科技进步奖一等奖。三是研究集成了一批先进实用技术。湖南省现代农业产业技术体系根据省主导产业和特色产业技术需求，开展集成研究创新，形成了杂交水稻全程机械化制种与光温敏不育系育性转化调控关键技术、双低油菜绿色生产关键技术、猕猴桃产业"三减一增"提质增效技术、辣椒春提早避雨栽培技术、肉牛高效健康养殖技术、稻田综合种养水肥耦合技术等一批先进实用技术。

表1 2010年以来湖南省农业科技创新获得国家科学技术奖情况

序号	项目名称	奖项名称及等级	主要完成单位	主持人	获奖年度
1	油菜化学杀雄强优势杂种选育和推广	国家科技进步奖二等奖	湖南农业大学	官春云	2010年
2	仔猪肠道健康调控关键技术及其在饲料产业化中的应用	国家科技进步奖二等奖	中国科学院亚热带农业生态研究所	印遇龙	2010年
3	水田杂草安全高效防控技术研究与应用	国家科技进步奖二等奖	湖南省农业科学院	柏连阳	2012年
4	水稻两用核不育系C815S选育及种子生产新技术	国家技术发明奖二等奖	湖南农业大学	陈立云	2012年
5	两系法杂交水稻技术研究与应用	国家科技进步奖特等奖	湖南杂交水稻研究中心	袁隆平	2013年
6	辣椒骨干亲本创制与新品种选育	国家科技进步奖二等奖	湖南省农业科学院	邹学校	2016年
7	猪日粮功能性氨基酸代谢与生理功能调控机制研究	国家自然科学奖二等奖	中国科学院亚热带农业生态研究所	印遇龙	2016年
8	黑茶提质增效关键技术创新与产业化应用	国家科技进步奖二等奖	湖南农业大学	刘仲华	2016年
9	柑橘绿色加工与副产物高值利用产业化技术	国家科技进步奖二等奖	湖南省农业科学院	单杨	2018年

资料来源：国家科学技术部官网。

（三）推广了一批农业先进技术成果

近几年来，湖南省加大优质稻、超级稻、农作物病虫综合防治、测土配方施肥、畜禽健康养殖、疫病综合防治、水稻机械化收获、机械化育插秧等一大批农业新成果、新技术、新品种的推广和应用力度，提高了全省农业科技水平，促进了现代农业发展。全省超级稻累计推广面积达2亿余亩，累计增产粮食100亿余公斤。官春云院士科研团队育成我国第一个通过国家审定的优质双低油菜新品种"湘油11号"和我国第一个高抗菌核病双低油菜品种"湘油15号"等优质油菜新品种20余个，推广面积达3亿余亩。邹学校院士科研团队育成的3个骨干亲本5901、6421和8214，被全国育种单位广泛利用，共育成辣椒新品种165个，是我国育成品种最多的辣椒骨干亲本，累计新增社会效益584亿元，产品畅销国内外。此外，湖南师范大学刘少军院士带领科研团队选育的湘云鲫2号等系列优良鱼类、湖南省畜牧兽医研究所与相关单位联合培育出的国家级新品种——"湘村黑猪"等都产生了显著的经济和社会效益。各级农业部门紧贴生产实际，强化科技服务，加速先进技术推广和应用，主要农作物良种覆盖率和主推技术到位率均在95%以上，为湖南农业发展提供了重要支撑。

（四）开展了富有成效的农业科技服务

湖南省先后实施了"万名科技人员服务农业农村发展""农业科技人员服务农业农村发展"等行动，在全省122个县（市、区）组建专家服务团，招募农业科技人员开展农业科技服务。2019年，湖南省农业农村厅安排专项资金2000万元，支持农业科技人员深入基层生产第一线开展对口技术服务，重点组织了6个厅属科研单位、14个市州农科所（院）和49个县（市、区）农业农村部门开展现代农业产业实用技术集成与示范、农业科技服务示范基地建设等工作。各单位制订了项目实施方案，成立了专家服务队，对口服务重点产业重点项目，取得了明显成效。如长沙市4个项目单位2019年建设科技服务专项对接基地91家以上，开展实用技术推广与示范项目36个以上，参与服务的科技人员达40多人，技术培训4000多人次，开展技术服务活动200多场次。长沙县科技服务对接基地湖南远乐丰科技有限公司南美白对虾养殖获得成功，直接创收140万元以上，利润达到45万元，带动农民发展南美白对虾面积达200亩以上。常德市安乡县在湖南玖源农业发展有限公司建设绿色有机水稻优质高效种植示范基地，700亩基地亩产有机稻谷400公斤，创建了"梅公园"有机品牌，亩纯收入达5000元以上，帮助梅家洲村110个农户亩增效益800~1000元。

二 湖南省农业科技创新面临的困难和问题

湖南省农业科技创新成效显著，但整体发展水平仍然不高。近年来，据陈耀等构建的农业科技创新指标体系综合评价，2015年湖南省农业科技创新整体能力居中部省份第4位，居全国第16位。2019年，湖南省农业科技进步贡献率为59%，居中部省份第3位。因此，需要认真分析农业科技创新面临的困难和问题，加快提升农业科技创新水平。

（一）对农业科技创新的认知存在偏差

农业科技创新具有如下特点。一是目的具有公益性。农业科技创新是为了实现农业的可持续发展，创新成果主要由政府采购免费提供给农户使用，产生的社会效益、生态效益要远远大于经济效益，具有显著的公益目的。二是行业具有特殊性。农业科技创新具有受自然环境影响大、研究周期长、风险高、保密性差、成本投入大、收益低等特征，一项新技术、新品种的问世可能需要很长的时间，需要政府财政的长期投入作保障。三是科研单位任务具有多重性。农业科研单位在开展农业科技创新的同时，还需要承担许多公益类科技项目，如开展生物种质资源保护与监测、农业技术推广等纯公益类工作。在实际工作中，有的地方对农业科技创新的特点认识不够，没有给予足够的重视，农业科技机构普遍存在研发经费短缺、工作条件艰苦、福利待遇较差、仪器设备陈旧、高层次科研人才招不到留不住等情况。

（二）农业科研资源配置仍需优化

湖南省现有农业科研机构55个，其中省级独立农业科研机构20个（含省农业农村厅系统5个所、省农业科学院系统15个所）；市级农业科研机构35个。虽然科研机构总数较多，实力较强，但也存在不少弊端。一是容易形成本部门利益至上、各自为战的封闭体系；二是科研机构的重复设置会造成预算编制的增加，也会造成科研方向和任务的重叠，使科研经费重复投入；三是省内科研机构经常临时组建科技攻关协同队伍，但分工协作长效机制难以形成，导致农业科技资源利用效率较低。

（三）农业科技人才队伍有待加强

一是人才队伍结构不均衡。农业科技人才主要集中在育种、栽培、土肥、植保等传统学科领域，而在新兴学科领域，如智慧农业、循环农业等方面的科技人才则严重不足。此外，单一领域或学科的人才多，跨学科、跨领域的复合型人才少。二是高层次科研人才引进难、留不住。现有财政预算仅保障基本人头费，部分博士研究生进入全额拨款科研院所后，没有安家费，没有项目培养，收入难以养家，工作几年后便选择"跳槽"以谋求更优厚的待遇，农业科研高端人才难以引进且留不住。三是中青年领军人才不足。尽管湖南省现有6名农业院士，但后续挑大梁、担重任的优秀中青年领军人才不足。

（四）农业科技创新投入总量不足

近年来，各级财政对农业科研院所的投入有所增加，但主要用来保障基本开支，稳定支持经费仅占总经费的20%～30%，存在较大缺口。如湖南省现代农业产业技术体系2019年扩充至10个，年均经费3700万元，相比之下，国家产业体系已扩展到50个，北京市产业技术体系年均经费达到1亿元，山东省年均8000余万元。

（五）科研成果转化应用平台亟待拓展

目前，湖南省农业科研单位产出了较多科研成果，但主要依靠科研单位自身力量转化应用。由于受一些政策和条件限制，与相关企业对接不够，且

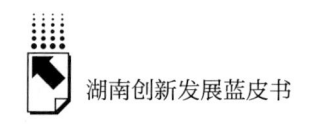

不能准确把握市场动向，科技成果与市场需求不匹配、难转化，经济效益和社会效益较低，多数成果未发挥其应有的作用，被束之高阁，反过来又抑制了农业科研人员的积极性。

三 推动农业科技创新的对策建议

（一）创建全省科技创新管理新格局

根据农业部发布的《关于深化农业科技体制机制改革加快实施创新驱动发展战略的意见》（农科教发〔2015〕3号）精神，加强顶层设计，打破现有行政界限，通过机构重组、合作共建、互相兼职等方式，充分发挥各级农业科研单位的优势，突出省级农业科技创新联盟的作用，构建全省科技创新管理新格局。省级农业科研单位集中开展关键技术和共性技术的研究和重大技术集成，市级农业科研单位主要开展技术集成创新、示范推广活动。各级农业科研院所通过参加省级农业科技创新联盟、现代农业产业技术体系，整合各类科技资源，构建全省农业科技创新"一盘棋"的工作格局。

（二）加大农业科技创新投入力度

高度重视农业科研单位的公益属性，各级财政预算在保证农业科研单位基本经费的基础上，应为开展科技创新提供固定工作经费保障，并逐年增加。一是继续扩充省级现代农业产业技术体系。在现有水稻、生猪等10个体系的基础上，根据湖南省主导产业和特色产业情况，进一步扩充产业体系建设范围，增加体系建设经费投入，发挥体系建设在全省农业科技创新中的重要作用。二是增设农业科技创新专项。针对目前湖南省没有单独支持农业科研专项经费的现状，增设省级农业科技创新专项，用于支持各级农业科研单位开展公益性、基础性、应用性研究，解决湖南主导产业和特色产业的关键技术问题，并明确逐年增长的比例。三是加强农业科技创新条件建设。根据湖南省主导产业、特色产业实际需求，争创国家级重点实验室，设立省级农业科技创新重点实验室，增加对农业基础研究、关键技术所需仪器设备的购置经费投入，逐步改善农业科技创新条件。四是优化科研资金管理。建立目标明确和绩效导向的资金管理制度，简化预算编制，提高间接费用比例，加大绩效激励力度，以科研资金管理创新推动农业科技创新。

（三）加强农业科技创新人才队伍建设

农业科研人才是农业科技创新取得重大进展的关键因素，必须加大农业科研人才尤其是高端人才培养和引进力度，使人才队伍结构更加均衡。一是积极培育领军人才。重点支持在农业科技创新领域有重大发现、重大突破，能出重大成果的农业科研专家申报两院院士。二是着力构建人才梯队。发挥院士等老一辈知名专家的传帮带作用，着力培养入选湖南省121创新人才培养工程的青年专家。通过实施重大研发项目、建立博士后工作站、筹建省级重点研发平台或实验室等方式，以及提高青年科研人员待遇等方式，留住并培养中青年科研人才。加强农业专业学历教育，立足本省实际情况，在省内涉农院校合理设置农业专业，高质量培养涉农硕士、博士研究生，储备科技创新后备人才。三是调整人才队伍结构。根据现代农业的发展需求，加大对新兴学科领域，如智慧农业、循环农业等方面科技人才的培养和引进力度，并注重对跨学科、跨领域的复合型人才的培养。四是鼓励省内农业科技人才合理流动。支持和鼓励专业技术人员通过挂职、兼职、参与项目合作等方式开展农业科技创新，并明确其所取得的成绩可以作为职称评审、年度考核、岗位竞聘等的重要依据。

（四）积极推进农业科技创新成果转化应用

一是建立农业科研成果转化风险基金。该基金对有重大市场前景的科研成果进行前期投入，开展产品开发、市场推广和应用转化，收益由国家、单位和个人按照以一定比例进行分成。二是支持企业积极参与转化应用。对市场开发情况较好的企业按照一定比例进行后补助，降低企业市

开发风险。三是鼓励科研单位进行转化应用。每年评选一定数量的科研转化项目，进行财政资金奖励支持。四是充分发挥农业和科技主管部门的作用。将解决湖南省农业生产实际问题且应用效果良好的技术和品种列为主推技术和品种，在高产创建、补助项目、万名工程、产业体系建设等农业项目中推荐。

参考文献

张红玉：《科技创新推进农业供给侧改革的路径思考》，《农业经济》2018年第8期。

李咏梅、何超：《湖南省农业科技创新制约因素分析及对策探讨》，《湖南农业科学》2019年第11期。

陈耀、赵芝俊、高芸：《中国区域农业科技创新能力排名与评价》，《技术经济》2018年第12期。

B.10
湖南省出生人口健康科技创新发展报告

陈小春*

摘　要： 出生缺陷病种多，病因复杂，已知的出生缺陷超过8000种，已成为婴儿死亡的首要原因。湖南是人口大省，也是出生缺陷高发省份。湖南省率先在全国出台了《湖南省出生缺陷防治办法》，统筹推进以"八免两救助"妇幼公共卫生服务项目为核心的出生缺陷综合防治，取得重要进展：完善了湖南省出生缺陷综合防治网络，构建了湖南省出生缺陷创新服务平台，组织实施了湖南省出生缺陷协同防治科技重大专项。但仍存在一些问题，如：出生缺陷防治能力有待进一步增强；出生缺陷病因研究有待进一步突破；出生缺陷防治技术有待进一步提升。湖南省出生缺陷防治科技创新发展的重点任务包括加强服务网络支撑，加强人才队伍支撑，加强经费投入支撑，加强科学研究支撑，加强信息支撑。

关键词： 出生缺陷　出生人口健康　创新发展　湖南

出生缺陷是指婴儿出生前发生的身体结构、功能或代谢异常，是导致早期流产、死胎、婴幼儿死亡和先天残疾的主要原因。出生缺陷病种多，病因

---

* 陈小春，湖南省卫生健康委员会党组书记、主任。

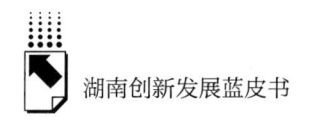

复杂，已知的出生缺陷超过8000种，基因突变等遗传因素和环境因素均可导致出生缺陷发生。

根据世界卫生组织估计，全球低收入国家的出生缺陷发生率为6.42%，中等收入国家为5.57%，高收入国家为4.72%。中国出生缺陷发生率与世界中等收入国家的平均水平接近，但由于人口基数大，每年新增出生缺陷病例总数庞大。全国建立了以各省监测医院为基础的出生缺陷监测网络，监测期为孕满28周至出生后7天，重点监测围产儿中23类常见的结构畸形、染色体异常及少部分遗传代谢性疾病。通过出生缺陷监测网络获得的围产期出生缺陷发生情况，在一定程度上反映了围产儿出生时临床明显可辨认的出生缺陷发生水平。据估计，全国出生缺陷总发生率约为5.6%，以全国每年出生数1600万计算，每年新增出生缺陷总数约90万例，其中出生时临床明显可见的出生缺陷约25万例。出生缺陷已成为中国婴儿死亡的首要死因，出生缺陷所造成的直接经济负担达到233.2亿元，出生缺陷治疗费用约120亿元。出生缺陷给患者家庭和社会带来了沉重的负担，严重制约了全国经济和社会的和谐发展。

湖南是人口大省，也是出生缺陷高发省份。监测数据显示，自1996年以来，全省出生缺陷发生率一直呈上升趋势，出生人口素质堪忧。尤其是近年来，随着国家生育政策的调整，高龄、高危孕妇剧增，大大增加了出生缺陷发生的风险。为破解这道难题，湖南省率先在全国出台了《湖南省出生缺陷防治办法》，并印发了《湖南省出生缺陷综合防治方案》，按照"预防为主、知情选择、自愿参与"的原则，统筹推进以婚前医学检查、孕前优生健康检查、增补叶酸、产前筛查、高危人群出生缺陷干预、地中海贫血筛查、新生儿疾病筛查、先天性遗传代谢性疾病检测、先天性遗传代谢性疾病救助、先天性结构畸形救助等"八免两救助"妇幼公共卫生服务项目为核心的出生缺陷综合防治。监测数据显示，湖南省出生缺陷发生率自2015年起已经连续5年下降（2015年是218.39/万，2016年是182.03/万，2017年是179.96/万，2018年是163.14/万，2019年是160.34/万），出现了历史性的转折。但目前，湖南省出生缺陷发生率仍然高于全国平均水平，工作机制不全、投入保障不足、服务能力不优等现象仍然存在，尤其是先天性心脏病、唐氏综合征、耳聋等严重出生缺陷尚未得到有效防控，出生缺陷综合防治任重而道远。

一 湖南省出生缺陷防治创新发展科技成果

（一）完善湖南省出生缺陷综合防治网络

1. 完善湖南省出生缺陷综合防治服务体系

湖南省历来高度重视出生缺陷防治工作，立足出生缺陷三级防控，将出生缺陷防治工作纳入了法制化轨道。2017年统筹实施了以湖南省委、省政府重点民生实事项目——孕产妇免费产前筛查为核心的出生缺陷"八免两救助"妇幼公共卫生服务项目，即婚前医学检查、孕前优生健康检查、增补叶酸、产前筛查、高危人群出生缺陷干预、地中海贫血筛查、新生儿疾病筛查、先天性遗传代谢性疾病检测、先天性遗传代谢性疾病救助、先天性结构畸形救助。2018年湖南省卫生健康委印发《湖南省出生缺陷综合防治方案》，明确了未来5年出生缺陷综合防治的主要目标及工作重点。历经多年探索，建立了以湖南省妇幼保健院为龙头，137个市、县级妇幼保健院为支撑，1700余家助产机构为基础的出生缺陷三级防治综合服务网络。

2. 完善湖南省新生儿疾病筛查技术服务网络

建立湖南省"筛查—诊断—治疗随访"新生儿疾病筛查技术服务网络，实现全省新生儿遗传病筛查服务规范化、同质化，使湖南省不同地域的新生儿均能接受筛查服务。湖南省甲状腺功能减低症及高苯丙氨酸血症筛查率由2001年的1.79%上升到2019年的98.47%，串联质谱新生儿筛查率由2016年的13.96%上升到2019年的74.98%。"湖南省苯丙酮尿症新生儿筛查、诊断、治疗网络建立和产前诊断研究"项目获第八届宋庆龄儿科医学奖。

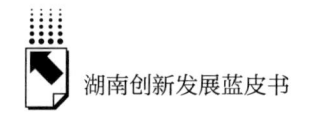

3. 完善湖南省产前筛查与产前诊断服务网络

建立湖南省"省—市—县"三级产前筛查与产前诊断服务网络，推出"血清生化—NIPT—超声"产前筛查服务包并推广应用到基层，有效提高了产前筛查效率。规范建立胎儿形态结构异常影像学诊断，形成有效的质量控制体系。将研究形成的技术规范与标准应用于政府出生缺陷防治民生实事工程，促进出生缺陷防治科学研究和政策链条的有序衔接，仅2019年湖南省通过产前筛查产前诊断，阻断1377例染色体疾病胎儿出生。"重大出生缺陷产前筛查诊断网络建立与防治技术规范化应用的研究"项目获妇幼健康科学技术奖科技成果一等奖。

（二）构建湖南省出生缺陷创新服务平台

1. 建立湖南省出生缺陷监测网络信息平台

完善"五位一体"的湖南省出生缺陷监测信息平台，在原有"以医院为基础"的出生缺陷监测模式基础上，整合计划生育与妇幼卫生5个信息系统，依托信息化初步构建了"以出生人口为基础"的监测模式，湖南省所有助产技术服务机构在出生缺陷监测信息平台实时上报围产儿出生缺陷信息，实现了湖南省监测地域全覆盖、对象全覆盖、机构全覆盖。

2. 建立国家级出生缺陷重点实验室

国家卫生健康委出生缺陷研究与预防重点实验室（挂靠湖南省妇幼保健院）顺利通过国家验收，重点实验室筹建工作严格按照建设标准和要求，扎实推进硬件建设、学科建设、人才培养、管理运行和创新能力建设，按照"开放、流动、联合、竞争"的运行机制，聚焦出生缺陷干预的应用基础研究与技术转化的重大需求，在出生缺陷防控基础研究和转化应用方面取得有创新价值的研究进展。

3. 建立湖南省出生缺陷防治相关科研平台

依托湖南省妇幼保健院建立了湖南省出生缺陷个体化防治临床研究中心、湖南省儿童染色体病研究中心，染色体疾病、新生儿遗传代谢病、重型地中海贫血、叶酸个体化增补预防先天畸形等出生缺陷的临床防治研究平台已搭建完成，样本库已初具规模。

（三）组织实施湖南省出生缺陷协同防治科技重大专项

2019年9月，湖南省出生缺陷协同防治科技重大专项成功获批，获财政科技经费支持5600万元。项目依托湖南省妇幼保健服务体系及出生缺陷三级防治服务网络，集聚相关高校、科研院所、企业的专家学者，实行多学科多中心的科技协作攻关。针对基层结构畸形防控相关技术薄弱问题，通过将规范的适宜技术逐级推广，完善"互联网+医疗健康"保障和支撑体系，建设智慧医院和基层远程诊室，显著提高检出率。针对遗传性出生缺陷，将自主研发国际领先的关键新技术融入三级防控各环节，并引入AI人工智能、基因组检测技术，将创新技术与传统筛查进行无缝对接，形成多个"筛查技术服务包"，实现目标疾病精准防治，出生缺陷基础研究与应用研究取得重大突破。

二 湖南省出生缺陷防治创新发展存在的主要问题

（一）出生缺陷防治能力有待进一步增强

湖南省出生缺陷防治技术体系不能满足横向到边、纵向到底的管理需求，缺乏点、线、面结合的出生缺陷大数据管理及预测预警平台；适宜的出生缺陷三级防控技术未规范有序下沉，高新防控技术的推广存在地区发展不平衡现象；出生缺陷防治技术服务队伍能力不能完全满足"县级筛查—市级诊治"的需求；出生缺陷防治伦理学研究和防控质量评价存在空白。

（二）出生缺陷病因研究有待进一步突破

湖南省出生缺陷发生率居高不下的原因不明，湖南省出生缺陷基础研究

包括遗传学病因、环境因素（如感染、污染等因素）和致病机制等，诸多问题有待破解，湖南省临床与流行病学协同研究还有待加强。

（三）出生缺陷防治技术有待进一步提升

湖南省重大出生缺陷的人群防控病种有限，新技术研发及转化应用迫在眉睫；临床诊治规范化路径、精准创新诊治技术体系不健全，未能落实对出生缺陷的早筛、早诊、早治全链条服务，防控效果不佳。

三 湖南省出生缺陷防治科技创新发展思路及重点任务

（一）发展思路

1. 基本原则

坚持政府主导，将出生缺陷防治科技创新发展融入所有健康政策，促进公平可及、人人享有；坚持防治结合，健全预防、筛查、诊断、治疗、康复全程服务；坚持精准施策，聚焦严重多发出生缺陷病种，完善防治措施；坚持统筹协调，动员社会参与，增强工作合力。

2. 主要目标

总目标：构建覆盖城乡居民，涵盖婚前、孕前、孕期、新生儿和儿童各阶段的出生缺陷防治体系，为群众提供公平可及、优质高效的出生缺陷综合防治服务，预防和减少出生缺陷，提高出生人口素质和儿童健康水平。

年度目标：2020年，湖南省出生缺陷防治知识知晓率达到80%，婚前医学检查率达到80%，孕前优生健康检查率达到90%，叶酸服用率达到90%，产前筛查率达到80%，产前筛查高危人群诊断干预率达到80%；新生儿遗传代谢性疾病筛查率达到98%，新生儿听力筛查率达到90%；确诊病例治疗率达到80%。先天性心脏病、唐氏综合征、耳聋、神经管缺陷、地中海贫血等严重出生缺陷得到有效控制。

（二）重点任务

1. 加强服务网络支撑

建立健全以基层医疗卫生机构为基础、妇幼保健机构及妇女儿童专科医院为骨干、大中型综合医院和相关科研院所为支撑的出生缺陷防治网络。强化基层医疗卫生机构在宣传动员和健康教育中的网底作用。县级应当开展婚前医学检查、孕前优生健康检查、增补叶酸、产前筛查、地中海贫血筛查、新生儿遗传代谢性疾病筛查、新生儿听力筛查。市级原则上至少有1个经批准开展产前诊断技术的医疗机构、1个新生儿遗传代谢性疾病筛查中心、1个新生儿听力筛查中心，有条件的地方应当设置新生儿听力障碍诊断中心。依托综合实力强、专科优势明显的医疗机构，合理设置省级产前诊断中心、新生儿遗传代谢性疾病诊断中心、新生儿听力障碍诊断中心，发挥技术支撑和引领作用。充分发挥湖南省出生缺陷防治工作专家指导组、湖南省出生缺陷综合防控中心（设湖南省妇幼保健院）和湖南省出生缺陷救治中心（设湖南省儿童医院）职能作用，协助卫生健康行政部门组织开展相关人员培训、业务指导、信息报送、项目管理、质量评价等工作。完善流动人口服务管理与区域协作机制，确保流动人口出生缺陷防治服务的均等化。

2. 加强人才队伍支撑

结合实际，制定本地区中长期出生缺陷人才队伍培养计划。在毕业后医学教育中，加强与出生缺陷防治有关的生殖健康、医学遗传、超声影像、新生儿外科、严重多发出生缺陷诊断治疗等知识与技能培训。规范开展专业人员岗位培训和继续教育，逐步壮大出生缺陷防治人才队伍，不断提高业务水平。积极落实全国出生缺陷防治人才培训项目，构建由省级出生缺陷防治人才培训基地牵头、培训协同单位参与的出生缺陷防治人才培训网络，建立规范有序的培训模式，针对出生缺陷防治薄弱环节，重点开展优生遗传咨询、产前筛查和产前诊断、超声筛查与诊断、出生缺陷鉴别诊断和治疗等培训，2020年完成200名相关专业人员培训。充分发挥国家住院医师规范化培训医学遗传专业基地作用，培养医学遗传专业住院医师，并推动建立医学遗传

专业医师职称体系。

3. 加强经费投入支撑

积极争取出生缺陷防治网络建设、人才培训、专科建设、防治项目等方面的经费投入。聚焦严重多发出生缺陷病种，组织实施出生缺陷防治项目。推动将婚前医学检查、孕前优生健康检查、增补叶酸、产前筛查与诊断、新生儿疾病筛查等出生缺陷防治服务列入地方民生项目，纳入财政预算。结合健康扶贫，将儿童先天性心脏病、唇腭裂等符合条件的出生缺陷病种纳入农村贫困人口大病专项救治范围。鼓励社会力量通过捐赠、志愿者活动等方式积极支持和参与出生缺陷防治，大力开展社会宣传、患儿救助等公益活动。

4. 加强科学研究支撑

依托国家卫生健康委出生缺陷研究与预防重点实验室，为全省出生缺陷防治工作搭建研究平台。

（1）开展出生缺陷病因学研究。通过湖南省出生缺陷流行病学调查、临床研究和实验手段，寻找遗传、环境及其交互作用等多种危险因素与出生缺陷的关联，从生殖、发育、基因突变等多角度探索湖南省严重出生缺陷的发病机制，为临床干预治疗提供理论依据。

（2）开展出生缺陷早期预防研究。探索一套基于社区围孕期叶酸增补管理新模式；明确影响湖南省出生缺陷的主要感染性病原体，筛选出生缺陷相关病原体生物标志物，开发早期、敏感、特异的血清学诊断试剂盒，在动物体内获得预防出生缺陷的高发感染性病原体联合疫苗，为人用疫苗研发提供依据；从湖南省药源性出生缺陷相关数据调研、孕期药物使用与出生缺陷相关性研究、现行妊娠期用药资料汇编、妊娠期药物销售和使用建议、科普宣教等方面开展工作，降低湖南省药源性出生缺陷的发生。

（3）开展出生缺陷早期筛查诊断研究。制定湖南省规范化的产前超声胎儿系统筛查流程，辅以 AI 人工智能分析系统，提高湖南省孕期胎儿结构异常的检出效率；系统优化染色体、基因组病以及常见单基因病的湖南省筛查诊断流程，推进新技术的研发及临床转化，构建规范、集成的精准医疗创新技术平台；基于出生缺陷防治公共卫生项目的协同创新，逐步实现湖南省常见遗传性出生缺陷的群防群控和临床诊治规范路径示范应用,达到防控效果提质提标;研发基于高性能计算与生物医学文本挖掘相结合的新一代生物信息智能超算工作站,实现快速准确的数据分析,协助临床医师快速发现和筛选出致病基因突变。

(4) 开展出生缺陷早期治疗技术研究。针对湖南省高发的先天性结构畸形开展防治一体化研究,建立临床诊治标准化路径;开展湖南省先天性结构畸形胎儿宫内修复动物模型研究,促进湖南省省级宫内治疗平台建立;开展孤独症谱系障碍性疾病代谢组学营养管理研究;开展出生缺陷个体化治疗及康复训练,降低湖南省出生缺陷致残、致死率。

(5) 加强信息支撑。依托全民健康信息平台,完善出生缺陷防治全程服务信息,推动孕前优生健康检查信息系统、产前筛查信息系统、"五位一体"妇幼卫生信息系统等信息数据的互联共享。借力"互联网+医疗健康",为群众提供出生缺陷防治相关的咨询指导、检查提醒、预约就诊、检查检验结果查询等便民服务。加强数据和样本管理,保护公民隐私,保障信息安全和人类遗传资源安全。

参考文献

中华人民共和国卫生部:《中国出生缺陷防治报告(2012)》,2012年9月12日。

Christianson A., Howson C. P., Modell C. B. March of Dimes Global Report on Birth Defects: The Hidden Toll of Dying and Disabled Children. March of Dimes Birth Defects FoundationWhite Plains, New York, 2006: 2.

B.11
湖南省属国企要在创新引领战略中发挥主力军作用

丛培模[*]

摘　要： 中央和湖南省委对国有企业增强自主创新能力、提升竞争力方面高度重视。湖南省国资委贯彻落实省委、省政府创新引领开放崛起战略、加快建设创新型省份的决策部署，引导和督促省属国有企业实现创新发展取得显著成效：加强央地对接，助力湖南省企业"借船出海"；创新体制机制，系统推进关键人才激励机制；打造创新平台，积极整合各方创新资源；加大资金投入，大力促进创新项目建设；聚焦关键技术攻关，着力提升自主创新能力；围绕建链强链补链，全力实施新兴产业链建设。但制约湖南省属国有企业创新发展的困难依然存在：技术难点的攻克仍需时日；战略性新兴产业尚处成长期，短期内难以形成规模效应和带动效应。多措并举谋划湖南省属国有企业创新发展新局面可以从以下几点着手：加强创新工作总体谋划；以创新驱动重点产业发展；加大科技创新投入；以"混改"激活创新活力。

关键词： 国有企业　创新引领　技术攻关　产业链

---

[*] 丛培模，湖南省人民政府国有资产监督管理委员会主任、党委副书记。

党的十九届四中全会提出，要增强国有经济竞争力、创新力、控制力、影响力和抗风险能力。中央经济工作会议指出，发挥国有企业在技术创新中的积极作用。湖南省委经济工作会议强调，继续抓好国资国企改革，推动国有资本优化布局调整和市场化运作机制，加快推进创新型省份建设。这些都表明，中央和湖南省委对国有企业在增强自主创新能力、提升竞争力方面的高度重视，将国有企业在创新引领开放崛起战略中的作用提上了一个新的高度。国有企业既要成为经济发展的压舱石，又要扮演好引领创新发展的主力军角色，以创新力的增强带动竞争力、控制力、影响力和抗风险能力的提升。

湖南省国资委坚持贯彻习近平新时代中国特色社会主义思想和关于科技创新的重要论述，落实湖南省委、省政府创新引领开放崛起战略、加快建设创新型省份的决策部署，引导和督促省属国有企业推进体制机制创新、创新平台建设、持续加大研发投入、攻关关键核心技术、建链强链补链。目前，在央企对接、人才激励、资源整合、创新项目建设等方面取得不错的成绩，湖南省属国有企业在全省创新引领战略中的主力军作用进一步凸显。

一　省属国有企业引领创新发展成效显著

（一）加强央地对接，成功举办"央企走进湖南"活动

为深化湖南省与央企对接合作，助力湖南省企业"借船出海"，在更高水平、更高层次上对接"一带一路"，加快"走出去"，实现湖南省经济社会高质量发展，助推创新型省份建设，根据省委、省政府工作部署，省国资委牵头成功举办了2019湖南与央企对接合作活动。此次活动现场共签约项目协议56个，涵盖41家单位，涉及13个市州，投资总额达5222.46亿元，相当于2018年全省地区生产总值的14.3%。在与央企原有对接合作的基础上，进一步完善合作机制、深化合作领域、提升合作层次，围绕20条工业新兴优势产业链建设，围绕建设制造强省五年行动计划，围绕"产业项目

建设年"活动，聚焦先进制造业、电子信息、现代农业、新材料、新能源等重点领域，进一步加强与央企在资金、产业、技术、智力等方面的全方位对接，开创了湖南省与央企对接合作的新局面。

（二）创新体制机制，系统推进关键人才激励机制

一方面，落实赋予科研机构及人员更大自主权的决策部署。根据省委、省政府抓好赋予科研机构和人员更大自主权有关工作部署，湖南省国资委积极督促指导监管企业落实国家以及省有关文件精神，推进赋予科研机构和人员更大自主权工作，大力推进权责关系重塑、管理模式再造、工作方式转型。按照省委统一部署安排，继续组织实施"百千万人才工程""芙蓉人才行动计划"等，大力引进海外高层次人才来湘兴业创业。另一方面，探索建设科技人员激励机制。指导监管企业开展2019年科技型企业股权和分红激励试点工作，制定下发了《关于做好省属监管科技型企业股权和分红激励工作的通知》。以推进企业内部三项制度改革为抓手，加大对关键人才的激励力度，主要包括：鼓励监管企业以实际贡献为评价标准，以价值创造为导向，积极探索生产要素参与分配的多种分配方式，健全完善多元化的激励体系；对紧缺急需的高层次、高技能人才允许实行协议工资、项目工资和特殊奖励等分配方式，可在工资总额预算中予以单列。建立了省属国有企业科技创新指标上报体系，形成常态化报送机制，明确专人负责，科技创新指标还将系统研究，纳入企业考核指标体系。

（三）打造创新平台，积极整合各方创新资源

一是加强科技创新平台建设。目前湖南省属企业共有国家级创新平台28个，包括国家工程研究中心1个、国家地方联合工程研究中心3个、国家企业技术中心4个、国家工程技术研究中心3个、国家重点实验室3个等；共有省级创新平台86个，包括省工程研究中心10个、省工程实验室4个、省企业技术中心30个、省工程技术研究中心16个、省重点实验室6个等；共有高新技术企业资格数 132 户，包括国家级 33 户、省级 61 户。二是组建成立产业联盟。推动省属企业、在湘央企以及有核心技术和市场竞争力的民营企业在产业、产品、资本、项目等多个层面携手开拓市场，组建产业联盟，积极促进各类资源、各种性质的企事业单位合作对接、互利发展、促进提升。如湖南省兵器工业集团有限责任公司牵头，在省经信委、省国资委、省科技厅的全力支持下，组织省内外充实兵工特种装备产业的科研机构（含高校院所）、生产制造企业、金融机构等 106 家单位组建了湖南省兵工特种装备产业联盟，努力发挥兵工特种装备的集聚效应，促进湖南省兵工特种装备产业发展。

（四）加大资金投入，大力促进创新项目建设

省国资委从国有资本经营预算支出中安排专项资金，优先投入科技项目，包括无人飞行器科研生产基地、高速异步整流发电机及永磁推进电机研制保障条件项目、绿色智能系列汽车起重机研制项目、中药提取生产线（含中药饮片加工）与在线控制系统建设等。2019 年，国有资本经营预算支出安排了 1.71 亿元资金支持科技创新项目，占国有资本经营预算总支出的43.84%。2019 年各监管企业研发经费支出约 80 亿元，研发经费的大部分支出靠企业自有资金，约 78 亿元，占比约为 97%。围绕"产业项目建设年"活动，加快建设一批重大科技创新项目、重大产品创新项目，主要包括湖南春光九汇中药配方颗粒研发及产业化项目、交水建集团江河湖库水网连通环保清淤关键技术与装备研究项目、中联重科工程机械 4.0 智能化系列产品开发、猎豹股份汽车 CS3BEV 小型纯电动新车型开发项目等。此外，湖南轨道研发的时速 160 公里的中速磁浮列车正式下线，黄金集团稀土高性能铝合金新材料项目达到国际领先水平，通达电磁能高端装备产业化基地正式动工，一批高新技术产业化项目顺利推进。

（五）聚焦关键技术攻关，着力提升自主创新能力

经过不懈努力，监管企业目前共拥有有效发明专利 3602 项，进一步夯

实了科技成果转化的基础。拥有国际首创的研发产品数量为6个，分别是交水建集团中速磁浮交通技术、交水建集团高性能材料、兴湘集团低成本碳/碳复合材料制备技术、兴湘集团纳米靶向功能材料、湘投集团功率半导体技术、湘投集团智能控制永磁直驱大型矿井提升机。进口替代的研发产品数量为22个，分别是交水建集团机械矫正生产线、兴湘集团碳/碳复合材料制备技术、兴湘集团超细粉末制备及ITO靶材制备技术等。部分替代进口研发产品1个，即华菱集团钢材产品。国内首创数量为5个，分别是兴湘集团中药超微颗粒加工工艺、海利集团甲基异氰酸酯生产技术、海利集团锂离子动力电池正极材料锰酸锂的制备方法、海利集团造纸废水专用水处理剂及制备方法、长丰集团电动汽车产业链和新能源装备产业链。国内先进1个，即交水建集团智慧交通与安全保障技术。国内领先1个，即湘电集团风机整机研制。中联重科2019年完成专利布局300件，发明专利授权200件，工业互联网专利实现零突破；入选中国企业专利500强，居工程机械行业首位。湘投集团金天钛业创建了国家标准《钛钢复合管》，同时"高强韧航空钛合金显微组织与性能均匀性调控关键技术与应用"获得2019年湖南省科学技术进步奖一等奖。由中联重科主导修订的国际标准《起重机 限制器和指示器 第3部分：塔式起重机》ISO 10245-3已于2019年3月正式发布，这是起重机领域第一个由中国主导完成的国际标准。现代农业集团林之神参与的"南方木本油料资源加工利用提质增效技术与示范"科技项目获湖南省科学技术进步奖一等奖，现代农业集团新五丰参与的"生猪养殖过程源头减量与末端治理技术体系创新与应用"成果获得湖南省科技进步奖三等奖。

（六）围绕建链强链补链，全力实施新兴产业链建设

围绕磁浮轨道交通、钛材钛件、高精制造等战略性新兴产业，实施"建链、强链、补链"等工作，鼓励支持高新创投、湘电集团等监管企业加快发展钛材、电磁能、全电动力等前瞻性、战略新兴产业。湘电动力与通达电磁能联合打造电磁能产业链。中联重科持续拓展客户联盟，联盟客户增加至150家，积极筹备建设上游供应商联盟，优化和培育供应链管理能力，打造共赢发展的产业链生态。华菱集团引进华安钢宝利投资有限公司，向客户提供定制化的汽车板深加工方案，涵盖车身设计、布料、激光拼焊等服务以及高度整合的供应链，进一步拓展了客户圈，提升了VAMA汽车用钢的附加值。

二 省属国有企业创新发展面临的困难

（一）技术难点的攻克仍需时日

目前，在重大科技创新项目和重大产品创新项目中，仍然存在个别"卡脖子"技术难题，需要时间攻克。省属监管企业普遍由于行业尖端人才难以引进、核心技术储备不足、研发投入尚未到位等问题，技术难点短期内暂不能得到有效解决，阻碍了监管企业自主创新能力的提升和全省产业转型升级的有序推进。

（二）战略性新兴产业尚处成长期

近年来，湖南省国资委系统围绕战略性新兴产业链建设，大力实施"建链强链补链"，监管企业在一些领域进行了布局，取得了不错的成效。从中长期来看，这些战略性新兴产业项目（如电磁能、全电动力、空天高强铝等）具有较强的市场增长性和较大的产业扩张空间，但由于产业和项目本身还处在成长期，尚需一个较长的耕耘期和培育期，短期内难以形成较大的规模效应和带动效应。

三 多措并举谋划省属国有企业创新发展新局面

（一）加强创新工作总体谋划

湖南省国资委着眼全省国有企业创新工作，加强统筹谋划，制定省属监

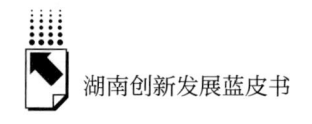

管企业"十四五"规划和高质量发展三年行动计划，进一步强化各监管企业的战略规划，明确企业高质量发展的任务书、路线图和时间表。

（二）以创新驱动重点产业发展

落实全省20个工业新兴优势产业链和"5个100"项目建设，围绕磁浮轨道交通、全电动力、电磁能、钛材钛件、人工智能等战略性新兴产业实施"建链、强链"，对现有产业链中缺失的研发设计、市场营销等高附加值环节实施"补链"。加快实施一批重大产业项目和重大科技创新项目，力争打造一批拥有行业一流团队、一流技术、一流质量、一流效益的领头羊企业和产业链相对完整的产业集群。

（三）加大科技创新投入

督促监管企业建成研发投入刚性增长机制，加大科技创新投入，着力提高企业自主创新能力，培育一批具有创新能力、引领行业技术发展的高新技术企业。

（四）以"混改"激活创新活力

加快混合所有制改革进程，推动股权多元化，促进国有资本与民营资本优势互补，实现省属监管企业与知名民营企业之间协同创新、合作创新，强化省属监管企业在全省创新引领中的骨干作用，同时激发民营企业的创新活力，协同进行共性和关键技术攻关，解决制约企业和行业长远发展的瓶颈问题。

B.12
引金融"活水"浇灌科技创新之花

张世平*

摘　要： 科技金融是金融支持实体经济的一项重要内容。2019年，湖南坚持点面结合，从推进科技金融改革创新、加强资金支持、改善金融服务等方面入手，抓科创板申报见新成效，培育高企上市有新举措，推出重要改革有新亮点，促进股权投资有新发展，促进信贷支持有新进展，引金融"活水"浇灌科技创新之花。2020年，湖南将继续推动科技金融改革发展，进一步提升科技金融服务水平，持续增加对科技创新的资金支持：一是引导信贷资金投向重点领域和薄弱环节；二是稳步推进高新技术企业多渠道融资；三是深化金融改革提升服务能力；四是推进科技金融专项改革。

关键词： 科技金融　科技创新　金融改革　湖南

创新是引领发展的第一动力，科技创新对生产关系起决定性作用。科技金融是金融支持实体经济的一项重要内容。2019年，为了深入贯彻湖南创新引领开放崛起战略，加强金融对科技创新的支持作用，湖南坚持点面结合，从推进科技金融改革创新、加强资金支持、改善金融服务等多个方面，引导金融"活水"浇灌科技创新之花，取得了一定的成效。

---

* 张世平，湖南省地方金融监督管理局党组书记、局长。

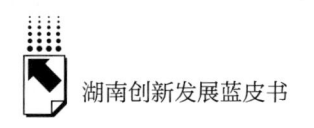

一 抓科创板申报见新成效

上海证券交易所推出科创板并试点注册制，是2019年全国资本市场最重要的改革之一。湖南省委、省政府高度重视科创板上市工作。2019年6月，湖南省委书记杜家毫带队，胡衡华、谢建辉、张剑飞等4位省委常委到上海证券交易所沟通科创板上市等有关事宜，争取上海证券交易所的支持。湖南省政府副秘书长张志军也拜访了上海证券交易所，商谈科创板上市工作。湖南省还多次邀请上海证券交易所领导调研湖南科创板上市后备企业。2019年3月，上海证券交易所党委副书记、监事长潘学先来湖南调研科创板上市工作，湖南省委常委、长沙市委书记胡衡华接见了潘监事长一行。湖南省地方金融监管局和湖南省科技厅通力合作，共同推动企业科创板上市工作。湖南省地方金融监管局联合湖南省科技厅建立了湖南省科创板上市后备企业库，106家企业入库。在头部券商推荐、行业专家把关并与湖南证监局协商的基础上，先后三次向上海证券交易所推荐了50家科创板上市重点后备企业。针对科创板上市，湖南省地方金融监管局与湖南证监局、上海证券交易所共同举办"启航·改制上市实务科创板专题培训"，分别与湖南省科技厅、湖南省工信厅共同举办"湖南省科创板上市培训会""湖南省科创板上市后备企业辅导培育对接会"。由于专题培训针对性和实操性强，受到广泛欢迎，共有300余家拟上市企业的1200余人次参加了培训。此外，湖南省地方金融监管局还安排拟报材料的科创板后备企业到上海证券交易所"一对一"对接，接受权威机构的个性化指导。通过广泛培训、发动，湖南企业赴科创板上市热情高涨，一批企业启动了科创板上市工作。2019年，湖南省有4家企业申报科创板，其中威胜信息成为中部省份第一家科创板过会企业。到目前为止，湖南省有科创板上市公司2家，还有2家公司已过上海证券交易所科创板发审会待中国证监会注册（或已注册待发行），科创板上市和过会企业数排全国第8位、中部第1位。此外，还有3家企业科创板上市申请已获上海证券交易所受理。

二 培育高新技术企业上市有新举措

2019年，湖南加快推动具有不同特点的高新技术企业到不同的市场上市。一是健全了企业上市工作机制。2019年11月，湖南省政府办公厅出台了《关于加快推进企业上市的若干意见》（湘政办发〔2019〕61号），提出实施企业上市"破零倍增"计划、建立企业上市有关事项办理绿色通道等15条具体措施。市场人士反馈，该文件侧重于软环境建设，解决了企业上市过程中的一些"玻璃门""弹簧门"问题，将降低企业上市的时间成本、沟通成本和经济成本。同时，为了加强工作协同，2019年7月湖南省建立了企业上市工作联席会议制度。湖南省委常委、常务副省长谢建辉为联席会议召集人，湖南省地方金融监管局及湖南省委网信办等13家单位为成员单位，办公室设在湖南省地方金融监管局。此外，企业上市工作被列入2019年湖南省委、省政府对省直单位的绩效考核指标。二是科学建设企业上市梯队。2019年，有383家企业进入湖南省上市后备企业资源库，同比增加了45家。其中，高新技术企业261家，占入库企业总数的68%，较2018年净增14家。湖南省地方金融监管局采取带专家上门服务的方式，全年走访拟上市后备企业79家，现场指导企业做好上市准备工作。在此基础上，选定了35家拟于两年内申报上市的企业进行重点培育。湖南省科技厅建立了科技创新计划项目支持后备企业"绿色通道"，2019年度安排后备企业科技项目资金明显增加。三是分层次开展各类上市培训。针对党政领导干部，湖南省政府组织了省党政领导干部资本市场研修班，分管金融工作的副市（州）长、省直经济和金融部门分管负责人等参加会议。湖南省委常委、常务副省长谢建辉出席开班仪式并作主题报告。针对市州金融工作同志，编印了资本市场政策文件汇编，指导他们更好地熟悉政策。针对拟上市企业高管，与深圳证券交易所联合举办了"第104期拟上市公司董秘培训班"，共计200多名拟上市公司董秘参加培训，绝大多数参与对象取得了深圳证券交易所董秘资格。此外，湖南省地方金融监管局还组织开展"走进交易所"活动，全年先后组织了拟上市企业高管100多人次到上海证券交易所和深圳证券交易所参观学习。截至2019年末，湖南省有A股上市企业105家，其中高新技术企业61家，形成了医药制造业、专用设备制造业、通信和其他电子设备制造业等重点产业上市公司集群。

三 推出重要改革有新亮点

四板市场是多层次资本市场的塔基。2019年，为了梯次培育上市资源，支持不同发展阶段的高新技术企业在不同层次的资本市场发展，湖南省金融领域推出重要改革举措——在区域性股权市场设立科技创新专板。2019年11月，经省政府同意，湖南省地方金融监管局牵头，与省科技厅、省工信厅、省财政厅、湖南证监局等五部门联合下发了《湖南省区域性股权市场设立科技创新专板工作方案》。方案规定，科技创新专板主要服务于符合战略目标导向、突破关键核心技术、市场认可度高的科技创新企业和聚焦新技术、新模式、新业态的"独角兽""隐形冠军""单项冠军"企业。方案要求，坚持按"部门协同，聚集资源；重点突破，梯次培育"的原则建设科技创新专板。科技创新专板将在企业挂牌、融资服务、资源配套等方面作出系列改革，为科技创新专板挂牌企业提供5个方面的政策支持和8个方面的服务举措。政府部门实施专项计划重点支持科技创新专板挂牌企业，金融机构和中介机构做好融资支持、咨询辅导等工作，湖南股权交易所及各平台提供培训、路演、资源对接等各类服务。通过部门联动、政策协同、资源集聚，形成金融、产业、科技协同，为企业提供培训咨询、投融资服务、资源整合、转板上市等综合性金融和科技服务，帮助科技企业较快达到科创板或创业板上市条件，助推湖南省12大重点产业发展及20个新兴优势产业链转型升级。力争3~5年内有一批科技创新专板的企业登陆科创板、创业板，并形成梯次培育机制，为湖南省企业登陆科创板、创业板提供源源不断的后备资源。2020年3月，湖南股权交易所科技创新专板正式开板，东映碳材、中晟全肽等首批16家企业集体挂牌，这些企业主要集中在生物医药、新材料、新能源、新一代信息技术、智能制造等领域。

四 促进股权投资有新发展

为了加大对科技创新的支持力度，降低企业融资成本，湖南省地方金融监管局积极推动私募股权投资行业发展。

（一）认真做好备案工作

2019年的前三个月，湖南省地方金融监管局根据该局和原湖南省工商局联合下发的《关于促进私募股权投资行业规范发展的暂行办法》开展私募股权投资机构备案工作。共备案私募股权基金管理有限公司13家、私募股权投资基金25只。文件有效两年时间，共有327家私募股权基金管理公司（大部分为新设机构）、251只私募股权基金在湖南省地方金融监管局备案。湖南省地方金融监管局还编制了《湖南省股权投资行业发展研究报告》，分析了行业发展情况，系统提出湖南股权投资行业发展建议。

（二）推动基金集聚发展

2019年，湘江基金小镇开展了基金峰会、中基协培训等活动，有力地提升了湘江基金小镇的品牌影响力。2019年5月，湘江基金小镇物理空间主体结构建成，举行了开园仪式；11月，金融政务服务超市揭牌，并正式对外试运营。截至2019年末，湘江基金小镇（含麓谷基金广场）累计入驻基金机构353家；累计对外投资项目315个、投资金额138亿元。

五 促进信贷支持有新进展

当前，银行是企业融资的主渠道。湖南省积极推动高新技术企业扩大信贷融资规模。

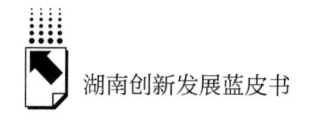

（一）推进政银合作

湖南省地方金融监管局积极推动国有大型金融机构来湘，支持科技创新发展。2019年，中国建设银行总行领导来湘拜访时，湖南省政府与中国建设银行签署了《深化全面战略合作协议》。该协议规定，中国建设银行将支持湖南省建设创新型省份，重点支持自创区、岳麓山国家大学科技城等建设，合作期内提供1000亿元以上的金融支持。目前，湖南省地方金融监管局还在积极推动中国工商银行总行与湖南省签订合作协议，引导中国工商银行更好地支持自创区发展。

（二）引导金融产品创新

为了让知识产权变成资产，湖南积极推动知识产权质押融资。2019年，湖南省地方金融监管局牵头，与人民银行长沙中心支行等5家单位联合下发了《关于缓解中小微企业融资难融资贵的若干意见》（湘金监〔2019〕76号），提出了扩大信用贷款规模、推动无还本续贷等10项措施。其中第二条"扩大信用贷款规模"提出："鼓励金融机构……，开展知识产权、存货、应收账款、应收票据、出口退税等抵质押贷款业务。"同时，湖南省地方金融监管局努力推动融资担保机构做好配套服务。湖南省中小企业担保公司、长沙经济技术开发区融资担保公司、瀚华担保公司对在湖南省知识产权局名单内且经合作银行认可有效的科技型中小微企业，提供知识产权质押融资担保贷款，担保费率为1.5%，2019年累计担保1.01亿元。

六 持续改进科技金融服务有新目标

尽管2019年湖南在科技金融方面做了一些工作，也取得了一定的成效，但客观来说，科技金融水平还不够高，科技金融服务的深度和覆盖面还待持续拓展。2020年，国家加大科技金融推进力度。2020年2月21日，国务院办公厅印发的《关于推广第三批支持创新相关改革举措的通知》提出5个方面20项改革举措,其中科技金融创新方面有7项。2020年,湖南省以此为契机,继续推动科技金融改革发展,进一步提升科技金融服务水平,持续增加对科技创新的资金支持。

(一)引导信贷资金投向重点领域和薄弱环节

坚持金融服务实体经济的宗旨,进一步抓好融资创新考评、小微企业风险补偿专项资金发放、产融对接、政银企合作等工作,加大对湖南省自主创新示范区、高新技术园区、高新技术企业的支持力度。推动湖南省自主创新示范区设立代偿补偿专项资金,建立融资担保、保险机构小额贷款保证保险业务补贴奖励机制,引导政府性融资担保公司、保险公司支持创新创业型小微企业发展。

(二)稳步推进高新技术企业多渠道融资

全面贯彻落实湖南省政府办公厅《关于加快推进企业上市的若干意见》,利用科创板和创业板注册制政策机遇,全面推进企业上市"破零倍增"计划。调整充实全省上市后备资源库,推动高新技术企业上市梯队建设。分类开展高新技术企业上市培训,加强上门指导,提供精细化服务。支持高新技术上市公司并购重组,加强产业带动。指导私募股权投资行业发展。支持高新技术企业通过企业债券、公司债券、中期票据、短期融资券、资产支持票据、资产证券化等工具在资本市场上直接融资。加强项目推介,进一步促进保险资管机构与湖南省自主创新示范区优质企业深化合作,提高保险资金到位率。

(三)深化金融改革提升服务能力

支持地方法人机构发展,推进区域性股权市场改革,加快湘江金融中心建设,引导小贷行业减量提质,规范融资租赁行业发展,着力防范化解金融风险。

（四）推进科技金融专项改革

根据国家要求，加强部门合作，推进1项科技金融改革、启动4项科技金融改革。推进区域性股权市场科技创新专板改革，再推一批优质企业在科技创新专板挂牌，切实培育一批上市后备资源。启动银行与专业投资机构建立市场化长期性合作机制，支持科技创新型企业改革，推动银行在依法合规、风险可控的前提下，与专业投资机构、信托等非银行金融机构合作，运用"贷款+外部直接投资"或"贷款+远期权益"等模式开展业务，支持科技创新型企业发展。启动科技创新券跨区域"通用通兑"政策协同机制改革，财政支持创新的跨行政区域联动机制通过统一服务机构登记标准、放宽服务机构注册地限制，实现企业异地采购科技服务。启动建立基于大数据分析的"银行+征信+担保"的中小企业信用贷款新模式改革，推动银行通过比选引进高水平的征信机构和信用评级机构，建立企业信用风险分析数据库，与政务信息大数据库实现互联，利用大数据分析技术，使企业评级更精准和高效，为银行提供准确信用信息。启动建立以企业创新能力为核心指标的科技型中小企业融资评价体系改革，推动银行建立科技型企业信贷审批授权专属流程、信用评价模型和"技术流"专属评价体系，将科技创新企业创新能力作为核心指标，拓展科技型中小企业的融资渠道。

B.13
以"四大工程"为载体服务创新型省份建设

刘小明[*]

摘　要： 湖南省科协深入贯彻习近平总书记关于科技创新、科协工作的重要论述，全面落实省委、省政府提出的创新引领开放崛起战略，以"四大工程"为载体，引领各级科协和广大科技工作者投身"主战场"：坚持人才为先，抓好科技人才托举工程实施；坚持创新引领，抓好科技驱动助力工程实施；坚持科普为民，抓好科普惠民提升工程实施；坚持扶志扶智，抓好科技助力精准扶贫工程实施。下一步，湖南省科协将按照《湖南创新型省份建设实施方案》和有关工作要求，进一步加强科技人才队伍建设，进一步搭建创新平台、汇聚资源，积极培育科技创新文化，推进科技服务和科技为民工作，为建设创新型省份贡献智慧和力量。

关键词： 科技服务　扶志扶智　科普惠民　湖南

湖南省科协坚持以习近平新时代中国特色社会主义思想为指导，深入贯彻习近平总书记关于科技创新、科协工作的重要论述，全面落实省委、省政府实施创新引领开放崛起战略、加快建设创新型省份的各项决

---

[*] 刘小明，湖南省科学技术协会党组书记、副主席，湖南省政协经济科技委员会副主任。

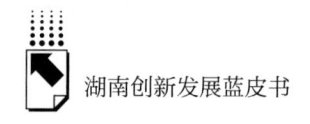

策部署，以"四大工程"为重要载体，大力引领各级科协和广大科技工作者投身"主战场"，为建设创新型省份和富饶美丽幸福新湖南积极贡献智慧和力量。

一 坚持人才为先，抓好科技人才托举工程实施

加强青年英才和院士后备人才培养。出台《湖南省科技人才托举工程项目管理暂行办法》，规范省人才托举工程实施。2019年评选并支持第二批"科技人才托举工程"托举对象31人，累计资助61人。认真做好院士候选人推选组织发动工作。2019年在湘科技工作者有7人当选两院院士，其中3人为省科协人才托举对象。加强海外人才、高端人才引进，新建省级海智基地10个，实施"海智基地示范项目"10个，示范效应明显；2019年新建20家院士专家工作站，目前共建站194家、引进院士138人，其中外籍院士4人。

二 坚持创新引领，抓好创新驱动助力工程实施

对标振兴实体经济，提高发展质量和效益的要求，引领广大科技工作者主动融入制造强省建设等重点服务领域。组织开展省科协常委会专委会科技咨询活动6次，院士专家市州行、企业行6次，邀请院士专家86人次到地方、企业为重大科技创新项目、重点产业发展"号脉开方"。集聚创新资源，推进长沙、株洲、湘潭、岳阳深入实施中国科协创新驱动助力工程示范城市建设，建立省级以上学会服务工作站14个，支持建立了轨道交通装备领域协同创新中心及省中小企业创新发展服务中心等平台和服务基地。湖南省创新工程师、培训师、咨询师培育数量和质量有新突破，近三年累计培训逾5000人。决策咨询课题"关于做大做强湖南自主可控计算机及信息安全产业链的调研报告"得到湖南省委书记杜家毫同志批示，并被有关部门采纳。承办第二届中国创新方法大赛，全国31个区域赛区的

1000余家企业的2000余支参赛队（项目）参赛，搭建交流平台，助推湖南省创新驱动发展。加强境内外民间科技交往和学术交流，在湘成功主办第15届泛珠三角区域科协和科技团体合作联席会议暨2019湖南科技论坛；接待香港营造师学会、工程师协会来湘考察和交流，湖南省3个学会与其签订战略合作协议；组织湖南省科技工作者赴台参加了第27届海峡两岸都市交通学术研讨会。2019年，省科协及所属学会全年共组织学术交流500余场次，参与人数近10万人。

三　坚持科普为民，抓好科普惠民提升工程实施

认真抓好《全民科学素质行动计划纲要》实施，发挥省科协在科学素质纲要实施工作中的牵头抓总作用，实施科普惠民提升工程，着力打造"科普湖南"品牌，推动全民科学素质加速提升。深入实施"基层科普行动计划"。2016年以来，已实施项目927个。开展线上线下结合的科普品牌活动，以赛促学，连续3年举办了三届全省科学素质网络大赛，参赛人次达1200万，2019年全省共开展科普日重点活动300余个。加强青少年科技教育，组织实施中学生"英才计划"，举办全国中学生五项学科竞赛、第40届青少年科技创新大赛、第12届青少年机器人竞赛等赛事，参与在湘承办中国航天日系列活动，举办"筑梦航天"青少年航天知识大赛，2019年全省有170万余青少年参加了各级各类青少年科技活动。加强科普基础设施建设。省科普主题公园进入立项阶段。13套流动科技馆巡展覆盖117个县（市、区），受众达600余万人次。新增7台科普大篷车，1台更新了展品。在贫困地区建成26所农村中学科技馆。加强科技志愿服务工作，助力新时代文明实践中心建设，成立省科技志愿者总队，省所属学会、市州、县（市、区）均成立科技志愿者队伍，全省共建立科技志愿者组织470个，注册科技志愿者2.9万人，居全国第二。全年开展科技志愿服务活动2194次。实施科普信息化融合推进试点项目，促进基层科协与社会化管理网格融合、科普信息化与基层党群服务网络平台融合，通过在怀化、常德、岳阳、湘潭

等4个市州及怀化市鹤城区、古丈县推广"两融合"试点经验，突破了村（社区）科协组织建设"地板"，一年内覆盖全省23.7%。全省各级科协组织发展到13000多个，比2016年增长2.3倍。鹤城区科协荣获中国科协"十佳深化改革县级科协"称号。省科技传播信息化平台投入使用，以传播平台为源头、横联纵通、内融外扩的"科普湖南"融媒体中心基本建成。投入400多万元加强湖湘特色科普资源建设，将科普中国、科普湖南融入党群服务平台，已覆盖3个市2个县区。建成科普e站482个、科普湖南智慧乡村加"邮"站815个。发展社区网格员成为科普信息员，注册科普信息员已达2.6万人。"科普湖南"微信公众号用户总数达180万，居全国省（区、市）首位，获"2019年科技传播奖"。

四 坚持扶志扶智，抓好科技助力精准扶贫工程实施

湖南省科协联合省农业农村厅、省扶贫办、省农科院深入实施湖南省助力脱贫攻坚"四个一"帮扶行动，实现了在重点贫困村助力项目、科技服务、致富带头人培训"三个全覆盖"。2019年投入科技助力项目资金2250万元，累计投入6370万元。全省6767名科技专家进村入户，培育科技示范户（科普带头人）2060名，带动700余个产业发展，助力4万余名贫困群众增收脱贫。省科协在2019年全国科技助力精准扶贫工作交流视频会议上作了典型交流发言。汝城县三合村入选全国"十佳"科技助力精准扶贫示范点。同时，省科协党组高度重视驻村帮扶工作，形成由党组书记抓总、分管领导具体抓、其他班子成员协同配合的工作领导机制，多次研究部署脱贫攻坚工作，省科协驻砖湾村工作队2019年被评为优秀。

下一步，湖南省科协将按照《湖南省创新型省份建设实施方案》和有关工作要求，进一步加强科技人才队伍建设，进一步搭建创新平台、汇聚资源，积极培育科技创新文化，推进科技服务和科技为民工作，为建设创新型省份贡献智慧和力量。

（一）大力推进科技人才托举工程，服务人才培养引进

开展引才聚智行动。助力完善科技人才的引进、培育、激励和服务机制，2020年将新增托举人才39名。加强"海智基地"及离岸创新创业基地建设，支持长沙建设中国科协海外人才离岸创新创业基地，加快引才聚智。

（二）深入实施创新驱动助力工程，服务创新引领发展

开展创新引领服务升级行动。重点围绕自主创新示范区建设，抓好中国科协创新驱动助力工程示范城市、学会服务站、院士专家工作站等建设。针对市县创新引领发展难点、工业新兴产业延链补链强链弱点、企业创新堵点、"三大攻坚战"焦点，深入一线聚智添力。2020年将组织省科协各专委会开展15次以上科技咨询；瞄准"四个一批"，开展3次以上市州（企业、园区）院士专家行活动。力争承办第三届全国创新方法大赛。

（三）扎实推进科普惠民提升工程，努力实现2020年全省具备公民科学素质比例达到10%目标

开展重点人群科学素质行动。继续办好科学素质网络大赛、青少年科技创新等赛事，组织开展好科普日等活动。开展第五次全省公民科学素质调查，做好"十三五"规划纲要实施工作评估和"十四五"规划纲要实施工作规划。加快推进科普信息化和科普供给侧改革，丰富"科普湖南"矩阵内涵，把科普湖南融媒体中心建成集资源加工、精准推送、高效权威、通俗易懂于一体的科学传播平台。加快"两融合"推广，推进村（社区）科协组织建设和地方党群网络服务平台科普信息化利用，加强各级科技志愿者、科普信息员队伍建设，积极开展科普志愿服务，实现线上线下科普融合推动，大幅扩大公众科普覆盖面。加快推进科普主题公园建设。办好2020年全国科普日、科技工作者日等活动。认真履行纲要办职责，健全全社会科普动员和参与机制，做好全民科普"大合唱"文章，力争实现全省公民具备科学素质比例达到10%的目标。

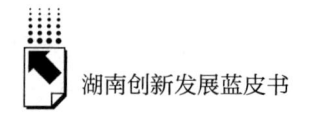

（四）实施科技助力乡村振兴工程，服务决胜全面建成小康社会

开展"决胜小康、奋斗有我"行动。在巩固、发展科技助力精准扶贫成果的基础上，启动科技助力乡村振兴试点工程。组建专家组，按照"1-3-4-1"总体框架，把农村人居环境标准化技术推广普及作为重点之一，2020年在全省14个县（市、区）开展首批试点，促进科技资源向基层集聚、科技人才向农村流动、科普信息向农村扩散。

B.14
从研发费用加计扣除政策执行情况看湖南创新发展

刘明权*

摘　要： 实施创新驱动发展，是加快转变经济发展方式，提高综合国力和国际竞争力的重要战略举措。本报告通过分析2014～2018年度湖南省企业研发费用加计扣除情况，发现政策实施效果明显：进一步激发了企业研发动力，提高了全省研发费用投入强度，助力创新型湖南建设。湖南省企业研发支出特点鲜明：民营企业是研发主力军；研发支出地区差异较大；制造业研发支出占比较高；研发支出主要发生在大企业。总体来看，湖南仍存在研发经费投入偏低、企业研发投入意愿不强、基础相对薄弱等短板和瓶颈。本报告提出三点建议：鼓励加大研发投入，激发创新活力；完善加计扣除政策，让所有符合条件的企业可申报享受该项优惠政策；持续加大政策执行力度，确保优惠政策应享尽享。

关键词： 研发费用　加计扣除　税收优惠　湖南

习近平总书记在党的十九大报告中指出，创新是引领发展的第一动力，是建设现代化经济体系的战略支撑。近年来，湖南省税务部门认真贯彻省

---

* 刘明权，国家税务总局湖南省税务局党委书记、局长。

委、省政府创新引领开放崛起战略部署，全面发挥职能作用，落实研发费用加计扣除优惠政策，极大地缓解了企业的资金压力，增加了企业研发再投入的资金，促进企业创新发展、转型升级和创新型湖南建设。

一 近五年研发费用加计扣除政策调整及效应分析

2014~2018年，湖南省不断加大科技投入，强化创新基础，研发经费投入从367.93亿元逐年增加到658.3亿元，研发经费投入强度从1.36%提升到1.81%。随着国家研发费用加计扣除政策不断调整，优惠力度逐步增大，湖南省企业研发费用支出各相关数据的增幅也逐年提升，政策效应十分明显。2014~2018年，湖南省研发费用累计加计扣除551.43亿元，减免税收137.86亿元，受惠企业累计达15532户次。2018年，湖南省享受研发费用加计扣除优惠政策企业共7494户[①]，比2014年（963户）增加6.78倍；加计扣除金额233.48亿元，比2014年（60.90亿元）增加2.83倍（见图1）。研发费用加计扣除政策受惠企业数量和金额连年增长，2017年以来更是呈跳跃式增长，说明税务部门落实优惠政策成效明显，企业享受优惠政策的意愿显著增强。

（一）2015年无政策调整，受惠企业数、金额平稳增长

2014~2015年，研发费用加计扣除政策没有调整，执行的是《财政部、国家税务总局关于研究开发费用税前加计扣除有关政策问题的通知》（财税〔2013〕70号），2015年各项指标增幅平稳增长。2015年研发费用加计扣除额为68.56亿元，同比增长12.6%；受惠企业1163户，同比增长20.8%。

（二）2016年放宽范围降低门槛，受惠企业数显著增加

2015年11月，财政部、国家税务总局、科技部联合下发《关于完善研

---

① 为2018年度企业所得税汇算清缴申报数据，截止日期2019年6月11日。

究开发费用税前加计扣除政策的通知》（财税〔2015〕119 号），从 2016 年起执行。该政策放宽了享受优惠的范围，降低了企业享受优惠的门槛，让更多的企业享受到这项鼓励研发投入的优惠政策。2016 年享受研发费用加计扣除政策的企业达到 1502 户，同比增长 29.1%，受惠企业数显著增多；加计扣除金额为 70.26 亿元，同比增长 2.5%。

（三）2017 年科技型中小企业加计扣除比例提高，受惠企业数和金额呈现爆发式增长

2017 年 5 月，财政部、国家税务总局、科技部联合下发《关于提高科技型中小企业研究开发费用税前加计扣除比例的通知》（财税〔2017〕34 号），将科技型中小企业研发费用加计扣除比例由 50% 提高到 75%，该政策自 2017 年起执行。受政策利好影响，湖南省研发费用加计扣除金额和企业数出现爆发式增长。研发费用加计扣除金额突破 100 亿元，达到 118.23 亿元，增幅为 193.6%；企业数增长也明显加速，由 1502 户增加到 4410 户，增长 68.3%，其中近一半是科技型中小企业（2098 户）。

（四）2018 年提高加计扣除比例政策实现全覆盖，持续保持高位增长

2018 年 6 月，财政部、国家税务总局、科技部下发《关于企业委托境外研究开发费用税前加计扣除有关政策问题的通知》（财税〔2018〕64 号），允许委托境外企业进行研发活动发生的研发费用加计扣除。2018 年 9 月，财政部、国家税务总局、科技部下发《关于提高研究开发费用税前加计扣除比例的通知》（财税〔2018〕99 号），将 75% 加计扣除比例由科技型中小企业扩大至所有企业。两项政策均自 2018 年起执行，使 2018 年指标增幅再创新高。研发费用加计扣除金额达到 233.48 亿元，在 2017 年高速增长的基础上仍增长 69.9%；受惠企业数达到 7494 户，同比增长 97.5%，企业加大研发投入、享受优惠政策的动力进一步加大。

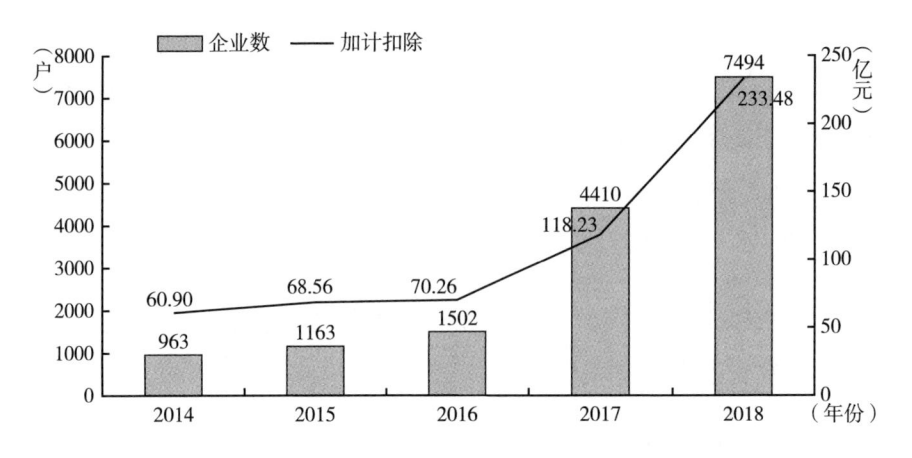

图1 湖南省2014~2018年研发费用加计扣除政策执行情况统计

（五）减税政策效应显著

进一步激发企业研发动力。国家出台的研发费用加计扣除政策，以及湖南省政府出台的研发财政奖补政策，有很强的导向作用，极大地激发了企业加大研发投入的积极性。在569户被调查企业中，91%的企业认为研发费用加计扣除政策有利于促进企业科技创新。

进一步提升全省研发费用投入强度。2018年，全省研发费用投入达658.3亿元，比2014年增加290.37亿元，增长78.9%；研发费用投入强度达1.81%，比2014年提高0.45个百分点。

进一步助力创新型湖南建设。五年来，湖南省创新综合实力排名由全国第15位提升至第12位，专利综合实力提升至全国第7位，科技进步贡献率提高3.6个百分点。

二 湖南省企业研发支出特点分析

从总量情况看，湖南省研发费用支出各项数据均有明显增长。但分地区、分行业、企业类型等来看，却是表现各异，具体特点如下。

（一）民营企业是研发主力军

2018年，湖南省民营企业享受研发费用加计扣除政策7054户，同比增长66.21%；加计扣除金额175.32亿元，同比增长98.10%。民营企业研发费用加计扣除企业数和金额分别占全省的94.13%和75.09%。随着国家不断鼓励和支持民营企业发展，民营企业创新意识越来越强，研发投入水涨船高。

（二）研发支出地区差异较大

从地区来看，长株潭优势明显。据统计数据，长株潭地区（长沙市、株洲市、湘潭市）研发支出占全省的近60%。2018年，长株潭地区享受研发费用加计扣除企业4650户，加计扣除金额167.49亿元，户数和金额分别占全省的62.1%和71.7%。作为对比，大湘西地区（邵阳市、怀化市、张家界市、湘西土家族苗族自治州）研发费用加计扣除的企业数和金额仅占全省的8.7%和4.8%。

（三）制造业研发支出占比较高

据统计数据，湖南省制造业研发支出占全省的82%。2018年，制造业享受研发费用加计扣除优惠的企业4722户，加计扣除金额168.32亿元，企业数和金额分别占全省的63%和72%。其余行业中研发支出较多的还有信息传输、软件和信息技术服务业、科学研究和技术服务业、建筑业等。

（四）研发支出主要发生在大企业

从企业规模来看，研发支出主要集中在大企业。2018年，资产总额2亿元以上企业享受研发费用加计扣除的有918户，加计扣除金额153.26亿元，以近1/8的企业数享受了近2/3的加计扣除优惠金额。

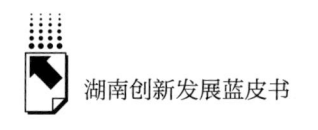

三 政策执行中发现的问题

(一)研发投入力度有待加强

从研发投入强度来看,2018年湖南省研发投入占GDP的比重为1.81%,低于全国平均水平(2.19%)0.38个百分点,落后于中部的湖北(2.09%)、安徽(2.16%),跟沿海发达省份比差距更大。

从税收数据来看,虽然湖南省享受研发费用加计扣除优惠政策的企业户数在持续增加,但占企业总数比重依然较低,2018年仅占1%左右。从户均加计扣除金额来看,2018年湖南省受惠企业户均加计扣除金额仅312万元,虽然比上年(297万元)有所提升,但也反映出全省开展研发活动的企业数量不多,规模不大,研发投入力度有待加大。

从影响企业加大研发投入的因素来看,被调查企业有49%选择"资金问题",41%选择"缺乏相应人才",20%选择"企业发展规划不需要研发投入"。反映了资金、人才是制约企业研发投入的主要因素。

(二)加计扣除政策有待完善

1. 对亏损企业的作用偏弱

部分处于创业初期的企业,研发投入较大,且较容易发生亏损。如在申报研发费用加计扣除当年就发生亏损,虽然按税法规定可以向后结转五年弥补亏损,但如五年来一直处于亏损状态或盈利较少,实际上未享受政策优惠。

2. 研发费用归集较为复杂

在接受调查的优惠政策的企业中,有31%的企业认为影响研发费用加计扣除政策使用的因素是"研发费归集难度大,风险高"。目前,研发费用有会计核算、高新技术企业认定管理、研发费用加计扣除三种口径,口径不一,容易混淆概念。享受研发费用加计扣除政策需要建立专门的研发费用归集辅助账，且在费用归集过程中需要内部生产、研发、财务等多部门的协作，而中小企业缺少专业的财务人员，难以应对较为复杂的会计核算要求。

3. 企业预缴时不能享受优惠

根据目前的政策规定，研发费用加计扣除不能在企业所得税预缴申报时享受，这样会造成企业在预缴时多缴税款，占用企业资金，同时造成来年汇算清缴办理退税的负担。

4. 部分企业受行业限制影响不能享受优惠

湖南省税务局在对企业开展摸底辅导工作的过程中，发现有部分企业有研发项目也发生了研发费用而因为从事批发零售、商务服务等限制行业，[①]而不能享受加计扣除优惠。例如，湖南千金医药股份有限公司，2018年以高技术服务（电子商务与现代物流技术/物流与供应链管理技术）申报并被认定为高新技术企业，2018年发生研发费用2500余万元，因受批发零售业限制而未能享受研发费税前加计扣除优惠。

（三）企业税务管理理念有待塑造

1. 部分企业担心先进技术泄密，不敢申报享受政策

部分有特殊生产工艺的企业，其研发项目是高度商业机密，研发成功与否关系到企业未来发展。一旦申报加计扣除，势必会向税务、科技等部门公开相关资料，如技术信息外泄，造成的损失可能远远大于政策带来的优惠。

2. 部分企业管理不规范、核算不健全，未能享受政策

调查结果显示，分别有28%和22.3%的企业认为"企业财务人员业务能力不足""企业会计核算不健全"是影响研发费用加计扣除政策使用的因素。许多企业特别是中小企业虽然有研发支出，但由于立项时没有单独核算，或者研发项目与日常生产经营划分不清，无法享受该项税收优惠。

[①] 根据《财政部 国家税务总局 科技部关于完善研究开发费用税前加计扣除政策的通知》（财税〔2015〕119号），烟草制造业、住宿和餐饮业、批发和零售业、房地产业、租赁和商务服务业、娱乐业以及财政部和国家税务总局规定的其他行业不适用研发费用税前加计扣除政策。

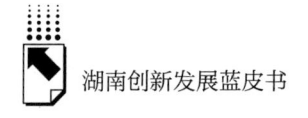

3. 部分企业缺乏利用税收优惠政策的意识

调查发现，部分企业对政策理解不到位，特别是很多企业法人代表和技术人员对该项政策不重视、不熟悉。2019年4月，湖南省税务局联合省发改委等5个部门开展"创响三湘 税励园区"宣传周活动，要求点对点将政策宣传到企业法人代表和高管，可是主动参加学习的不多。一些企业仍然认为只有高新技术企业或者科技型中小企业才能够享受研发费用加计扣除政策。部分企业亏损较大，对申报享受加计扣除政策积极性不高。

四 进一步拓展研发费用加计扣除政策效应，推进创新型湖南建设

当前，湖南省正处在跻身全国创新型省份行列的关键时期，但是仍存在研发经费投入偏低、企业研发投入意愿不强、基础相对薄弱等短板和瓶颈。建议准确把握科技创新面临的新任务、新要求，进一步优化政策供给，加强部门协作，完善落实措施，鼓励加大研发投入，加快创新型湖南建设。

（一）鼓励加大研发投入

1. 完善部门协作机制

落实《湖南省加大全社会研发经费投入行动计划（2017～2020年）》，建立考核机制，引导全社会加大研发投入，激发创新活力。完善部门合作机制，细化研发项目鉴定、评审等管理流程，共同指导企业正确归集研发费用。不断加大知识产权保护力度，严格落实保密责任。同时，要根据湖南省发展情况，加强监测结果分析，对发现的问题及时预警和解决。

2. 缓解企业资金压力

一是加大政府研发经费投入力度。进一步加大财政科技投入，充分发挥政府资金对全社会研发经费投入的引导和拉动作用。特别是要加大政府在基础研究和应用研究的投入比重，夯实创新能力建设的基础。二是鼓励金融机构优先安排湖南省重点产业研发活动，实现科技资源与金融机构的有效对

接,提升融资服务的针对性和适应性。不断创新科技金融产品和服务模式,支持湖南省企业创新发展。

3. 完善落实奖补制度

完善和落实《湖南省支持企业研发财政奖补办法》(湘财教〔2018〕1号),研究出台力度更大、更加公平合理的奖补和支持政策,鼓励企业进一步加大研发投入。一是建议取消奖补限额,上不封顶。二是建议适当提高奖补比例,可由目前新增研发费用加计扣除金额的 10% 提高到 20%,提高企业获得感。三是建议加快审批流程,让企业及时获得奖励,缓解资金压力。

(二)完善加计扣除政策

1. 延长亏损弥补期限

建议对新办企业或者初创企业因研发费用加计扣除形成的待弥补亏损不受 5 年的亏损弥补期限制,可长期弥补或延长至 10 年。这样可以增加亏损企业享受优惠政策的意愿。

2. 简化核算要求

尽量消除会计、高新技术企业认定和研发费用加计扣除三个口径的差异,建议可加计扣除的研发费用口径与高新技术企业认定管理中的口径一致,同时简化辅助账设置,降低研发费用归集难度,便于企业执行。

3. 取消预缴时不能享受的限制

只要企业能按季准确归集研发费用,可以允许其在季度预缴申报时享受优惠政策,汇算清缴再进行调整,减轻企业资金压力。

4. 扩大可加计扣除研发费用的行业范围

可比照小微企业的认定条件,除了国家限制和禁止行业,允许所有符合条件的企业申报享受研发费用、税前加计扣除优惠政策。

5. 提高加计扣除比例

建议进一步提高研发费用加计扣除比例,并对科技型中小企业与一般企业差异对待,以提高中小企业投入创新的积极性和竞争力。

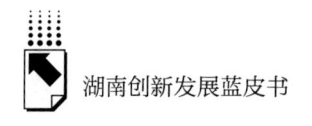

（三）持续加大政策执行力度

1. 加强宣传辅导

进一步加强税务、科技、工信、发改、财政等部门的协作，建立研发信息共享平台和工作机制。积极利用"互联网＋宣传"新模式，加大政策宣传辅导力度，引导企业负责人和高管了解研发费用加计扣除政策和享受政策的相关要求，引导其用好、用活税收优惠政策。及时细化解释现有政策文件中易产生歧义的内容，减少政策解读的误区，有效提高企业享受政策的积极性，减少涉税风险。

2. 优化纳税服务

进一步强化服务和责任意识，简化办税流程，设置绿色通道，做好跟踪服务。对重点企业和新办企业加强上门"一对一"服务。

3. 加强跟踪分析

对高新技术企业、科技型中小企业及其他有研发支出的企业的申报情况进行重点监控，分析其享受优惠政策情况，对未享受或者误享受的要逐户落实，确保优惠政策应享尽享。

评 价 篇

Evaluation Section

B.15
湖南省区域科技创新能力评价报告（2020）

魏巍 符洋 杨彩凤 张越 杨镭*

摘　要：　区域科技创新能力是衡量一个地区创新发展水平的重要依据。本报告基于2018年湖南省科技创新统计数据，从科技创新投入、科技创新产出、科技创新绩效、创新平台与环境、企业科技创新五个维度构建了综合评价指标体系，采用多指标综合评价法对14个市（州）区域科技创新能力进行了评价。评价结果显示，各市（州）排名整体保持稳定；长沙、株洲、湘潭三市保持第1~3位，常德、衡阳、怀化、娄底四市略有

---

* 魏巍，湖南省科学技术信息研究所副研究员，主要研究方向为区域创新与科技统计；符洋，湖南省科学技术信息研究所，主要研究方向为科技统计；杨彩凤，湖南省科学技术信息研究所助理研究员，主要研究方向为科技统计；张越，湖南省科学技术信息研究所中级经济师，主要研究方向为科技统计；杨镭，湖南省科学技术厅战略规划处二级主任科员。

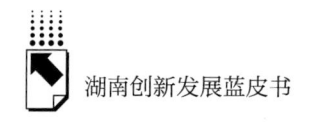

上升，郴州、岳阳、邵阳、永州四市略有下降。益阳、张家界、湘西州排名无变化。两年得分情况显示，大多数市（州）科技创新能力实现稳步提升。

关键词： 湖南 科技创新 能力评价

一 湖南省科技创新总体情况

近年来，湖南省大力实施创新引领开放崛起战略，加快推进创新型省份建设，科技创新投入持续加大，创新成果加速涌现，重大创新平台建设取得新突破，创新生态环境持续优化，企业技术创新主体地位和作用更加凸显，科技创新已成为推动湖南高质量发展的强力引擎。

（一）科技创新投入再创新高

1. 科技经费投入总量及强度持续大幅提升

2018年，全省全社会研发（R&D）经费支出为658.27亿元，保持全国第10位；较上年增加89.74亿元，增长15.78%，高出全国平均增速4.01个百分点；其中，基础研究经费22.78亿元，比上年增长40.53%。长株潭三市R&D经费支出381.80亿元，占全省总量的近六成；投入总量增速最快的为永州市，达到94.06%。

2018年，全省研发经费投入强度（研发经费支出占地区生产总值的比重）为1.81%，居全国第13位，排名较上年提升2位；提升幅度达0.13个百分点，是全国平均增幅的2.17倍。株洲市研发经费投入强度为2.86%，居全省首位。

2018年，全省全社会研发（R&D）人员全时当量为14.69万人年，较上年增长12.32%。平均研发（R&D）人员全时当量21.30人年/万人，比上年增长2.23人年/万人。长沙市平均研发（R&D）人员全时当量为81.51人年/万人，远超全省平均值。

2. 财政科技支出保持较快增长

2018年，全省地方财政科技支出129.94亿元，比上年增加38.52亿元，增长42.13%，增速较上年提高14.16个百分点。长沙市地方财政科技支出36.19亿元，居全省首位；娄底市增速全省最快，达114.65%。

2018年，全省地方财政科技支出占地方财政支出的比重为1.74%，较上年提高0.41个百分点。株洲市地方财政科技支出占地方财政支出的比重为3.86%，居全省首位；湘潭市、长沙市分列第2位、第3位。

（二）科技创新产出总体向好

1. 专利活动规模进一步扩大，呈持续增长态势

2018年，全省有效发明专利拥有数40684件，比上年增加5910件；每万人有效发明专利拥有量5.93件，比上年提高0.83件。长株潭三市每万人有效发明专利拥有数居全省三甲，科技创新投入产出效应显著。

2. 技术合同成交金额提速快，占GDP比重进一步提升

2018年，全省共登记技术合同6044项，成交金额达281.67亿元，比上年增长38.68%；技术市场成交额占地区生产总值的比重为0.77%，比上年提高0.17个百分点。长沙市技术合同成交额为145.18亿元，明显高于其他市州；常德市技术合同成交额增速最快，为77.21%；株洲市技术市场成交额占GDP的比重为2.12%，领先于其他市州。

（三）科技创新引领高质量发展能力显著提升

1. 产业结构持续优化，高新技术产业规模不断扩大

2018年，全省三次产业结构为8.5∶39.7∶51.8，第三产业增加值占地区生产总值的比重比上年提高2.3个百分点。

2018年，全省高新技术产业增加值为8468.05亿元，同比增长14%，高出GDP增速6.2个百分点。长沙市高新技术产业增加值占全省近四成。全省高新技术产业增加值占地区生产总值的比重提升至23.25%。湘潭市高新技术产业增加值占地区生产总值的比重为33.79%，居全省首位，长沙

市、株洲市、郴州市高于全省平均水平。

2.高新技术产品出口额持续提升

2018年,全省高新技术产品出口额达243.79亿元,比上年增加17亿元。长沙市高新技术产品出口额为166.33亿元,远超其他市州的总和。高新技术产品出口额占全省货物出口总额的比重为12.04%,湘西州、长沙市、怀化市超过全省平均水平。

(四)科技创新环境不断优化

1.创新载体有序发展,长株潭地区创新资源高度集聚

截至2018年底,全省拥有省级以上园区116个,[①]其中国家级园区28个,比上年新增2个,省级园区88个,比上年新增20个;拥有省级及以上科学研究与成果转化类科技创新基地622个,比上年新增105个;拥有省级及以上创新创业服务平台448个,比上年新增159个;创新创业服务平台投融资额达70.23亿元,比上年增加42.39亿元,增长152.23%。长株潭地区各类创新载体数量占据绝对优势,其中,省级及以上科学研究与成果转化类科技创新基地占全省比重近八成,创新创业服务平台占比超四成。

2.产教融合进一步推进,研发合作不断升级

2018年,高等学校研发(R&D)经费中企业资金9.56亿元,比上年增加2.48亿元,增长35.05%,增速较上年提高30.45个百分点;高等学校研发(R&D)经费中企业资金占21.58%。岳阳市高等学校研发(R&D)经费中企业资金占52.91%,居全省首位,永州市、益阳市、娄底市、常德市、长沙市超全省平均水平。

(五)企业技术创新能力水平进一步提升

1.企业研发投入持续增加,有研发活动企业占比提升

2018年,全省规模以上工业企业研发(R&D)经费支出516.72亿元,

---

① 含高新区、农业科技园及可持续发展实验区。

较上年增长11.90%，占主营业务收入的比重为1.46%，较上年提高0.27个百分点。株洲市规模以上工业企业研发（R&D）经费支出占主营业务收入的比重为2.57%，居全省首位；怀化市、长沙市分居全省第2位、第3位。

2018年，全省规模以上工业企业有研发（R&D）活动的单位达5979个，比上年增加1922个，有研发活动的单位数占规上工业企业数的比重为37.24%，较上年提高10.55个百分点。永州市、怀化市规模以上工业企业有研发（R&D）活动的单位数占比过半，分别居全省第1位、第2位。

2. 企业新产品销售居全国前十，创新主体地位突出

2018年，全省规模以上工业企业新产品销售收入达7616.24亿元，居全国第9位；规模以上工业企业新产品销售收入占主营业务收入的比重为21.50%。长沙市、株洲市、娄底市、岳阳市占比超过全省平均水平，居全省前四位。

3. 普惠性奖补政策全面实施，激励引导效应加速释放

2018年，全省共有7494家企业享受研发加计扣除减免税政策，研发加计扣除减免税额达到58.37亿元，比上年增加28.8亿元，增长97.47%，增速较上年提高29.20个百分点。企业研发投入财政奖补政策启动实施，全省共有869家企业享受政策红利，获财政奖补资金3.71亿元。

二 湖南省区域科技创新能力评价指标及方法

（一）评价指标体系的构建

对标中国区域创新评价体系，结合湖南省创新发展特点，建立了包括科技创新投入、科技创新产出、科技创新绩效、创新平台与环境、企业科技创新等5个一级指标、15个二级指标和53个三级指标的湖南省区域科技创新能力评价指标体系（见表1）。湖南省区域科技创新能力评价指标体系有四个特点：一是突出政府、企业、学校、科研院所等创新要素的协同

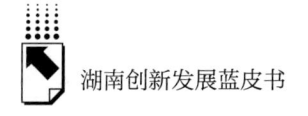

作用；二是聚焦科技创新的链条建设，突出投入、产出和绩效的关联性；三是突出创新基础平台及环境的重要性；四是突出企业在创新发展中的主体作用。

表1 湖南省区域科技创新能力评价指标体系

一级指标	二级指标	三级指标
科技创新投入	全社会研发投入综合指标	全社会研发(R&D)经费支出(亿元)
		全社会研发(R&D)经费支出占GDP的比重(%)
		全社会研发(R&D)经费支出增速(%)
		全社会研发(R&D)人员全时当量(人年)
		平均研发(R&D)人员全时当量(人年/万人)
		全社会研发(R&D)人员全时当量增速(%)
	政府科技投入综合指标	地方财政科技支出(亿元)
		地方财政科技支出占地方财政支出比重(%)
		地方财政科技支出增速(%)
		政府研发投入(亿元)
		政府研发投入占比(%)
		政府研发投入增速(%)
科技创新产出	发明专利综合指标	有效发明专利拥有数(件)
		万人有效发明专利拥有数(件)
		有效发明专利拥有数增速(%)
	技术市场综合指标	技术市场成交额(按输出地域)(亿元)
		技术市场成交额占GDP的比重(%)
		技术市场成交额增速(按输出地域)(%)
	科技论文综合指标	科技论文发表数量(篇)
		每亿元研发(R&D)经费发表科技论文数量(篇)
		科技论文发表数增速(%)
科技创新绩效	产业结构综合指标	科技服务业产业增加值(亿元)
		科技服务业产业增加值占GDP的比重(%)
		科技服务业产业增加值增速(%)
		高新技术产业增加值(亿元)
		高新技术产业增加值占GDP的比重(%)
		高新技术产业增加值增速(%)

续表

一级指标	二级指标	三级指标
科技创新绩效	产业国际竞争力综合指标	高新技术产品出口额(亿元)
		高新技术产品出口额占货物出口总额的比重(%)
	可持续发展综合指标	高新技术产品出口额增速(%)
		万元地区生产总值能耗下降率(%)
		能源消费总量增速(%)
创新平台与环境	园区发展综合指标	国家级园区数量(个)
		省级园区数量(个)
	创新基地综合指标	省级及以上科学研究与成果转化类科技创新基地(个)
		省级及以上创新创业服务平台(个)
	平台金融环境综合指标	创新创业服务平台投融资额(亿元)
		创新创业服务平台投融资额增速(%)
	产教融合综合指标	高等学校研发(R&D)经费中企业资金(亿元)
		高等学校研发(R&D)经费中企业资金占比(%)
		高等学校研发(R&D)经费中企业资金增速(%)
企业科技创新	企业研发投入综合指标	规模以上工业企业有研发(R&D)活动的单位数(个)
		规模以上工业企业有研发(R&D)活动的单位占比(%)
		规模以上工业企业研发(R&D)经费占主营业务收入的比重(%)
		规模以上工业企业研发(R&D)经费增速(%)
	企业科技活动产出综合指标	规模以上工业企业新产品销售收入(亿元)
		规模以上工业企业新产品销售收入占主营业务收入的比重(%)
		规模以上工业企业新产品销售收入增速(%)
	企业获政府支持综合指标	企业研发加计扣除减免税额(亿元)
		享受企业研发加计扣除企业数量(个)
		企业研发加计扣除减免税额增速(%)
		企业研发财政奖补资金额(亿元)
		企业研发财政奖补企业数(个)

(二)评价方法

1. 总方法：多指标综合评价法。

2. 指标权重：采用德尔菲法（专家咨询法）和熵值法结合的主观客观综合赋权法。

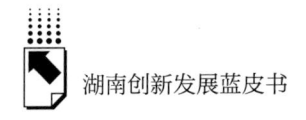

3. 数据标准化：区分正向指标和负向指标，分别进行无量纲化处理，并对数据边界进行合理化修正。

（三）评价步骤

1. 将三级评价指标先采用对数标准化，以降低端点极值对数据平衡的杠杆影响；再根据多目标规划原理，采用功效系数法对各项评价指标分别确定一对满意值和不允许值，以满意值为上限，以不允许值为下限，计算相应的功效评分值，作为指标的评价值。

对数标准化公式：

$$Y_{ij} = LN[X_{ij} - MIN(X_{ij}) + 1]$$

功效系数法：

$$Z_{ij} = \frac{Y_{ij} - MIN(Y_{ij})}{MAX(Y_{ij}) - MIN(Y_{ij})} A + B \quad \text{（正效指标）}$$

$$Z_{ij} = \frac{MAX(Y_{ij}) - Y_{ij}}{MAX(Y_{ij}) - MIN(Y_{ij})} A + B \quad \text{（负效指标）}$$

其中 A 为功效区间，B 为功效基准值。

2. 二级指标评分值由三级指标评价值乘以相应指标权重加权综合而成。公式如下：

$$U_{ij} = \sum_{i=1}^{n} \omega_i Z_{ij}$$

其中 ω_i 为各三级指标权重，n 为每个二级指标下包含的三级指标个数。

3. 一级指标评分值由二级指标评分值乘以相应指标权重加权综合而成。公式如下：

$$V_{ij} = \sum_{i=1}^{m} \varphi_i U_{ij}$$

其中 φ_i 为各二级指标权重，m 为每个一级指标下包含的二级指标个数。

4. 总评分值由一级指标评分值乘以相应指标权重加权综合而成。公式如下：

$$W = \sum_{i=1}^{h} \tau_i V_{ij}$$

其中 τ_i 为各一级指标权重，h 为一级指标个数。

三 湖南省区域科技创新能力评价结果分析

依据区域科技创新能力综合得分和构成区域科技创新能力的五个一级指标情况，对湖南省14个市州科技创新能力进行分析和评价。

（一）区域综合科技创新水平及变化情况

2018年区域科技创新能力评价结果显示，长沙、株洲、湘潭排名前三，环洞庭湖地区的岳阳、常德、益阳分列第5~7位，湘南地区的衡阳排名第4位，郴州、永州分列第8和第10位，大湘西地区的怀化排名第9位，娄底、邵阳、湘西州和张家界分列第11~14位。

2017年、2018年区域科技创新能力评价结果显示，长沙、株洲、湘潭、益阳、湘西州和张家界六市排名无变化；常德、衡阳、怀化、娄底四市位次上升，其中，常德市上升2个位次，衡阳、怀化、娄底三市上升1位；郴州、邵阳、岳阳、永州四市位次下降，其中，郴州市下降2位，邵阳、岳阳、永州三市均下降1位。

表2 2017~2018年区域科技创新能力综合得分及排名对比

地区	2018年综合得分	2018年排名	2017年综合得分	2017年排名	两年综合得分变化	两年综合排名变化
长沙	92.34	1	92.07	1	0.27	0
株洲	85.37	2	83.00	2	2.38	0
湘潭	83.12	3	82.67	3	0.46	0
衡阳	78.96	4	79.16	5	-0.20	1

续表

地区	2018年综合得分	2018年排名	2017年综合得分	2017年排名	两年综合得分变化	两年综合排名变化
岳阳	78.12	5	79.64	4	-1.52	-1
常德	77.63	6	76.46	8	1.16	2
益阳	77.12	7	76.71	7	0.41	0
郴州	76.95	8	77.74	6	-0.79	-2
怀化	76.90	9	74.45	10	2.44	1
永州	76.09	10	74.86	9	1.23	-1
娄底	74.78	11	71.46	12	3.32	1
邵阳	74.42	12	73.53	11	0.89	-1
湘西州	70.57	13	67.48	13	3.09	0
张家界	64.81	14	65.11	14	-0.30	0

（二）区域科技创新一级指标评价情况

2018年科技创新投入综合得分显示，长沙、株洲、湘潭三市居前3位，得分85分（含）以上；益阳、郴州、常德、怀化、衡阳、永州和岳阳居第4～10位，得分在75分（含）至85分（不含）之间；邵阳、娄底、湘西州、张家界居第11～14位，得分在75分（不含）以下。有11个市州的科技创新投入综合得分较上年提高，其中娄底较上年提升7分以上，提升幅度居各市州首位；株洲、邵阳、常德三市较上年提升3分以上；湘西州、益阳、怀化、郴州、永州、衡阳和湘潭均实现不同程度的提升。

科技创新产出综合得分显示，长沙、株洲、湘潭三市居前3位，得分在85分（含）以上；衡阳、常德、益阳居第4～6位，得分在75分（含）至85分（不含）之间；岳阳、怀化、娄底、邵阳、永州、郴州、湘西州和张家界居第7～14位，得分低于75分（不含）。有11个市州的科技创新产出综合得分较上年提高，其中常德较上年提升5分以上，提升幅度居各市州首位；株洲、娄底、湘潭三市较上年提升2分以上；衡阳、怀化、邵阳、张家界、永州、长沙和湘西州均实现不同程度的提升。

科技创新绩效综合得分显示，长沙、岳阳、株洲三市居前3位，得分高于80分（含）；益阳、衡阳、湘潭、郴州、怀化、娄底、永州、湘西州、常德、邵阳居第4~13位，得分在75分（含）至80分（不含）之间；张家界居14位，得分低于75分（不含）。有10个市州的科技创新绩效综合得分较上年提高，其中湘西州较上年提升6分以上，提升幅度居各市州首位；怀化较上年提升近4分，提升幅度居第2位。长沙、益阳、娄底、株洲、郴州、岳阳、常德和湘潭均实现不同程度的提升。

创新平台与环境综合得分显示，长沙、湘潭两市居前2位，得分高于80分（含）；岳阳、株洲、常德、衡阳、邵阳居第3~7位，得分在75分（含）至80分（不含）之间；永州、郴州、怀化、益阳、娄底、湘西州和张家界居第8~14位，得分低于75分（不含）。有9个市州的科技创新平台与环境综合得分较上年提高，其中永州较上年提升6分以上，提升幅度居各市州首位；邵阳、衡阳、张家界三市较上年提升2分以上；株洲、常德、岳阳、娄底和长沙均实现不同程度的提升。

企业科技创新综合得分显示，长沙、株洲两市居前2位，得分高于85分（含）；衡阳、湘潭、岳阳、郴州、怀化、益阳、娄底、永州和常德居第3~11位，得分在75分（含）至85分（不含）之间；邵阳、张家界和湘西州居第12~14位，得分低于75分。有10个市州的企业科技创新综合得分较上年提高，其中娄底较上年提升6分以上，提升幅度居各市州首位；湘西、怀化、株洲三市较上年提升3分以上；永州、益阳、长沙、衡阳、郴州和湘潭均实现不同程度的提升。

表3 2018年区域科技创新能力综合评价及一级指标得分及排名

地区	综合评价		科技创新投入		科技创新产出		科技创新绩效		创新平台与环境		企业科技创新	
	得分	排名	得分	排名	得分	排名	得分	排名	得分	排名	得分	排名
长沙	92.34	1	93.94	1	94.97	1	86.13	1	95.69	1	95.75	1
株洲	85.37	2	92.65	2	90.52	2	80.07	3	77.98	4	86.81	2
湘潭	83.12	3	86.17	3	88.32	3	79.49	6	80.40	2	82.11	4
衡阳	78.96	4	77.35	8	78.47	4	79.56	5	77.03	6	82.51	3

续表

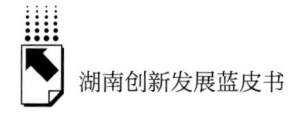

地区	综合评价		科技创新投入		科技创新产出		科技创新绩效		创新平台与环境		企业科技创新	
	得分	排名	得分	排名	得分	排名	得分	排名	得分	排名	得分	排名
岳阳	78.12	5	75.41	10	74.04	7	80.09	2	79.41	3	81.94	5
常德	77.63	6	78.33	6	77.89	5	77.40	12	77.53	5	76.92	11
益阳	77.12	7	79.35	4	75.23	6	79.62	4	69.94	11	78.84	8
郴州	76.95	8	78.78	5	71.42	12	79.16	7	73.17	9	81.26	6
怀化	76.90	9	77.59	7	73.30	8	78.90	8	73.07	10	80.59	7
永州	76.09	10	76.81	9	72.54	11	77.90	10	73.86	8	78.47	10
娄底	74.78	11	73.63	12	72.80	9	77.95	9	68.70	12	78.70	9
邵阳	74.42	12	73.69	11	72.78	10	75.40	13	76.02	7	74.03	12
湘西州	70.57	13	66.90	13	70.55	13	77.62	11	67.09	13	64.87	14
张家界	64.81	14	61.20	14	62.65	14	68.66	14	60.89	14	68.74	13

（三）区域综合科技创新水平分析

根据各市州区域科技创新能力综合得分情况，14个市州可划分为3类，第1类地区：得分高于80分含，包括长沙、株洲、湘潭三市；第2类地区：得分在75分（含）至80分（不含）之间，包括衡阳、岳阳、常德、益阳、郴州、怀化、永州七市；第3类地区：得分低于75分（不含），包括娄底、邵阳、湘西州、张家界四市，各级指标得分及排名情况如下。

1. 第一类地区

长沙市综合得分92.34，居全省第1位，排名保持不变。一级指标中，两年5个一级指标均居全省第1位。二级指标中，可持续发展排名由全省第9位下降至第12位，技术市场排名由全省第1位下降至第2位，企业研发投入排名由全省第1位下降至第5位，其他二级指标排名保持全省首位。三级指标中，接近五成指标居全省首位，分别是全社会R&D经费支出、地方财政科技支出、政府研发投入、有效发明专利拥有数、技术市场成交额等指标；高新技术产业增加值增速、规模以上工业企业R&D经费增速等指标排名下降较快；另外，地方财政科技支出增速、高新技术产业增加值增速、规模以上工业企业 R&D 经费增速等指标居第 13～14 位。

株洲市综合得分 85.37，居全省第 2 位，排名保持不变。一级指标中，5 个一级指标居全省第 2～4 位，其中，科技创新绩效排名较上年提升 3 位；企业科技创新、创新平台与环境排名较上年提升 1 位。二级指标中，技术市场排名居全省第 1 位；产业结构、产教融合、园区发展排名分别位居全省第 6、8、9 位；提升的指标是可持续发展、平台金融环境、企业研发投入。三级指标中，超过四成指标居全省前两位，其中，全社会 R&D 经费投入强度、地方财政科技支出占地方财政支出比重、技术市场成交额占 GDP 的比重、规模以上工业企业 R&D 经费占主营业务收入的比重 4 个指标排名居全省首位；规模以上工业企业 R&D 经费增速、技术市场成交额增速等指标排名上升较快；另外，每亿元 R&D 经费发表科技论文数量、高新技术产业增加值增速、高新技术产品出口额增速、规模以上工业企业有 R&D 活动的单位占比等指标居第 10～14 位。

湘潭市综合得分 83.12，居全省第 3 位，排名保持不变。一级指标中，下降的指标是科技创新绩效，由第 5 位下降至第 6 位。其他 4 个指标居全省第 2～4 位且两年排名无变化。二级指标中，科技论文、园区发展排名均为第 2 位；企业研发投入排名第 10 位；平台金融环境排名下降至第 11 位。三级指标中，超过六成指标居全省前五位。其中，排名位居第 1～2 位的是高新技术产业增加值、高新技术产业增加值占 GDP 的比重、地方财政科技支出占地方财政支出比重、技术市场成交额占 GDP 的比重、科技论文发表数量等指标；政府研发投入增速、规模以上工业企业新产品销售收入增速等指标排名下降较快；另外，全社会 R&D 经费支出增速、全社会 R&D 人员全时当量增速、规模以上工业企业有 R&D 活动的单位数、规模以上工业企业 R&D 经费占主营业务收入的比重、规模以上工业企业 R&D 经费增速等指标居第 11～12 位。

2. 第二类地区

衡阳市综合得分 78.96，居全省第 4 位，排名上升 1 位。一级指标中，提升的指标是企业科技创新，由第 5 位上升至第 3 位；下降的指标是科技创新绩效和科技创新投入。二级指标中,产业结构、科技论文排名分别居全省第2、3位;产教融合、产业国际竞争力排名分别居全省第10、14位。三级指标中,超过四成指标居全省前五位。其中,排名居1~3位的是科技论文发表数量、规模以上工业企业有R&D活动的单位占比、高新技术产品出口额等指标;政府研发投入增速、企业研发加计扣除减免额增速等指标排名下降较快;另外,地方财政科技支出增速、高新技术产业增加值占GDP的比重、规模以上工业企业新产品销售收入增速等指标居第10~14位。

岳阳市综合得分78.12,居全省第5位,排名下降1位。一级指标中,排名提升的指标是科技创新绩效,由第3位上升至第2位;下降的指标是科技创新投入,排名由第4位下降至第10位,企业科技创新排名由第2位下降至第5位。二级指标显示,企业科技活动产出、产教融合排名分别居全省第2、3位;科技论文、可持续发展排名均居全省第13位。三级指标中,超过四成指标居全省前五位。其中,排名居第1~3位的是高等学校R&D经费中企业资金占比、全社会R&D经费支出、技术市场成交额增速、高新技术产业增加值等指标;有效发明专利拥有数增速指标排名下降最快;另外,全社会R&D经费增速、全社会R&D人员全时当量增速、政府研发投入增速、每亿元R&D经费发表科技论文数量、能源消费总量增速、规模以上工业企业R&D经费增速6个指标均居第14位。

常德市综合得分77.63,居全省第6位,排名上升2位。一级指标中,提升的指标是科技创新投入、科技创新产出、创新平台与环境,均居全省5~6位;企业科技创新和科技创新绩效排名居全省第11~12位。二级指标中,技术市场、创新基地排名均居全省第4位;企业科技活动产出、可持续发展排名分别居全省第12、14位。三级指标中,接近三成指标居全省前五位。其中,排名居第1~3位的是技术市场成交额增速、规模以上工业企业有R&D活动的单位数等指标;规模以上工业企业新产品销售收入占主营业务收入的比重等指标排名下降较快;另外,全社会R&D经费支出增速、万元地区生产总值能耗下降率、能源消费总量增速、规模以上工业企业新产品销售收入占主营业务收入的比重、规模以上工业企业新产品销售收入增速5

个指标居第 13~14 位。

益阳市综合得分 77.12，居全省第 7 位，排名保持不变。一级指标中，排名提升的指标是科技创新投入、科技创新绩效，均居全省第 4 位，科技创新产出、创新平台与环境排名均下降 1 位。二级指标中，全社会研发投入、产业国际竞争力、产教融合排名均居全省第 4 位；创新基地、平台金融环境排名分别居全省第 12、13 位。三级指标中，全社会 R&D 经费支出增速、规模以上工业企业新产品销售收入增速、高等学校 R&D 经费中企业资金占比等指标排名居全省第 3~4 位；科技论文发表数增速指标下降较快；另外，技术市场成交额增速、科技论文发表数增速、高等学校 R&D 经费中企业资金增速等指标居第 12~14 位。

郴州市综合得分 76.95，居全省第 8 位，排名下降 2 位。一级指标中，科技创新投入、科技创新绩效和企业科技创新排名居全省第 5~7 位，创新平台与环境、科技创新产出排名均较上年下降 5 位，分别居全省第 9、12 位。二级指标中，产业结构、园区发展、平台金融环境排名均居全省第 3 位；技术市场、产教融合排名均居全省第 14 位。三级指标中，地方财政科技支出增速、政府研发投入、有效发明专利拥有数增速、高新技术产业增加值占 GDP 的比重等指标排名居全省第 3~5 位；地方财政科技支出增速、有效发明专利拥有数增速等指标排名提升较快；另外，技术市场成交额增速、高等学校 R&D 经费中企业资金占比、高等学校 R&D 经费中企业资金增速等指标居第 13~14 位。

怀化市综合得分 76.90，居全省第 9 位，排名提升 1 位。一级指标中，各指标排名较上年均有变化，除创新平台与环境排名居全省第 10 位，比上年下降 2 位外，其他 4 个指标排名均较上年有所提升。二级指标中，企业研发投入居全省首位；科技论文、平台金融环境排名均居全省第 12 位；产业国际竞争力提升最快，从全省第 9 位上升至第 2 位；产教融合降幅最大，从全省第 2 位下降至第 11 位。三级指标中，全社会 R&D 经费支出增速、全社会 R&D 人员全时当量增速、有效发明专利拥有数增速、高新技术产品出口额增速等指标居全省前两位；政府研发投入增速、万人有效发明专利拥有数、科技论文发表数量、高等学校R&D经费中企业资金增速等指标均居全省第13位；排名降幅较大的是地方财政科技支出增速、万元地区生产总值能耗下降率，排名均较上年下降10位；排名提升较快的是规模以上工业企业有R&D活动的单位占比、全社会R&D经费投入强度、规模以上工业企业新产品销售收入增速，排名较上年提升5~7位。

永州市综合得分76.09分，居全省第10位，排名下降1位。一级指标中，提升的指标是创新平台与环境，排名由第13位上升至第8位，下降的指标是科技创新绩效、科技创新产出，排名分别下降6位、2位。二级指标中，企业研发投入、产教融合、平台金融环境排名居全省第2~4位；政府科技投入、企业获政府支持均居全省第12位。三级指标中，全社会R&D经费支出增速、高等学校R&D经费中企业资金增速、规模以上工业企业有R&D活动的单位占比、规模以上工业企业R&D经费增速4个指标居全省首位，规模以上工业企业有R&D活动的单位数居全省第2位；技术市场成交额占GDP的比重等指标排名居全省第13位；地方财政科技支出增速下降11位至全省第14位，高等学校R&D经费中企业资金占比提升10位至全省第2位。

3. 第三类地区

娄底市综合得分74.78，居全省第11位，排名提升1位。一级指标中，排名提升的是科技创新产出、科技创新绩效、企业科技创新，分别由第12位、10位、12位排升至全省第9位，下降的是创新平台与环境，由第11位下降至第12位。二级指标中，可持续发展、企业科技活动产出排名居全省第2~4位；政府科技投入、企业研发投入、园区发展排名居全省第13~14位；科技论文提升最快，由第12位上升至第7位。三级指标中，排名居全省1~3位的是地方财政科技支出增速、政府研发投入增速、规模以上工业企业新产品销售收入占主营业务收入的比重等指标；超过两成指标较上年排名下降，其中技术市场成交额增速、高新技术产业增加值增速降幅较大。

邵阳市综合得分74.42，居全省第12位，排名下降1位。一级指标中，排名提升的指标是创新平台与环境、科技创新产出，下降的指标是科技创新绩效、企业科技创新。二级指标中，园区发展排名第5位，排名降幅最大的是可持续发展，由第2位下降至第7位，提升的是技术市场、产教融合，均提升3位分别上升至第7位、第9位。三级指标中，地方财政科技支出增速排名提升最快，由第14位上升至第2位；有效发明专利拥有数增速、规模以上工业企业新产品销售收入增速指标均下降5位；排名居前5位的是技术市场成交额增速、高新技术产业增加值占GDP的比重等指标；万人有效发明专利拥有数、高新技术产品出口额占货物出口总额的比重、规模以上工业企业新产品销售收入占主营业务收入的比重等指标居全省第14位。

湘西州综合得分70.57，居全省第13位，排名保持不变。一级指标中，排名提升的指标是科技创新绩效，由第13位上升至第11位。下降的指标是创新平台与环境，由第12位下降至第13位。其他3个指标排名无变化，均居全省第13~14位。二级指标中，排名前7位的指标是可持续发展、科技论文、政府科技投入、产业国际竞争力，其余指标排名在第10~14位。三级指标中，全社会R&D经费支出增速、政府研发投入增速、规模以上工业企业新产品销售收入增速、高等学校R&D经费中企业资金增速、科技论文发表数增速等指标排名上升至全省第1~4位，其余指标排名均在第7~14位。

张家界市综合得分64.81，居全省第14位，排名保持不变。5个一级指标排名均无变化，除企业科技创新居全省第13位外，其他4个一级指标均居第14位。二级指标中，可持续发展排名第5位，企业研发投入上升至第8位，其他指标排名第12~14位。三级指标中，近八成的指标排名在7~14位，包括全社会R&D经费支出、全社会R&D经费投入强度、地方财政科技支出等指标；全社会R&D经费支出增速、政府研发投入增速、规模以上工业企业R&D研发经费增速、规模以上工业企业新产品销售收入增速等指标排名下降较快；另外，部分增速和占比指标排名居全省前5位，包括科技论文发表数增速、高新技术产业增加值增速、高新技术产品出口额增速、规模以上工业企业有R&D活动的单位占比、规模以上工业企业R&D经费占主营业务收入的比重。

B.16
湖南省高新区2019年创新发展绩效评价报告

谭力铭　廖　婷　李维思　彭子晟*

摘　要： 高新区高质量发展是湖南创新型省份建设的重要任务之一，可为全省产业提质升级提供示范引领作用。本报告分析了湖南省高新区的发展现状与成效，指出了湖南省高新区高质量发展存在的主要问题，从创新生态建设、技术创新、对外开放、体制机制等方面提出了对策建议。

关键词： 高新区高质量发展　绩效评价　提质升级

一　湖南省推进高新区高质量发展的政策法规措施

湖南省高度重视高新区高质量发展，从各方面出台支持高新区高质量发展的政策，对湖南省高新区高质量发展起到了重要的引导和推动作用。

2017年6月6日，为促进湖南省高新区经济总量、发展速度、创新能力和产业结构同步大幅提升和优化，努力使高新区成为科技创新战略高地、创新型产业核心载体、区域发展方式转变的重要引擎，率先在湖南省产业园区实现转型升级，经报省人民政府同意，湖南省科技厅印发了《湖南省高

---

* 谭力铭，湖南省科学技术信息研究所助理研究员，主要研究方向为科技信息情报、产业竞争情报；廖婷，湖南省科学技术信息研究所助理研究员，主要研究方向为科技信息情报、产业竞争情报；李维思，湖南省科学技术信息研究所副研究员，主要研究方向为科技信息情报、产业竞争情报；彭子晟，博士，湖南省科学技术厅办公室主任，主要研究方向为科技创新。

新技术产业开发区创新驱动发展提质升级三年行动方案（2017~2019年）》。

2018年12月30日，在湖南省人民政府关于印发《湖南创新型省份建设实施方案》重点任务中，明确指出优化区域布局，推进园区创新发展。完善科技园区管理机制，构建创新驱动绩效考评体系，加强园区以升促建、绩效考核、动态管理、优胜劣汰。到2020年，力争每个市州至少有1家国家级科技型园区，省级科技型园区达到100家；支持各类工业园区提质升级建设省级高新区，总数达到40家左右。

2019年1月20日，湖南省第十三届人民代表大会常务委员会第九次会议修订通过了《湖南省高新技术发展条例》，第二十九条明确规定了高新区所在地的县级以上人民政府应当将高新区的建设和发展纳入国民经济和社会发展计划，制定鼓励、扶持高新区发展的优惠政策，协调解决高新区建设和发展中的重大问题；第三十条鼓励高新区与高等院校、科研机构建立联动创新的长效合作机制。高新区应当为培育高新技术企业、科技型中小企业和提升企业技术创新能力提供场所和融资、咨询、培训等服务。

二 湖南省高新区创新能力绩效评价指标体系构建

（一）绩效评价指标体系

在《湖南省高新技术产业开发区创新驱动发展提质升级三年行动方案（2017~2019年）》中，高新区绩效评价指标体系由知识创造和技术创新能力、产业升级和结构优化能力、开放性和参与竞争能力、高新区可持续发展能力4项一级指标组成，下设26项定量指标、8项定性指标，共34项二级指标（见表1）。

（二）指标体系的测算方法

本报告通过权重计算、定量指标数据标准化处理、定性指标专家打分、加权计算的方法对指标体系进行测算。

表1 湖南省高新区创新能力绩效评价指标体系

一级指标	二级指标	赋权	类型
知识创造和技术创新能力 30%	1.1 万人拥有本科(含)学历以上人数	1.0	定量
	1.2 企业万元销售收入中R&D经费支出	1.2	定量
	1.3 国家级和省级研发机构数	0.9	定量
	1.4 国家级和省级众创空间孵化器数	0.8	定量
	1.5 众创空间孵化器在孵企业数	1.0	定量
	1.6 企业万人当年新增发明专利授权数	1.1	定量
	1.7 管委会当年财政支出中对科技的投入额	1.1	定量
	1.8 人均技术合同交易额	0.9	定量
	1.9 万人当年新增的知识产权数(含注册商标)	1.0	定量
	1.10 园区管委会的体制机制创新和有效运作评价	1.0	定性
	1.11 园区发展符合国家和湖南省导向评价	1.0	定性
产业升级和结构优化能力 30%	2.1 高新技术产业主营业务收入占比	1.1	定量
	2.2 高新技术产业总产值增速	1.2	定量
	2.3 高新技术企业数	1.2	定量
	2.4 国家级和省级产业服务促进机构数	0.8	定量
	2.5 上市企业数量(含新三板)	0.8	定量
	2.6 园区科技金融发展状况评价	0.9	定性
	2.7 园区战略性新兴产业和创新型集群培育及发展状况评价	1.0	定性
开放性和参与竞争能力 20%	3.1 海外留学归国人员和外籍常驻人员占从业人员的比重	1.0	定量
	3.2 企业出口额占园区营业收入的比重	1.0	定量
	3.3 年度出口额增速	0.9	定量
	3.4 万人当年新增国际专利授权数、国际标准数和注册商标数	1.1	定量
	3.5 内外资招商引资到位金额	0.8	定量
	3.6 园区实施人才战略与政策的绩效评价	1.1	定性
	3.7 园区宜居性和城市服务功能的完善程度评价	1.1	定性
高新区可持续发展能力 20%	4.1 从业人员数增长率	1.1	定量
	4.2 企业数量增长率	1.1	定量
	4.3 企业上缴税收总额增长率	1.0	定量
	4.4 企业当年新增投资总额	0.9	定量
	4.5 规模工业单位能耗降低达标率	1.0	定量
	4.6 园区土地节约集约利用指数	1.0	定量
	4.7 主要污染因子排放达标率	1.0	定量
	4.8 园区"政产学研资介用"合作互动与知识产权保护评价	0.9	定性
	4.9 园区参与评价工作所报数据的客观性、准确性和完整性评价	1.0	定性

1. 各二级指标权重计算

各二级指标权重计算方法如下：

$$w_{ij} = \frac{\omega_{ij}}{\sum_{n=i} \omega_{ij}}$$

其中 w_{ij} 为计算后的各二级指标的权重，ω_{ij} 为各二级指标原始赋权值，i 是指一级指标序号，j 为二级指标序号。

2. 定量指标数据标准化处理

对各指标进行无量纲化处理，采用的处理方式为线性归一化处理，其中所有指标均为正向指标，处理方法为：

$$P_{ij} = \frac{(X_{ij} - X_{ij,min})}{(X_{ij,max} - X_{ij,min})}$$

其中，P_{ij} 为各指标无量纲化处理后得到的标准值，X_{ij} 为各指标的原始值，$X_{ij,max}$ 为当年各高新区该指标的最大值，$X_{ij,min}$ 为当年各高新区该指标的最小值。

3. 定性指标专家打分

8个定性指标对应调查问卷的各个专题板块，要求5名专家对定性调查问卷评分，取专家打分的平均值为该园区指标得分。

4. 加权计算

各高新区创新能力绩效评价总得分为各项一级指标权重得分总和，一级指标得分为该一级指标下二级指标权重得分总和。

一级指标得分为：

$$s_i = \sum_{n=j} P_{ij} \times w_{ij}$$

其中，s_i 为一级指标得分，P_{ij} 为各指标无量纲化处理后得到的标准值，w_{ij} 为计算后的各二级指标的权重。

总得分为：

$$S = \sum_{n=i} s_i \times W_i$$

其中，S 为总得分，s_i 为一级指标得分，W_i 为一级指标权重。

（三）2019年高新区创新能力绩效评价测算结果

2019年湖南省高新区创新能力绩效评价测算结果如表2所示。

湖南创新发展蓝皮书

表2 2019年湖南省高新区创新能力绩效评价测算结果（分片区）

高新区		综合评价 得分	排名	知识创造和技术创新能力 权重得分	排名	产业升级和结构优化能力 权重得分	排名	开放性和参与竞争能力 权重得分	排名	高新区可持续发展能力 权重得分	排名
长株潭地区 76.15	长沙高新技术产业开发区	90.56	1	29.94	1	28.00	1	14.83	3	17.80	11
	株洲高新技术产业开发区	87.3	2	26.41	2	25.99	2	16.22	1	18.67	1
	宁乡高新技术产业园区	79.15	3	22.67	3	24.48	3	13.59	11	18.41	5
	湘潭高新技术产业开发区	76.74	4	21.56	6	22.78	5	13.88	9	18.53	2
	岳麓高新技术产业开发区	76.22	6	22.55	4	23.30	4	13.13	19	17.24	22
	浏阳高新技术产业开发区	70.2	14	18.98	19	20.25	19	12.46	29	18.50	4
	韶山高新技术产业开发区	69.63	16	19.04	18	19.69	25	12.48	27	18.41	6
	望城高新技术产业开发区	68.63	22	20.15	9	18.39	31	13.16	18	16.93	25
	攸县高新技术产业开发区	66.94	31	17.61	32	19.53	26	12.55	25	17.25	21
	益阳高新技术产业开发区	76.41	5	21.86	5	21.31	7	15.39	2	17.85	10
	常德高新技术产业开发区	71.57	9	19.63	13	20.48	13	14.02	5	17.44	15
	岳阳临港高新技术产业开发区	71.47	10	19.63	12	19.98	21	14.49	4	17.38	19
	湘阴高新技术产业开发区	71.44	11	20.06	11	21.05	8	12.92	21	17.44	16
	平江高新技术产业开发区	70.49	12	18.91	22	21.00	9	13.16	17	17.42	18
洞庭湖地区 69.17	岳阳高新技术产业开发区	69.51	17	20.06	10	19.30	27	12.52	26	17.63	14
	津市高新技术产业开发区	69.48	18	18.37	25	20.25	18	12.86	22	18.00	9
	汨罗高新技术产业开发区	69.21	20	18.15	27	20.86	11	13.99	6	16.21	36
	桃源高新技术产业开发区	68.84	21	19.25	16	19.79	24	13.10	20	16.70	29
	澧县高新技术产业开发区	68.34	25	19.61	14	20.42	15	12.48	28	15.82	37
	汉寿高新技术产业开发区	65.24	33	18.34	26	18.00	36	12.25	30	16.65	31
	沅江高新技术产业开发区	63.74	35	17.34	35	18.08	35	11.46	36	16.87	27
	岳阳绿色化工高新技术产业开发区	63.46	36	16.81	37	18.62	29	11.58	35	16.46	34

148

续表

高新区		综合评价		知识创造和技术创新能力		产业升级和结构优化能力		开放性和参与竞争能力		高新区可持续发展能力	
		得分	排名	权重得分	排名	权重得分	排名	权重得分	排名	权重得分	排名
大湘西地区 69.09	怀化高新技术产业开发区	72.92	8	21.47	7	19.85	22	13.28	15	18.32	7
	娄底高新技术产业开发区	70.42	13	19.39	15	20.21	20	13.94	8	16.89	26
	洪江高新技术产业开发区	70.05	15	19.20	17	20.91	10	13.39	13	16.55	33
	隆回高新技术产业开发区	69.41	19	17.68	31	20.46	14	13.84	10	17.43	17
	泸溪高新技术产业开发区	67.86	27	17.50	33	20.64	12	12.07	32	17.65	13
	新化高新技术产业开发区	67.4	28	18.49	24	19.82	23	12.00	33	17.09	24
	湘西高新技术产业开发区	67.36	29	18.02	29	18.34	33	12.83	23	18.17	8
	张家界高新技术产业开发区	67.31	30	18.59	23	18.79	28	12.67	24	17.26	20
湘南地区 67.43	衡阳高新技术产业开发区	74.67	7	20.82	8	21.35	6	13.98	7	18.53	3
	郴州高新技术产业开发区	68.46	23	18.96	20	18.44	30	13.37	14	17.68	12
	宁远高新技术产业开发区	68.38	24	17.47	34	20.38	16	13.42	12	17.12	23
	江华高新技术产业开发区	68.03	26	17.93	30	20.27	17	13.20	16	16.64	32
	衡山高新技术产业开发区	65.45	32	18.91	21	18.39	32	11.79	34	16.37	35
	衡阳西渡高新技术产业园区	63.91	34	16.83	36	18.20	34	12.22	31	16.66	30
	桂阳高新技术产业开发区	63.08	37	18.07	28	17.41	37	10.84	37	16.76	28

149

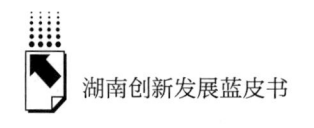

三 湖南省高新区高质量发展成效

湖南省现有国家级和省级高新区38家，其中国家级高新区8家，数量居全国第6位。近年来，湖南认真组织实施高新区创新驱动发展提质升级三年行动，高新区呈现量少质优的发展态势。科技部火炬中心对2019年全国169家国家级高新区综合评价结果显示，湖南除湘潭高新区以外的国家级高新区在全国的排名均有所提升，提质升级取得明显成效。在省园区办2018年对全省144个省级及以上产业园区综合评价结果中，全省高新区平均得分高出经开类园区（含工业集中区），平均得分为19.47分，排名前五的国家级园区和省级园区中分别有3家和4家为高新区，高新区整体发展成效优于其他园区。

2019年湖南省高新区绩效评价工作委托省科技信息研究所具体承办，邀请科技部火炬中心、中国科技发展战略研究院、中国科学院科技战略咨询研究院、中国高新技术产业经济研究院、北京长城战略研究所、合肥高新区、省开发区协会等单位的专家进行指导。此次评价对象为除开福高新区（暂未建档立户）外的37家国家级及省级高新区。绩效评价排名前五位的高新区为长沙高新区、株洲高新区、宁乡高新区、湘潭高新区和益阳高新区，其中四大片区排名第一的均为国家级高新区。根据绩效评价结果，全省高新区创新发展主要呈现以下特点。

（一）高新区已成为区域经济转型发展的重要引擎

2018年，全省高新区数量占全省纳入统计的省级及以上产业园区的26.4%。技工贸总收入18352亿元，占全省产业园区的41.2%。高新技术产业主营业务收入9228亿元，占全省高新区技工贸总收入的50.3%，占全省产业园区的44.5%。利润总额411.21亿元，占全省产业园区的33.1%。上缴税金总额570亿元，占全省产业园区的41.3%。国家高新区工业用地地均税收和人口密度最高，工业用地建筑系数和地均税收增幅最大。

（二）高新区已成为创新型产业集群发展的核心载体

湖南的高端装备制造、新材料、信息、生物医药、新能源与节能环保等创新型产业集群的形成和发展主要依托于各高新区。长沙高新区的工程机械、株洲高新区的轨道交通装备正成为具有国际影响力的先进制造产业集群，移动互联网、军民融合、节能环保、新材料等产业正成为全省新兴产业发展的新增长点，长沙"创新谷"、株洲"动力谷"、湘潭"智造谷"等引领辐射发展，宁乡高新区、浏阳高新区、岳阳临港高新区、娄底高新区等省级高新区因地制宜，也形成了特色发展新格局。常德高新区2019年获批国家现代装备制造高新技术产业化基地。

（三）高新区已成为科技引领发展的创新高地

2018年，全省高新区共有高新技术企业2200家，占全省高新技术企业总量的47.2%。全省高新区拥有省级及以上研发机构733家，占全产业园区的50.3%。规上工业企业研发经费内部投入总额374亿元，占全省产业园区的58.7%，规上工业企业研发经费内部投入额占规上工业企业主营业务收入的比重为3%。高新区管委会本期财政支出中用于科技的投入额37.1亿元，占全省产业园区的65.5%。全省高新区发明专利授权数2299件，同比增长14.8%；技术合同交易总额106.3亿元，同比增长33%。2018年湖南省国家高新区创新能力总指标增长率在全国排名第二。

（四）高新区已成为创新创业生态建设的关键平台

高新区率先打造"众创空间+孵化器+加速器+园区"的创新创业服务链，成为大众创业、万众创新最活跃的区域。全省高新区共建省级及以上众创空间、孵化器95家，占全省产业园区的39.9%；在孵企业6925家，占全省产业园区的67.4%。拥有本科以上学历从业人员27.3万人，占全省产业园区的58.5%。长沙高新区、怀化高新区、常德高新区和衡阳高新区获批国家创新创业特色载体。高新区走出了一条依托各

类创新平台、集聚高端创新人才、推动技术研发和成果转化的创新驱动发展之路。

（五）高新区均衡发展趋势和绩效评价效果逐步显现

与2018年创新发展绩效评价结果相比，全省各高新区绩效评价整体得分差距缩小，省级高新区与国家级高新区得分差距缩小，片区间高新区得分差距也在缩小，发展不均衡的问题正在不断改善。在"以评促建"的引导下，不少高新区加大了创新发展工作力度，体现了高新区绩效评价的导向作用。例如，逐步健全了企业培育计划，实施了高新技术企业培育计划以及科技型小微企业培育计划的高新区占比分别为91.9%、86.5%，同比增加了34.7个百分点、34.1个百分点。逐步完善人才引进培育政策，建立了标志性专项人才计划、出台了灵活的引进人才政策的高新区占比分别为48.6%、94.6%，同比增加了15.3个百分点、8.9个百分点。不少高新区明显提高了对绩效评价的重视程度，加强统计等基础性工作，排名进步较为明显。

四 湖南省高新区高质量发展存在的主要问题

（一）创新能力有待提升

虽然全省高新区的创新能力和综合实力在不断提升，但仍存在较大空间。一是创新投入有待优化。全省高新区本科及以上学历从业人员增长率为9.6%，远低于期末从业人员增长率（17.5%），高层次人才引进不足；管委会财政支出中用于科技的投入额增长率为36.0%，而企业研发经费内部投入额增长率仅为18.8%，财政资金引导力度不够。二是创新孵化载体建设有待加强。全省平均每家高新区仅有2.5家众创空间、孵化器，在孵企业187家，远低于全国国家级高新区的平均水平。三是创新成果产出有待提升。全省高新区企业万人当年新增发明专利授权数平均为15.6件，人均技术合同交易额为0.72万元。

（二）产业结构有待优化

全省高新区的产业经济贡献大，但"高""新"不足，高新技术产业主营业务收入仅占技工贸总收入的50.2%。一是颠覆性前沿技术的先导产业少。现有的战略性新兴产业主要是在工程机械、新材料等原有优势产业基础上形成的，引领产业变革的颠覆性前沿技术领域的项目和企业少，如人工智能、量子计算、无人驾驶、基因编辑、合成生物、再生医学、氢能、石墨烯、纳米科技等。二是产业规模总体偏小。新兴领域主体规模较小，20条工业新兴优势产业链规模不大，重大项目不足，新产品研发和成果转化亟须进一步提升，龙头企业引领效应尚未形成。三是财税政策与科技金融政策有待完善。大部分高新区虽出台了一些支持促进科技创新的政策文件，但都是以针对已有的上级政策成果给予配套"奖金"为主，而缺乏主动性、引导性、服务性、可持续性的政策措施。例如在科技金融服务政策提供方面，设立了对自主创新型企业减税或返还和实施科技产业引导性投资的高新区不到50%左右；实行了高增值税产品建立高增值产品的增值税补偿机制的税收优惠政策的高新区不到20%；特许权使用费实行免征或减征税收优惠政策的仅宁远高新区。在提供的金融政策方面，设立科技发展银行，启动股权激励试点，建立再担保体系、开放式创新（创业）投资基金的高新区不到30%；而设立非营利科技企业资信评估机构，降低科技贷款风险的高新区仅有4家。

（三）开放合作有待加强

在走出去参与国际竞争、引进来国际人才等方面，全省高新区的开放性还不足。一是国际贸易交流有待加强。2018年全省高新区企业出口额占园区营业收入的比重仅为3.9%，其中6家国家级高新区低于平均值，10家高新区企业出口额占园区营业收入的比重不到1%；二是国际人才引进有待加强。全省高新区海外留学归国人员和外籍常驻人员占从业人员比重平均值为0.22%，远低于全国国家级高新区、中部六省国家级高新区的1.13%和0.93%，全省高新区中仅益阳高新区（1.32%）达到了该水平；三是国际

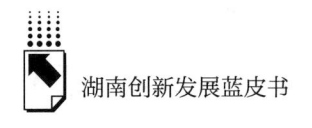

知识产权成果产出有待加强。除株洲、娄底、平江高新区以外，其余高新区的万人新增国际专利授权数、国际标准数和注册商标数都在5件以下，其中23家高新区无国际创新成果产出。

（四）管理体制机制有待健全

一是加强对新升级高新区的指导。2019年参与绩效评价的高新区为37家，较上年度增加了16家。其中21家老园区绩效评价平均得分为72.44分，16家新园区绩效评价平均得分为68分，新园区得分明显低于老园区；16家新园区中仅岳麓高新区进入前10名，其次仅洪江高新区、隆回高新区进入前20名，新园区创新发展水平相对较低。二是加强对湘南地区高新区的指导。2019年绩效评价的片区排名中，湘南地区由第二梯队掉至第四梯队，湘南地区高新区的创新发展驱动力相对不足。湘南地区2018年已参评园区——衡阳高新区、郴州高新区、衡阳西渡高新区在2019年评价中排名第7位、第23位、第34位，分别降低了4位、11位、17位。湘南地区新升级的高新区——宁远高新区、江华高新区、衡山高新区、桂阳高新区排名均在第20位之后，桂阳高新区排名末位。三是加强对持续两年排名靠后高新区的指导。2019年绩效评价排名中，沅江高新区排名第35位，处于老园区排名的末位，2018年21家高新区绩效排名第20位，持续两年排名靠后。

五　下一步工作建议

（一）以创新型园区建设推进高新区提质升级

一是充分用足用好全省企业研发投入奖补、芙蓉人才等政策，充分发挥政府财政投入的统筹和杠杆作用，提高财政科技投入转化为科研活动的比例，鼓励企业建立研发准备金制度、加大企业内部研发投入、加强高层次人才培育和引进，提高研发投入和人才投入的产出效应。

二是加强创新创业公共服务平台建设，加大对高新区内众创空间、孵化器等创新孵化载体和公共检测平台、成果转化平台的建设和支持力度，支持有条件的园区建设工业云、工业大数据和工业互联网等功能型平台，完善高新区创新创业服务体系，营造良好的创新创业生态。

三是积极落实成果合同认定、科技成果转化激励政策，鼓励高新区探索多样化的政产学研合作模式，鼓励高新区内企业与高等院校、科研院所联建合办新型研发机构，开展项目攻关、成果转化、人才培育等方面的合作，强化企业科技成果产出，提高科技成果转化成功率。

（二）以技术创新推动产业发展"换挡提速"

一是支持高新区通过优化园区功能、强化产业链条、扶持重大项目、支持科技研发、"腾笼换鸟"等措施，推动传统优势产业迈向中高端；鼓励高新区瞄准高端装备制造、新材料、新一代信息技术、生物医药等重点战略领域，实现招商引资向招才引智转变，引导社会资本投向高新区的新兴产业，通过孵化、合作等模式，培育人工智能、生物技术、前沿材料等新兴未来产业，提升产业层次。

二是积极引导高新区加快培育龙头企业和科技领军企业，支持高新区企业积极创建国家级、省级技术研发平台，积极参与国家科技重大专项和重点研发计划，广泛承接省创新型省份建设专项，力争培育一批"原字号"和"新字号"企业、"国字号"重大科技创新平台，在"卡脖子"技术、前沿引领技术、颠覆性技术上取得新的突破，提升产业技术创新能力和产业价值创造能力。

三是梳理整合利用科技资源、资金资源、信息资源和人力资源等，探索创新可持续性强、落地操作性强的产业扶持政策体系；强化财税金融政策支持，完善以研发费用加计扣除为主的税收优惠政策；鼓励银行、保险、证券等金融机构支持高新技术产业发展，设立园区产业创新基金，推动构建政府引导、社会资本共同参与的多层次投资体系；鼓励各市州和高新区根据自身产业和园区发展需要，积极对接上位政策，因地制宜出台促进高新区产业发展的配套政策措施。

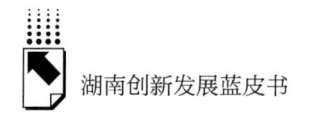

（三）以积极"走出去""引进来"提升国际竞争力

一是鼓励高新区积极融入"一带一路"倡议，鼓励企业、机构积极开拓"一带一路"市场，引导企业、机构开展多元化的国际创新合作，积极构建跨境产业链，通过开放式自主创新，积极参与国际化竞争，刺激企业内生创新，优化对外贸易结构，提升高新区产品与服务对外输出能力，不断拓展开放发展新空间。

二是引导高新区加强国际化人才的引进与培育，支持高新区在出台资助和服务政策方面，探索建立"政务服务＋创业服务＋生活服务"全环节人性化的人才服务链，分层次分类提供配偶就业、子女入学、安家购房补偿、创业扶持等服务实现既能引到人，又能留住人。

三是优化对外贸易环境，鼓励支持高新区开展国际知识产权推进工程，引导高新区企业提升国际知识产权创造、运用、保护和管理能力，做好境外专利申请与商标注册，逐步建立与国际接轨的知识产权保护和运营体系；鼓励企业参与世界先进技术研发和标准对接，如参与新制式轨道交通、工业无人机等产业技术标准制定。

（四）以完善高质量发展体制机制激发高新区发展活力

一是加强对《湖南省高新技术发展条例》等系列政策的宣传推广，委托第三方对《湖南省高新技术产业开发区创新驱动发展提质升级三年行动方案（2017~2019年）》实施成效进行综合评估，研究起草促进全省高新区高质量发展的实施意见，加强对高新区发展的战略研究和顶层设计，明晰新思路，细化新目标，部署新任务，提出新举措。

二是持续优化完善绩效评价体系，形成常态化的创新发展监测评估反馈机制，贯彻落实《湖南创新型省份建设若干财政政策措施》中"对科技创新指标排名前3位的高新区和高新技术产业增加值增量排名前3位的省级高新区，给予每家最高500万经费支持"等有关激励政策，加强绩效评价结果应用，完善优胜劣汰和奖惩机制，控制高新区整体数量，保持高新区量少质优的发展态势。

三是加强与省发改委、省财政厅、省工信厅等省产业园区建设领导小组成员单位的协同与联动，集成配置有效资源，强化对高新区的指导和服务，强化科技、产业、财政等政策的统筹，强化综合协同效应。重点加强管委会干部队伍建设，打造一支适应新时代高质量发展要求的具有现代管理思维和科技创新素质的高水平干部队伍。例如，联合举办全省高新区高质量发展专题研修班，深入学习广东、深圳、上海等发达地区的先进经验。

B.17
2019年湖南省高等学校重大科研基础设施和大型科研仪器开放共享评价报告

彭敬东 张 登*

摘 要： 重大科研基础设施和大型科研仪器是突破科学前沿、解决经济社会发展和重大科技问题的技术基础和重要手段。本报告基于2018年湖南省内本科以上高等学校的科研设施和仪器开放共享情况，从组织管理、运行使用、共享服务等维度构建评价考核指标体系，采用定性和定量相结合的方法，对省内36家高校原值20万元及以上的大型科研仪器开放共享整体情况和单位情况进行评价。结果中南大学等8家被评定为"优秀"，怀化学院等12家被评定为"良好"，湖南第一师范学院10家被评定为"合格"，长沙医学院等6家暂未纳入等级评定。最后针对工作推进提出了相关建议。

关键词： 湖南 高等学校 科研设施 科研仪器 开放共享

为贯彻落实《湖南省促进重大科研基础设施和大型科研仪器向社会开放实施方案》（湘政办发〔2015〕68号），切实提高高校科研设施和仪器利用率，湖南省科技厅联合省教育厅、省财政厅发布了《关于开展2019年湖南省高等学校重大科研基础设施和大型科研仪器开放共享评价考核工作的通

---

* 彭敬东，湖南省科学技术厅基础研究处处长；张登，湖南省科学技术厅基础研究处一级主任科员。

知》(湘科函〔2019〕91号),对省内本科以上高等学校的科技设施和仪器2018年度的开放共享情况进行评价,情况报告如下。

一 评价对象和范围

《国务院关于国家重大科研基础设施和大型科研仪器向社会开放的意见》(国发〔2014〕70号)中所指的科研设施和仪器包括大型科学装置、科学仪器中心、科学仪器服务单位和单台(套)价值在50万元及以上的科学仪器设备等(见图1)。主要分布在高校、科研院所和部分企业的各类重点实验室、工程(技术)研究中心、分析测试中心、野外科学观测研究站及大型科学设施中心等研究实验基地。其中,科学仪器设备可以分为分析仪器、物理性能测试仪器、计量仪器、电子测量仪器、海洋仪器、地球探测仪器、大气探测仪器、特种检测仪器、激光器、工艺试验仪器、计算机及其配套设备、天文仪器、医学科研仪器、核仪器、其他仪器等15类。

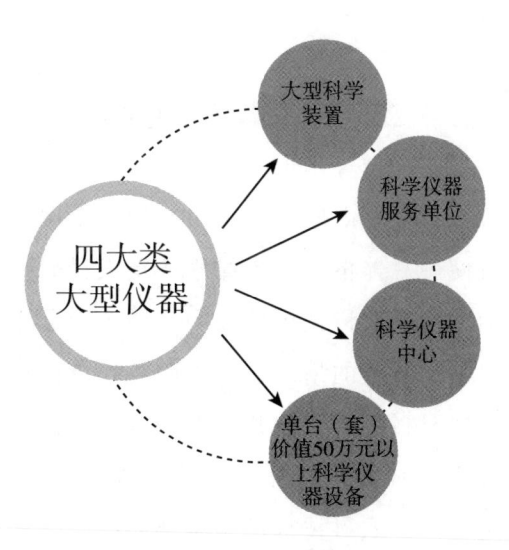

图1 2014年国发70号文的四大类大型仪器

本次评价以法人单位为对象，范围为省内本科以上高等学校（国防科技大学不纳入），对拥有的原值20万元及以上大型科研仪器（中南大学、湖南大学为原值50万元及以上）2018年度的整体开放共享情况进行评价。其中长沙市17所、衡阳市4所、湘潭市3所、常德市2所、怀化市2所、邵阳市1所、岳阳市1所、湘西土家族苗族自治州1所、株洲市1所、益阳市1所、郴州市1所、永州市1所、娄底市1所；民办本科学校5所，占比为14%。本次考核涉及36家高校原值20万元及以上的大型科研仪器3077台（套）（湖南女子学院没有20万元及以上科研仪器）。

36	3077	1372	351
参加议评单位（家）	原值20万元以上科研仪器（台/套）	原值50万元以上科研仪器（台/套）	原值科技创新基地（个）

图2　2019年湖南省科研设施和仪器评价考核基本情况

二　评价内容及指标

本次评价主要从三个方面展开：①运行使用情况，包括法人单位大型科研仪器的运行使用总体情况、支撑服务重大科研任务情况等；②共享服务成效，包括围绕重大科技创新和中小微企业需求，对法人单位以外的单位提供开放共享服务的情况，支撑服务外单位科技创新的重要成果等；③组织管理情况，包括开放共享管理制度建设情况、纳入湖南省科研设施和科研仪器开放共享服务平台的仪器情况、集约化管理情况、实验队伍建设情况等。参照科技部的指标体系，结合湖南实际，在前期征求意见的基础上，形成了《湖南省科研设施和仪器开放共享评价考核指标体系》（见附表1）。

三　总体情况评价

（一）建立了促进开放共享的制度体系

《湖南省促进重大科研基础设施和大型科研仪器向社会开放实施方案》（湘政办发〔2015〕68号）出台后，湖南省教育厅出台了《关于促进高等学校重大科研基础设施和大型仪器等创新资源向社会开放共享的实施意见》（湘教通〔2016〕476号），中南大学等34所高校相继制定了本单位的管理制度，完善了促进开放共享的制度体系。

（二）建立了促进开放共享的平台系统

2017年，湖南省科研设施和科研仪器开放共享服务平台（简称"共享平台"）正式上线，成为推动湖南省科研设施和仪器开放共享的信息化抓手。中南大学等13所高校建设了在线服务平台，36所高校都在共享平台注册了账户，将本单位符合要求的科研设施和仪器纳入了共享平台，安排了专职人员与共享平台对接并进行数据维护。

（三）形成了开放共享的良好氛围

36所高校对科研设施和仪器开放共享工作的重视程度都显著提高，开放共享主体责任逐步落实，36所高校都安排了专职管理人员负责推进开放共享工作，大部分管理单位建立了开放共享规章制度，并开展了开放共享人才队伍建设和培训。

（四）提高了开放共享度

36所高校入网原值20万元及以上科研仪器计3077台（套）（其中原值50万元以上的1372台/套），比2015年增加了1816台（套）；2018年入网

科研仪器总机时数达到307.41万小时，对外开放共享服务机时23.72万小时，科研设施和仪器利用率和开放共享度均大幅提升。

（五）促进了科技创新创业

各大高校将本单位的科研设施和仪器向社会开放共享，解决了中小企业等社会用户实验条件差、高端设备买不起、不必买等问题，降低了全社会的研发成本，促进了科技创新创业。如湖南耐思电子有限公司利用湖南大学的"BGA/SMT焊接系统机组"提供的共享服务，实现了技术创新与加工能力的突破，2019年单项服务收入近百万元。湖南鑫湖新材料科技有限公司利用中南大学的高频疲劳试验机提供的共享服务进行铝合金性能分析测试，节约仪器购置费200余万元，并促成了其5083铝合金在高铁上的应用，推动了企业的高质量发展。湖南翱康生物科技有限公司通过怀化学院的液相色谱质谱联用仪器提供的中药活性成分定性分析服务，制定了木姜叶柯的行业标准。

湖南高校科研仪器开放共享工作取得了显著成效，但也存在一些问题。一是管理单位主体责任有待进一步落实，部分单位还存在不重视、不熟悉的问题，部分单位建立出台开放共享制度。二是部分单位仪器分散化、个人化的情况依然存在，部分设备没有专职维护人员，个别仪器还存在闲置浪费现象。三是部分单位对实验技术人员支撑科技创新的作用认识不够，实验技术支撑队伍薄弱，结构不合理。

四　单位评价情况

（一）中南大学等8所高校

组织管理到位，开放共享制度完善，共享团队建设、在线服务平台建设、加入省共享平台等情况良好，平均机时数为966小时，服务科技创新和开放共享成效显著，综合评分在90分以上，为优秀等级。

（二）怀化学院等12所高校

组织管理较到位，开放共享制度、运行使用情况较好，共享团队建设、在线服务平台建设、加入省共享平台等情况较好，平均机时数为996小时，服务科技创新和开放共享成效较好，但存在一定的问题。如怀化学院等学校未建设本单位在线服务平台，湖南人文科技学院等学校服务科技创新和对外服务成效一般，少数高校未及时更新入网资源信息，综合评分在75分以上，为良好等级。

（三）湖南第一师范学院等10所高校

对考核工作重视度不够，组织管理欠缺，不少方面需要改进。如湖南科技大学等没有建设在线服务平台，湖南工程学院等入网率偏低，制度不完善、服务科技创新及对外服务成效不明显、平均机时数偏低等问题普遍存在，年平均机时数为832小时，综合评分在60分以上，为合格等级。

（四）长沙医学院等5所高校

长沙医学院等5所高校为民办本科院校，科研仪器以自有资金购置为主，是开放共享的重要补充力量，但民办高校整体存在开放共享积极性不高、入网仪器数量较少、普遍缺乏开放共享制度、对外开放共享服务成效较差等问题，其中长沙医学院开放共享情况较好。经商省教育厅，建议不纳入本次评价考核统一排名，将考核结果单独反馈学校，督促其进一步加强开放共享工作。

（五）湖南女子学院

没有原值20万元及以上仪器，未纳入考核范畴，考核结果单独反馈。

五 下一步的工作建议

一是进一步加大宣传推广力度，推广优秀单位的典型经验，提高全社会的重视程度。二是进一步推进开放共享评价考核工作常态化,扩大开放共享评价考核范围,并进一步固化评价考核时间段、评价考核方式和评价考核结果运用。三是进一步完善开放共享评价考核政策体系,完善评价考核的指标体系、评价考核内容等。四是进一步改进评价考核系统,优化申报流程、实现管理后台大数据模块的智能化和便捷化,减轻被考核单位的工作负担,提升评价考核工作效率。五是强化评价考核结果的运用,根据评价考核结果,联合省财政厅、省教育厅等相关部门,奖优惩劣,充分发挥好考核的指挥棒作用。

附表1 湖南省科研设施和仪器开放共享评价考核指标体系

一级指标	二级指标	三级指标	类型
组织管理情况	制度建设	1. 是否建立了相应管理制度	定性
		2. 制度完善性评估,是否有开放共享、使用管理、运行维护等机制	定性
	团队建设	1. 是否有专业的技术服务团队	定性
		2. 技术团队结构是否合理	定性
		3. 是否定期开展业务培训	定性
	在线服务平台建设情况	1. 单位是否建有科研设施和仪器在线服务平台	定性
		2. 是否与共享平台对接	定性
		3. 是否有与共享平台对接的专职人员	定性
		4. 是否及时进行共享平台数据维护工作	定性
	科研设施和仪器开放共享率	纳入共享平台的全部或部分通过财政资金购建的科研设施和仪器占单位应开放总数的比重(%)	定量
	创新平台开放共享率	单位重点实验室、工程技术研究中心等国家级、省级科技创新平台纳入共享平台的比例	定量
		各类科技创新平台所属科研设施和仪器纳入共享平台的比例	定量
运行使用情况	有效机时服务率	已开放的科研设施和仪器年平均有效服务机时(该数值由应参与共享的仪器年度实际运行总机时数除以应参与共享的仪器总数获得)	定量
	科技创新成效	本单位科研设施和仪器支持本单位科技创新案例数	定量
		本单位科研设施和仪器支持本单位科技创新主要成效	定性

续表

一级指标	二级指标	三级指标	类型
共享服务成效	共享率	单位向社会提供开放共享服务的科研设施和仪器数量占纳入共享平台的总数的比重(%)	定量
	利用率	开放共享率：年平均对外服务机时与年平均运行机时的比值（由应参与共享的仪器年度实际对外服务总机时数除以应参与共享的仪器总机时数获得）(%)	定量
	对外服务案例	本单位科研设施和仪器支撑服务外单位科技创新、重点领域创新、产业发展的重要成果	定量
		本单位科研设施和仪器支持外单位科技创新主要成效	定性

附表2 2019年湖南省高等学校重大科研基础设施和大型科研仪器开放共享评价考核结果

序号	考核单位	结果
1	中南大学	优秀
2	湖南中医药大学	优秀
3	湖南师范大学	优秀
4	长沙理工大学	优秀
5	湖南大学	优秀
6	湘潭大学	优秀
7	中南林业科技大学	优秀
8	湖南农业大学	优秀
9	怀化学院	良好
10	湘南学院	良好
11	湖南城市学院	良好
12	湖南工商大学	良好
13	湖南文理学院	良好
14	湖南工业大学	良好
15	湖南科技学院	良好
16	衡阳师范学院	良好
17	湖南理工学院	良好
18	长沙师范学院	良好
19	湖南医药学院	良好

续表

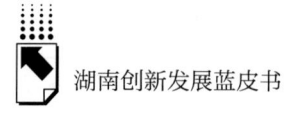

序号	考核单位	结果
20	湖南人文科技学院	良好
21	湖南第一师范学院	合格
22	湖南财政经济学院	合格
23	湖南警察学院	合格
24	湖南工程学院	合格
25	湖南工学院	合格
26	吉首大学	合格
27	湖南科技大学	合格
28	长沙学院	合格
29	邵阳学院	合格
30	南华大学	合格
31	湖南女子学院	暂不纳入考核范畴
32	长沙医学院	暂不纳入统一排名
33	湖南交通工程学院	暂不纳入统一排名
34	湖南应用技术学院	暂不纳入统一排名
35	湖南涉外经济学院	暂不纳入统一排名
36	湖南信息学院	暂不纳入统一排名

B.18
湖南省2019年科技企业孵化器、众创空间绩效评价报告

张小平 毛明德 李滢 彭子晟*

摘 要： 科技企业孵化器和众创空间是国家创新体系的重要组成部分，是推动创新创业高质量发展的支撑平台。本报告建立了湖南科技企业孵化器与众创空间绩效评价指标体系，以对2019年度湖南省省级及以上科技企业孵化器与众创空间的调查统计数据为依据，分别对科技企业孵化器、众创空间进行了评价，并依评价结果划分为A、B、C、D等级。研究发现，湖南创业孵化机构规模不断扩大，服务体系与创业环境不断优化，可持续发展能力不断增强，但也存在区域发展不平衡，科技金融服务整体水平不高，专业化发展趋势不明显，地区协同及资源链接能力不强等问题。最后，从加强政策引领、创新运行管理机制、提升服务能力、促进孵化资源互建共享等方面提出了对策建议。

关键词： 科技企业孵化器 众创空间 绩效评价 湖南

为贯彻落实湖南省委、省政府创新引领开放崛起战略，加快创新型省份

---

* 张小平，湖南省生产力促进中心主任，主要研究方向为科技创新创业服务；毛明德，湖南省生产力促进中心副主任，主要研究方向为科技创新创业服务；李滢，湖南省生产力促进中心科技平台服务部部长，主要研究方向为科技创新创业服务；彭子晟，博士，湖南省科学技术厅办公室主任，主要研究方向为科技创新。

建设，推动创新创业高质量发展，根据《湖南省科技企业孵化器认定和管理办法》（湘科高字〔2014〕22号）和《湖南省促进众创空间发展与管理办法（试行）》（湘科高〔2016〕2号）要求，在湖南省科技厅的委托和指导下，湖南省生产力促进中心联合湖南省科技企业孵化器协会，组织开展了2019年度湖南省省级及以上科技企业孵化器和众创空间的绩效评价工作。

一 建设和发展成效

近年来，湖南省高度重视孵化器、众创空间的建设和发展，制定出台了一系列政策文件，推动各类创新创业要素高效融合，激发全社会创新创业活力，孵化服务体系提质增效得到有效提升，孵化器、众创空间发展逐步向平稳增长阶段过渡。创业孵化已逐步成为培育发展新动能、支撑供给侧结构性改革的重要组成部分。从此次绩效评价结果来看，湖南省孵化器和众创空间建设和发展成效主要体现在以下几个方面。

（一）创业孵化机构规模不断扩大，覆盖全省的创业孵化网络基本形成

2018年湖南省省级及以上创业孵化机构共有222家，同比增长了31.36%，实现了在全省各市州的全覆盖，全省大部分省级及以上产业园区都建设了孵化器或众创空间。截至2018年底，全省共有省级及以上孵化器72家，其中国家级孵化器19家，占比为26.39%；省级及以上众创空间150家，其中国家备案众创空间46家，占比为30.67%。

表1 湖南省各市州省级及以上孵化器、众创空间数量统计

单位：家

序号	地区	孵化器	国家级孵化器	众创空间	国家备案众创空间
1	长沙	29	12	65	24
2	株洲	5	2	17	6

续表

序号	地区	孵化器	国家级孵化器	众创空间	国家备案众创空间
3	湘潭	5	2	13	4
4	岳阳	6	2	7	2
5	郴州	4	0	8	3
6	常德	9	1	7	0
7	益阳	2	0	4	2
8	娄底	2	0	5	2
9	邵阳	1	0	4	0
10	怀化	2	0	4	1
11	衡阳	2	0	5	0
12	永州	1	0	4	0
13	张家界	2	0	5	1
14	湘西自治州	2	0	2	1
15	合计	72	19	150	46

资料来源：科技部火炬统计调查报表数据。

（二）服务体系与创业环境不断优化，创业孵化绩效持续提升

围绕企业不同发展阶段的特点，各孵化器、众创空间加大资源整合力度，建立健全专业化、多层次、全方位的服务体系，不断完善服务设施与服务网络，加强服务团队建设与管理规范，加快技术创新、检测试验、信息共享、评估咨询、投融资、成果转移、知识产权等各类公共服务平台建设，服务能力不断提高。

1. 在孵企业数量快速增长

2018年，湖南省创业孵化机构总面积达343万平方米，其中，孵化器总面积285.6万平方米，众创空间总面积57.4万平方米。在孵企业（含团队）达10264个，同比增长21.71%。拥有有效知识产权数为16862件，同比增长95.32%。以长沙高新技术产业开发区创业服务中心为例，长沙高新技术产业开发区创业服务中心现有在孵企业238家，当年新增55家，比2017年增长了15%，累计毕业企业400余家，培育了三诺生物、岱勒新材、

御泥坊、力合科技等4家创业板上市企业，以及美诺电子、朗圣实验等22家新三板挂牌企业；新增规模工业企业7家、高新技术企业33家，创业板上市企业1家。

2. 创新创业活动成效明显

2018年省级及以上科技企业孵化器、众创空间举办创新创业活动7952场。以中电软件园为例，坚持以服务科技型创业企业为宗旨，打造湖南省电子信息专业孵化器为目标，始终围绕央企产业特色定位，针对电子信息企业从初创、孵化、加速到成熟的不同发展阶段特点与需求，充分整合各类资源，搭建全要素、低成本、高效率的产业服务平台。2018年共组织开展41场重大产业活动，涵盖产业对接、创新大赛、技术交流、政策宣传解读、项目申报培训、技能培训、管理培训、创业帮扶等方面，孵化场地内在孵企业112家，累计毕业企业46家，培育了以映客、安克创新、中森通信、北云科技、基石创新、问卷星等25家为示范的企业进入加速器快速发展，形成了信息安全、北斗导航、移动互联网等产业创新融合共享发展的格局。

3. 孵化投资协同发展

2018年获得投融资的企业和团队数量为973家，同比增长77.88%。以柳枝行动众创空间为例，柳枝行动以"孵化+投资"为核心，为移动互联网、人工智能、先进装备制造、医疗大健康、军民融合、文化创意和消费升级等领域的早期创业项目，提供20万元专项财政资金扶持，并以投融资为核心搭建创业服务体系，帮助创业者成长。截至2018年底，柳枝行动共筛选项目4279个，孵化项目466个，帮助56个项目获得3.6亿元融资。

（三）创业孵化运营良好，可持续发展能力不断增强

经过多年的不断探索，湖南省创业孵化机构逐步由"二房东"式的房屋租赁者转向"服务员"和"辅导员"，收入结构日趋合理，经济效益良好。2018年湖南省孵化器实现总收入6.7亿元，同比增长6.3%；净利润0.8亿元，上缴税金0.5亿元。其中，综合服务收入为2.2亿元，物业收入为2.7亿元，投资收入为0.4亿元，其他收入为1.41亿元。孵化器内在孵

企业总收入达 199.7 亿元，毕业企业达到 556 家。2018 年全省众创空间总收入 3.5 亿元，同比增长 40%。其中，财政补贴和服务收入较多，合计占 62.3%。服务的初创企业达到 4738 家，同比增长 36.11%。

二 存在的主要问题

一是区域发展不平衡现象依旧突出。全省孵化器、众创空间整体数量低于全国和中部地区平均水平，60%以上集中在长株潭地区，常德、岳阳等地区持续发力，但大湘西及武陵山片区创业孵化载体建设成效仍不明显。二是科技金融服务整体水平较低。科技金融服务手段较为单一，获得孵化资金支持和投融资的企业占在孵企业总数比重较低，仅为 12.7%。三是全孵化链条建设有待加强。目前湖南省依托龙头企业、科研院所建设的"众创空间+孵化器+加速器"全孵化链条不多，支撑地方实体经济发展的效益不够显著，全孵化链条建设有待加强。四是孵化器专业化发展趋势不明显。全省专业孵化器数量较少，主要集中在长沙和株洲，大部分地区尚未开展专业孵化器建设，尚未形成支撑地方产业发展的孵化器集群。五是孵化服务水平需进一步提升。在孵企业知识产权产出、获得创投额、培育上市及挂牌企业等孵化成效不明显，孵化服务水平有待进一步提升。六是各地区之间协同及资源链接能力不强。湖南省科技企业孵化器协会成立以来，跨区域的资源对接活动尚处于起步阶段，各地优势资源的互通渠道尚未打通，帮扶机制有待进一步建立。

三 下一步工作建议

（一）加强规划与政策引领，建设一批示范性孵化载体

认真贯彻国务院《关于推动创新创业高质量发展打造"双创"升级版的意见》，加大全省孵化机构的布局力度，特别是在大湘西、湘南地区的布

局，结合各园区的产业特色和发展现状，科学规划、合理部署一批支撑园区优势产业发展的专业化、市场化孵化机构。修订完善孵化器、众创空间认定管理办法，将创新孵化体系建设作为创新型省份建设的重要内容。落实不同创办主体的孵化器均可享受相同的扶持政策，如申请种子资金、孵化器建设资金、公共技术平台建设补助等。深入贯彻落实四部委《关于科技企业孵化器、大学科技园和众创空间税收优惠政策》，主动协同税务、财政等部门，加大财税政策宣传和落实力度，激发市场活力。引导各地方政府结合区域发展实际出台促进创业孵化发展的政策措施，支持本地区的创业孵化载体做大做强。在全省重点打造一批高质量、专业化的示范性孵化载体，持续加大支持，充分发挥其示范带动效应。

（二）创新运行管理机制，实现孵化机构可持续发展

围绕企业不同发展阶段的特点，加强"众创空间+孵化器+加速器"全孵化链条建设，重点培育一批科技型中小微企业、高新技术企业、高成长性的瞪羚企业。加快推动孵化质量提升，继续引导创业孵化载体向专业化、多层次方向发展，实现从培育企业向培育产业转变。积极引入社会资本，鼓励民营孵化机构发展，实现孵化机构与投资主体的多元化。提升孵化器金融服务能力，推进技术孵化和投资孵化融合发展，积极探索各种增值服务。加强孵化机构与创业投资、风险投资等机构的合作，推动持股孵化，促进孵化机构、创投风投和在孵企业之间形成良好的协同发展态势，实现多赢的格局。

（三）加快提升孵化服务能力，推动"双创"上水平

加强孵化培训和创业辅导服务体系建设。深入推进创业导师行动，完善创业辅导服务体系。引导孵化器建立多层次创业导师服务队伍，吸引专业服务人才，为创业企业提供优质服务。以创业者需求为导向提升增值服务能力，推动孵化器经营由单纯依靠房租收入向房租收入、增值服务收入和投资收益三者并重的盈利模式转变，有效提升孵化器的盈利能力。加强专业化孵

化器的建设，聚焦行业领域、技术领域和自身科研条件，依托"龙头企业+孵化"模式和"新型研发机构+孵化"模式，集聚高端资源，加速科技成果转化，培育实体经济发展新动能。

（四）发挥孵化器协会作用，促进孵化资源互建共享多赢

充分发挥湖南省科技企业孵化器协会的作用，建立行业自律规范，使全省孵化体系更加完善。加强对孵化器、众创空间的培训服务，对绩效评价较差的单位进行定点帮扶。依托省科技企业孵化器协会建立创业导师的培训、考核制度，切实把创业导师队伍充分利用起来，以大带小，以强扶弱。同时，搭建孵化体系公共信息共享服务平台和专业技术服务平台，使省科技企业孵化器协会成为中介服务机构、高校、科研院所交流合作的桥梁，推进各会员单位之间的经验交流与创新资源共享，积极探索帮扶、共建和代管模式，鼓励发展"飞地经济"和离岸孵化，促进各地区创新创业协同发展。依托行业协会组织建立起面向孵化专业人才的多层次培训体系，不断提升孵化器、众创空间的运营管理能力。

（五）加强绩效评价工作，推进"以评促建""以升促建"

规范全省科技企业孵化器、众创空间年报制度，加强统计工作，以准确翔实的数据反映全省科技企业孵化器和众创空间的发展现状。进一步完善绩效评价、动态管理、优胜劣汰机制，对孵化绩效优秀的孵化器和众创空间予以奖励，对连续两年不合格的，取消其国家级或省级资格及相应的优惠政策。深入分析绩效评价指标数据，向每个孵化器、众创空间反馈绩效评价结果，指出短板，联合湖南省科技企业孵化器协会对欠发达地区孵化载体开展送资源送服务的帮扶活动。

附表

表1　湖南省科技企业孵化器绩效评价指标

序号	评价指标	指标说明	指标权重
1	创业环境	孵化面积大小、设施设备配置及利用情况等	70分
2	管理人才队伍建设情况	接受专业培训的孵化器运营管理人员比例	
3	创业导师机制	签约的创业导师数量	
		创业导师对接企业数量	
4	创业配套服务	签约的中介服务机构数量	
5	服务收入	评价期内孵化器服务收入占总收入的比重	
6	孵化企业情况	评价期内新增在孵企业数量占在孵企业总数的比重	
		评价期内毕业企业数量占在孵企业总数的比重	
		评价期内孵化企业当年获高新技术企业(含培育)认定和科技型中小企业备案的数量	
		评价期内孵化器在孵企业中已申请专利和拥有有效知识产权的企业占在孵企业总数的比重	
		孵化企业(项目)当年申请或获得知识产权的数量	
7	投融资服务	自有、共建或引进的种子资金或孵化资金规模	
		评价期内获得投资、股权投资的孵化企业(项目)的数量	
		评价期内获得风险投资的额度	
		评价期内获得政府财政支持项目的数量	
8	创新创业活动	评价期内毕业企业和在孵企业提供就业岗位数量	
		评价期内主办和承办创业服务(培训、路演、大赛、沙龙等)活动场次	
		评价期内为在孵企业培训的人次	
9	年度运营情况评价	考察孵化企业基本情况,分析孵化器的财务报表及审计报告,了解场地租赁情况以及孵化器取得的收入金额和收入结构等	30分
10	年度孵化服务情况评价	考察孵化案例、孵化服务资源网络建设、创业导师行动计划、创新创业服务能力、管理规范等方面情况	
11	孵化器特色和品牌建设评价	考察孵化服务模式和服务体系、服务手段、服务对象、运营模式以及特色定制服务等,以及孵化器形象和品牌建设情况	

续表

序号	评价指标	指标说明	指标权重
12	成果转化	评价期内孵化企业（项目）成果转化及技术交易的数量	加分项（不超过10分）
13	公共技术平台	评价期内公共技术服务平台建设情况和服务效果	
14	大赛获奖情况	评价期内参加省级及以上创新创业大赛和创新挑战赛获奖数量	
15	人才引进	评价期内引进高层次人才数量（硕士以上学历或副高以上职称）	

表2　湖南省众创空间绩效评价指标

序号	评价指标	指标说明	指标权重
1	创业环境	场地面积和工位数	70分
		评价期内服务入驻创业团队、初创企业的数量	
2	开展活动情况	评价期内众创空间组织开展各类公益讲堂、投资路演、创业论坛、创业训练营等活动的数量	
		评价期内众创空间推荐参加创新创业大赛和创新挑战赛的项目数量	
3	创业导师培训	签约的创业导师数量	
		评价期内创业导师开展创业辅导服务的次数	
4	创新服务情况	签约并服务于创业者的各类创业服务机构（科研院所、大专院校、科技服务机构、专业代理机构、投融资机构等）的数量	
		评价期内众创空间入驻的创客、创业团队和初创企业申请和获得各类知识产权的数量	
		评价期内众创空间及入驻的创客、创业团队和初创企业获得各级政府部门支持的项目和荣誉的数量	
		当年在众创空间注册成立的初创企业或新增企业数量	
5	提供投融资服务情况	评价期内众创空间初创企业、团队获得的财政资金支持、投融资的数量	
		入驻团队（企业）当年获得财政支持、投融资的额度	
6	可持续发展能力建设	创业团队和初创企业就业人员的数量	
		评价期内众创空间毕业企业（或具备毕业条件企业）的数量	

续表

序号	评价指标	指标说明	指标权重
7	年度运营情况评价	本年度内众创空间基本运营情况；分析众创空间的财务基础数据，了解场地租赁情况以及众创空间取得的收入金额和收入结构等	30分
8	年度孵化服务情况评价	考察推荐入驻孵化器、加速器、高新区孵化案例、服务资源网络建设、创业导师行动计划、创新创业服务、管理规范等方面情况	
9	众创空间特色和品牌建设评价	考察服务模式和服务体系、服务手段、服务对象、运营模式以及特色定制服务等，以及众创空间形象和品牌建设情况	
10	成果转化	评价期内为创客、创业团队和初创企业提供检验检测、研发设计、小试中试、技术咨询等技术创新服务，推介科技成果、撮合成果对接并成功实现成果转化和技术转移的案例数量	加分项（不超过10分）
11	企业培育	评价期内获高新技术企业（含培育）认定和科技型中小企业备案的数量	
12	金融服务	评价期内获得投融资额度200万元以上的项目数	
13	大赛获奖情况	评价期内参加省级及以上创新创业大赛和创新挑战赛获奖数量	

表3　2019年度湖南省国家级科技企业孵化器绩效评价结果

序号	市州	孵化器名称	等级
1	长沙	长沙中电软件园有限公司	A
2	长沙	长沙新技术创业服务中心	A
3	长沙	长沙高新技术产业开发区创业服务中心	A
4	长沙	长沙软件园有限公司	B
5	长沙	湖南麓谷科技孵化器有限公司	B
6	长沙	湖南广发隆平高科技园创业服务有限公司	B
7	长沙	湖南长海科技创业服务有限公司	B
8	长沙	湖南岳麓山国家大学科技园创业服务中心	B
9	长沙	湖南知众创业服务有限公司	C
10	长沙	长沙湘能科技企业孵化器有限公司	C
11	长沙	湖南妙盛企业孵化港有限公司	C

续表

序号	市州	孵化器名称	等级
12	长沙	浏阳经开区产业化服务中心	C
13	株洲	株洲高科企业孵化器有限公司	B
14	株洲	株洲高新技术产业开发区创业服务中心	C
15	湘潭	湘潭高新技术创业服务中心	B
16	湘潭	湘潭九华创新创业服务有限公司	C
17	岳阳	湖南海凌科技企业孵化器有限公司	C
18	岳阳	岳阳火炬创业服务中心	C
19	常德	常德经济技术开发区创业服务中心	B

表4 2019年度湖南省省级科技企业孵化器绩效评价结果

序号	市州	孵化器名称	等级
1	长沙	湖南三一众创孵化器有限公司	A
2	长沙	长沙广发隆平标准厂房开发有限公司	A
3	长沙	湖南新长海科技产业发展有限公司	A
4	长沙	浏阳高新科创服务有限公司	A
5	长沙	湖南豪丹科技园创业服务有限公司	A
6	长沙	长沙启迪科技孵化器有限公司	B
7	长沙	长沙恩吉实业投资有限公司	B
8	长沙	湖南大学科技园有限公司	B
9	长沙	湖南省曾氏企业有限公司	B
10	长沙	湖南麓谷国际医疗器械产业园有限公司	B
11	长沙	长沙高新开发区橡树园企业创业服务有限公司	C
12	长沙	湖南山河生物医学技术孵化中心（有限合伙）	C
13	长沙	宁乡经济技术开发区创业服务中心	C
14	长沙	长沙岳麓科技产业园管理委员会	C
15	长沙	湖南金丹科技投资有限公司	C
16	长沙	湖南省大中专学校学生信息咨询与就业指导中心	C
17	长沙	湖南省火炬创业中心	D
18	株洲	株洲高新技术产业开发区动力谷科技创新服务中心	A
19	株洲	株洲国投产业园发展有限公司	C
20	株洲	株洲方元资产经营管理有限公司	C
21	湘潭	湖南正润创业服务股份有限公司	B
22	湘潭	韶山市科技创业服务中心	B
23	湘潭	湘潭火炬园创业服务有限公司	B

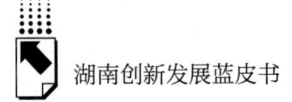

续表

序号	市州	孵化器名称	等级
24	衡阳	衡阳市衡山科学城投资开发有限公司	C
25	衡阳	耒阳市经济开发建设投资集团有限公司	C
26	邵阳	邵阳经济开发区中小企业服务中心	C
27	岳阳	岳阳城陵矶临港产业新区科技创业服务中心	A
28	岳阳	湖南卓达置业有限公司	B
29	岳阳	平江工业园科技企业孵化有限公司	C
30	岳阳	湖南省同力循环经济发展有限公司	C
31	常德	汉寿县生产力促进中心	B
32	常德	常德泽园建设开发有限公司	B
33	常德	湖南高强科技孵化有限公司	B
34	常德	常德市科技企业孵化器有限公司	B
35	常德	中商国能孵化器集团有限公司	C
36	常德	澧县澧州实业发展有限公司	C
37	常德	津市市生产力促进中心	C
38	常德	湖南采菱鸿业商业运营管理有限公司	C
39	张家界	慈利县工业园发达开发建设有限责任公司	C
40	张家界	张家界经济开发区创业中心有限责任公司	C
41	益阳	益阳东创投资建设有限责任公司	B
42	益阳	益阳市创业园服务中心	B
43	郴州	郴州市元贞创业服务有限公司	B
44	郴州	郴州市百通电子商务产业园有限公司	C
45	郴州	湖南东谷云商集团有限公司	C
46	郴州	湖南中林科技企业孵化有限公司	C
47	永州	江华经济建设投资有限责任公司	A
48	怀化	怀化经济开发区开发建设投资有限公司	B
49	怀化	怀化高新区科技企业孵化器基地管理有限公司	B
50	娄底	涟源市金翅创业服务有限公司	B
51	娄底	娄底市中小企业服务有限公司	B
52	湘西自治州	湘西土家族苗族自治州创业创新指导服务中心	B
53	湘西自治州	吉首市凤翼创业服务有限公司	C

表5 2019年度湖南省国家备案众创空间绩效评价结果

序号	市州	众创空间名称	运营主体名称	等级
1	长沙	中南大学学生创新创业指导中心	中南大学	A
2	长沙	麓谷创界众创空间	长沙高新技术产业开发区创业服务中心	A
3	长沙	阿里云创客+众创空间	湖南融港信息科技有限公司	A
4	长沙	湖南商学院众创空间	湖南工商大学	A
5	长沙	三湘汇	湖南三一众创孵化器有限公司	A
6	长沙	麓客众创空间	湖南枫树创业服务孵化有限公司	B
7	长沙	五矿有色众创空间	湖南有色中央研究院有限公司	B
8	长沙	菁芒众创空间	湖南卡拉赞信息科技有限公司	B
9	长沙	魅创	湖南知众创业服务有限公司	B
10	长沙	麓风创咖（创业咖啡馆+创客空间）	长沙金创创业服务有限公司	B
11	长沙	君定众创空间	君定文化传播有限公司	B
12	长沙	"机会"创空间	长沙生产力促进中心	B
13	长沙	湖南麓谷众创空间	湖南曾氏科技孵化器有限公司	B
14	长沙	中电云创空间	长沙中电软件园有限公司	B
15	长沙	湖南影像创客空间	湖南弗彗影像文化传媒有限公司	C
16	长沙	58众创空间	湖南省五八众创创业投资有限公司	C
17	长沙	启迪之星（长沙）	长沙启迪科技孵化器有限公司	C
18	长沙	浏阳经开区生物医药众创空间	浏阳经济技术开发区产业化服务中心	C
19	长沙	设计引擎	湖南省工业设计协会	C
20	长沙	新长海创客总部	湖南长海科技创业服务有限公司	C
21	长沙	梅溪湖九合众创	湖南九合创造商业管理有限公司	C
22	长沙	湘能智能电力创客空间	长沙湘能科技企业孵化器有限公司	C

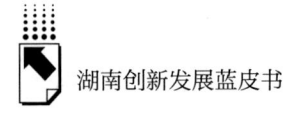

续表

序号	市州	众创空间名称	运营主体名称	等级
23	长沙	优创星空间	湖南广发隆平高科技园创业服务有限公司	C
24	长沙	今朝会众创空间	湖南今朝会创业服务有限公司	D
25	株洲	智尚众创空间	株洲高科企业孵化器有限公司	B
26	株洲	湖南微软创新中心众创空间	湖南微软创新中心有限公司	C
27	株洲	天易悦创汇	湖南天易众创孵化器有限公司	C
28	株洲	新动力众创空间	株洲高科火炬创业服务有限公司	C
29	株洲	株洲市炎帝创客中心	株洲市生产力促进中心	C
30	株洲	株洲市声色艺术工场	株洲声色艺术创业孵化有限责任公司	C
31	湘潭	九华创客汇	湘潭九华创新创业服务有限公司	B
32	湘潭	湘潭"蜂巢"创客空间	湖南力合星空孵化器管理有限公司	B
33	湘潭	湘潭友邦众创空间	湘潭火炬园创业服务有限公司	C
34	湘潭	创业微工场	湖南宏微创业咨询管理有限公司	C
35	岳阳	湖南江湖名城众创空间	湖南江湖名城众创空间管理有限公司	B
36	岳阳	忧乐创客空间	岳阳市忧乐创客空间网络有限公司	C
37	张家界	武陵创享	吉首大学张家界校区	B
38	益阳	湖南城市学院众创空间	湖南城市学院	B
39	益阳	湖南工艺美术职业学院众创梦工场	湖南工艺美术职业学院	C
40	郴州	郴州经济开发区元贞众创空间	郴州市元贞创业服务有限公司	A
41	郴州	桂阳县4S+众创空间	桂阳创客小微企业服务有限公司	A
42	郴州	898众创空间	郴州市百通电子商务产业园有限公司	C

序号	市州	众创空间名称	运营主体名称	等级
43	怀化	怀化市创蚁众创空间	怀化市大学生创业服务中心	B
44	娄底	联邦众创空间	湖南联邦创客创业服务有限公司	B
45	娄底	娄底创客园众创空间	娄底创客管理有限公司	B
46	湘西自治州	武陵山片区湘西州众创空间	湘西土家族苗族自治州创业创新指导服务中心	C

表6 2019年度湖南省省级众创空间绩效评价结果

序号	市州	众创空间名称	运营主体名称	等级
1	长沙	柳枝行动众创空间	长沙麓谷高新移动互联网创业投资有限公司	A
2	长沙	弘德视媒体创智空间	湖南弘德视媒体创业服务有限公司	A
3	长沙	大汉金桥创客大学	湖南百家汇投资有限公司	A
4	长沙	麓山创新工坊	长沙智能机器人研究院有限公司	A
5	长沙	企业广场·众创新城	湖南汇智科技孵化器有限公司	A
6	长沙	智慧浏阳河文化创意孵化中心	浏阳市文化产业园管理委员会	A
7	长沙	凌云志众创空间	湖南豪丹科技园创业服务有限公司	A
8	长沙	蓝鹰众创空间	长沙航空职业技术学院	A
9	长沙	浏阳高新区创新创业基地	浏阳高新科创服务有限公司	A
10	长沙	湖南财政经济学院众创空间	湖南财政经济学院	B
11	长沙	"创谷众创空间"孵化平台	长沙广告产业园管理委员会	B
12	长沙	百度(长沙)创新中心	湖南百创信息科技有限公司	B
13	长沙	阿里巴巴创新中心长沙高新基地	湖南维迪亚科技有限公司	B
14	长沙	新大众创	湖南恒诚伟业众创孵化器有限公司	B
15	长沙	长沙理工大学大学生创新创业园	长沙理工大学	B

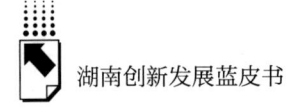

续表

序号	市州	众创空间名称	运营主体名称	等级
16	长沙	飞马旅&德思勤长沙创业基地	长沙飞旅德投企业管理有限公司	B
17	长沙	湖南健康产业国际创新中心	大国传奇（湖南）健康产业投资有限公司	B
18	长沙	长沙集成电路设计产业化基地	长沙经济技术开发区投资控股有限公司	B
19	长沙	智造创客学院	湖南机电职业技术学院	B
20	长沙	湖南省残疾人创业孵化基地	湖南省残疾人劳动就业服务中心	B
21	长沙	D1设计工场	湖南南庭投资有限公司	B
22	长沙	融点空间	湖南融点空间平台服务有限公司	B
23	长沙	星车都专用汽车众创平台	湖南星通汽车制造有限公司	B
24	长沙	易·创大学生众创空间	湖南嘉德投资置业有限公司	B
25	长沙	新世界夸克仓库原创设计创客空间	长沙拼图商业管理有限公司	B
26	长沙	腾讯众创空间（长沙）	长沙腾创空间信息科技有限公司	B
27	长沙	中南林业科技大学大学生创业中心	中南林业科技大学	B
28	长沙	八戒湖南文创O2O众创空间	湖南西湖双创孵化基地有限公司	B
29	长沙	草莓V视众创空间	湖南智创视通企业管理运营有限公司	C
30	长沙	宁乡经开区蓝月谷众创空间	宁乡经济技术开发区创业服务中心	C
31	长沙	远大P8（噼啪）星球众创空间	长沙噼啪星球文化传媒有限公司	C
32	长沙	湖大科技工场	湖南大学科技园有限公司	C
33	长沙	西班国际跨境电子商务大学生创业孵化空间	湖南西班优生活电子商务有限公司	C
34	长沙	中能众创空间	湖南华孝文化传播有限公司	C
35	长沙	菜园财信众创空间	湖南财政经济学院（菜园财信）	C

续表

序号	市州	众创空间名称	运营主体名称	等级
36	长沙	书院九号众创空间	湖南书乡文创工业设计有限公司	C
37	长沙	2025智造工场	长沙智能制造研究总院有限公司	C
38	长沙	湖南云箭军民融合智创空间	湖南云箭科技有限公司	C
39	长沙	浏阳国际智能家居众创空间	湖南万士吉商业运营有限公司	C
40	长沙	中大联合现代服务业众创空间	湖南中大联合创业咨询有限公司	D
41	长沙	梦想家创客空间	浏阳梦想文化传播有限公司	D
42	株洲	宏达创客空间	株洲宏达电子股份有限公司	B
43	株洲	湖南高科园创社区商业众创空间	湖南高科园创企业管理服务股份有限公司	B
44	株洲	株洲创业广场	株洲市中小微企业成长服务有限公司	B
45	株洲	湖南铁路科技职业技术学院大学生创新创业中心	湖南铁路科技职业技术学院	B
46	株洲	株洲市互联网创客空间	株洲市互联网协会	B
47	株洲	零创空间创客基地	株洲零创空间创业孵化有限公司	C
48	株洲	株洲高新区天台金谷创业苗圃	株洲高新技术产业开发区创业服务中心	C
49	株洲	瓷城众创空间	醴陵市陶瓷烟花职业技术学校	C
50	株洲	株洲汽车博览园众创空间	株洲高科汽车园投资发展有限公司	C
51	株洲	炎陵县创业园众创空间	炎陵县中小企业创业园开发有限公司	C
52	株洲	醴陵电商产业园	醴陵经天纬地网络科技有限责任公司	C
53	湘潭	微科众创空间	湖南科技大学	B
54	湘潭	零一·众创空间	湘潭长云创业服务有限责任公司	B
55	湘潭	智慧电气众创空间	湖南电气职业技术学院	B
56	湘潭	韶山市科技创业服务中心	韶山市科技创业服务中心	B

续表

序号	市州	众创空间名称	运营主体名称	等级
57	湘潭	湖南昭山国际创意港	湖南晴岚创业服务有限公司	C
58	湘潭	先锋星火众创空间	湘潭鹏博电子商务管理咨询有限公司	C
59	湘潭	正润众创空间	湖南正润创业服务股份有限公司	C
60	湘潭	湘云飞众创空间	湘潭云飞电子商务有限公司	C
61	湘潭	韶山电商众创空间	湖南信网天下电子商务有限公司	D
62	衡阳	启迪之星（衡阳）	衡阳高新技术产业开发区创业服务中心	A
63	衡阳	南华大学众创空间	南华大学	B
64	衡阳	衡阳中关村金种子创业谷	衡阳市生产力促进中心	B
65	衡阳	易创空间	衡阳伊电园文化发展有限公司	C
66	衡阳	衡阳县电商创业创新孵化基地	湖南世纪博思科贸有限责任公司	C
67	邵阳	智邵创客汇	邵东智能制造技术研究院有限公司	A
68	邵阳	创业园众创空间	绥宁县振绥中小微企业服务有限公司	A
69	邵阳	智丰众创空间	邵阳市创业指导服务中心	C
70	邵阳	蜂巢创客	邵阳宝庆工业集中区中小企业创业服务中心	C
71	岳阳	临湘市创客空间	临湘市生产力促进中心	B
72	岳阳	湖南城陵矶新港区双创基地	湖南城陵矶新港区科技创业服务中心	C
73	岳阳	岳阳市拾火众创空间	湖南拾火众创空间管理股份有限公司	C
74	岳阳	湖南省池海浮标众创空间	湖南省池海浮钓具有限公司	C
75	岳阳	金凤凰（新型）建材家居众创空间	湖南金凤凰建材家居集成科技有限公司	C
76	常德	湖南文理学院众创中心	湖南文理学院	A
77	常德	常德市"国邮港"跨境电商众创空间	湖南万众创新企业管理有限公司	B

续表

序号	市州	众创空间名称	运营主体名称	等级
78	常德	德创工坊	常德经济技术开发区创业服务中心	B
79	常德	湖南幼专众创空间	湖南幼儿师范高等专科学校	B
80	常德	"创+汇"创客空间	常德市科技企业孵化器有限公司	B
81	常德	澧州实业众创空间	澧县澧州实业发展有限公司	C
82	常德	津市市湘村电商众创空间	津市市湘村电子商务有限公司	C
83	张家界	慈利县众创空间	共青团慈利县委	B
84	张家界	慈利青年创业中心	慈利县青年创业商会	B
85	张家界	桑植县新时代众创空间	桑植县市场服务中心	C
86	张家界	武陵源汇智众创空间	张家界市武陵源区工商业联合会	C
87	益阳	众创安化	安化广聚供销电子商务有限公司	B
88	益阳	中南众创空间	湖南聚势产业园管理有限公司	D
89	郴州	楼友会·湖南众创空间	郴州微巢商务服务有限公司	A
90	郴州	资兴市东江湾创客工场	郴州东江湾电子商务股份有限公司	B
91	郴州	郴创空间	湖南郴创创业服务有限公司	B
92	郴州	众享创客空间	郴州市众享创业服务有限公司	D
93	郴州	微晶石墨新材料众创空间	湖南国盛石墨科技有限公司	D
94	永州	湖南宁远创业孵化基地(众创空间)	宁远众创空间创业服务有限公司	A
95	永州	创客工场	湖南科技学院	A
96	永州	海天创翼众创空间	湖南海天广告传媒有限公司	B
97	永州	互联网+果秀众创空间	湖南果秀食品有限公司	C
98	怀化	怀职众创空间	怀化职业技术学院	C
99	怀化	怀化武陵山大学生创客社区众创空间	怀化经济开发区舞水国有资产经营管理有限责任公司	C
100	怀化	蜂巢·微窓众创空间	怀化市现代武陵山电子商务园管理有限公司	C

续表

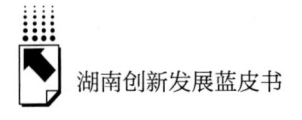

序号	市州	众创空间名称	运营主体名称	等级
101	娄底	娄底市中小企业众创空间孵化基地	娄底市中小企业服务有限公司	B
102	娄底	湖南人文科技学院"农创空间"	湖南人文科技学院	C
103	娄底	涟源飞麦众创空间	涟源市飞天麦光光电子商务管理有限公司	D
104	湘西自治州	湘西电子商务创新创业众创服务空间	湘西经济开发区创新创业服务中心	C

案 例 篇

Case Section

B.19
坚持立法先行　强化机制创新
为高质量发展营造良好创新生态

湖南省人大教育科学文化卫生委员会

摘　要： 地方性法规修订、制定为推进以科技创新为核心的全面创新营造了良好的创新生态，提供了有力的法治保障。本报告概括了近3年湖南修订、制定的4部地方性法规文件的特色。与原条文相比，《湖南高新技术发展条例》（修订）在发挥政府引导作用、企业和园区主体作用的同时，更强调释放人才的创新能量和依靠市场机制；《湖南省实施〈中华人民共和国促进科技成果转化法〉办法》（修订）注重健全科技成果转化工作体系、突出企业主体地位、激发高校院所转化动力、扶持中介服务机构、强化投入保障等；《湖南省科学技术奖励办法》（修订）注重完善科技奖励制度，更加充分地调动广大科技工作者的积极性、创造性等。《湖南省长株潭国家自主

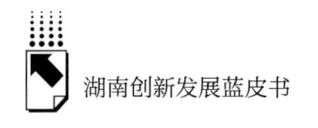

创新示范区条例》重点围绕理顺管理体制机制、鼓励先行先试、激发创新主体活力、强化创新要素保障、加强科技与金融结合等进行规范。

关键词： 地方性法规　高质量发展　创新生态

湖南省第十一次党代会作出实施创新引领开放崛起战略的决策部署，系统谋划推进，着力打造全面创新、全面开放的高质量发展新格局。中共湖南省委《关于大力实施创新引领开放崛起战略的若干意见》（湘发〔2017〕8号）强调"坚持以法治思维和法治方式推进创新和开放"，对科技创新领域地方立法作出重点部署，坚持以高质量立法引领推动经济高质量发展。2018年以来，湖南省第十三届人大常委会充分发挥立法主导作用，用两年多时间先后完成了《湖南省高新技术发展条例》《湖南省实施〈中华人民共和国促进科技成果转化法〉办法》《湖南省长株潭国家自主创新示范区条例》等3部地方性法规的修订、制定工作。湖南省人民政府主动作为，于2019年制定了《湖南省科学技术奖励办法》等政府规章。这些地方性法规和政府规章的出台，为推进湖南科技创新织密了法治保护网，既联系紧密、相辅相成，又各具特色、相得益彰。

一　《湖南省高新技术发展条例》修订：
"六个更加突出"为高新技术及产业发展"护航"

《湖南省高新技术发展条例》（本部分简称《条例》）于2007年7月28日湖南省第十届人民代表大会常务委员会第二十八次会议通过，2019年1月20日湖南省第十三届人民代表大会常务委员会第九次会议修订，2019年4月1日起施行。修订后的条例共七章四十五条，比原条例增加一章，增加了六个法条。既注重发挥政府的引导作用，更强调依靠市场机制；既注重发挥企业和园区的主体作用,更强调释放人才的创新能量。具体体现在以下几个方面。

(一)更加突出高新技术人才队伍建设

高新技术人才是实现高新技术产业高质量发展的关键因素。为此,《条例》专门增加了"高新技术人才队伍建设"一章,强化了"人才第一资源"导向,从人才规划、激励机制、评价机制、人才培养、人才交流、人才引进等方面作了相应规定。尤其是在建立健全高新技术人才培养、引进、使用的激励机制方面作出了规定,既体现了国家的改革精神,又充分反映了全省科研人员的实际需求。比如,第三十六条规定:县级以上人民政府及有关单位应当完善高新技术人才评价制度,建立以科研能力和创新成果为导向的科技人才评价标准,探索建立政府、社会组织及公众多方参与的评价机制。这充分体现了中央《关于分类推进人才评价机制改革的指导意见》以及省委《关于大力实施创新引领开放崛起战略的若干意见》等政策文件的精神,对于以法规落实新发展理念,激发人才创新创业活力,使优秀人才脱颖而出,具有重要的意义。同时,充分回应民营企业对于核心技术研发人员职称晋升的强烈需求,为民营企业科技人才评价提供了法律上的保障。依据该法条,政府相关部门对于包括民营企业在内的各类企业、新经济组织、新业态的专业技术人才职称评审,可以依法科学设置评审指标,进一步突出实际能力和业绩贡献,将发明专利、成果转化应用与论文指标要求同等对待。这就进一步拓展了民营企业专家参与政府有关部门咨询、论证、评价的空间,为民营企业引进人才享受有关人才政策、组建有关科技创新平台提供了保障。

(二)更加突出科技人员激励机制

《条例》修订过程中,高等院校、科研机构、国有企业中担任领导职务和没有担任领导职务的科技人员普遍要求,《条例》应对他们以职务行为、兼职行为和离职创业等不同形式取得的科研成果如何获取奖励和报酬予以明确。《条例》对此进行了回应,第四十二条针对不同情况分别进行明确。该条第一款规定，鼓励高等院校、科研机构科技人员创办科技型中小企业，建立健全以股权、期权、分红权等激励技术创新的收益分配机制；第二款规定，高等院校、科研机构等事业单位的科技人员可以按照国家和省有关规定，兼职从事技术开发、技术咨询、技术服务、新产品研制等活动；第三款规定，研究开发机构、高等院校等事业单位科技人员包括担任领导职务的科技人员，是科技成果的主要完成人或者对科技成果转化作出重要贡献的，可以按照国家有关规定获得相应报酬和奖励。第四款规定，高等院校、科研机构等事业单位科技人员经单位批准，可以离岗创业；在履行岗位职责、完成本职工作的前提下，经单位同意，可以到企业等兼职从事科技成果转化活动。上述这些规定，为科技人员获得相应收益提供法律依据。

（三）更加突出了政府的引导作用

政府在高新技术发展过程中，发挥的引导作用如何，直接影响着发展质量。从国家层面和全国各地的实践看，国家和地方均高度重视发挥好政府这只"有形之手"的作用。修订后的《条例》在总则部分进一步加强了这方面的内容，总则由六条修改并增加为九条，从政府及其部门的职责、经费投入、服务体系建设、政府采购、科研诚信管理、考核奖励等方面，细化和明确了"有形之手"的发力点。

为了鼓励高新技术发展，新修订的《条例》在财政金融方面作了相应的具体规定。比如，第十四条规定：省和设区的市、自治州政府应当设立高新技术创业风险扶持资金，为企业开展有关创新活动提供风险补偿。第十五条规定：省政府应该投入专项研究资金，大力支持基础研究。第二十二条规定：政府设立的中小企业发展专项资金，应当优先支持和培育中小高新技术企业。第二十五条规定：鼓励和支持高新技术企业建立高新技术研究开发准备金制度。高新技术企业先行投入自筹资金开展研究开发活动后，符合财政奖励补助条件的，按照国家和省有关规定享受财政奖励补助。第二十三条规定：鼓励银行、保险、证券等金融机构设立面向高新技术企业的专营机构；

鼓励商业银行创新金融产品、金融服务，加大对高新技术企业的支持力度；鼓励保险机构开发相关的保险品种，为高新技术企业提供风险保险。

（四）更加突出市场机制推动高新技术发展

这主要体现在以下条款。第十八条第三款：县级以上人民政府应当支持和引导社会资本参与建设技术创新公共服务平台。鼓励企业、高等院校、科研机构等联合建立产学研一体化的新型研发机构。第二十二条第二款：县级以上人民政府可以依法发起设立或参与设立创业投资引导基金，引导社会资金流向创业投资企业，引导创业投资企业向具有良好市场前景的自主创新项目、初创期科技型中小企业投资。第三十一条：县级以上人民政府应当积极引导社会资本参与高新区建设，建立多元化的高新区运营模式。鼓励和支持有条件的各种所有制企业、社会机构依据国家和省相关规定筹建和运营高新技术产业园区，享受高新区相关政策。

（五）更加突出高新区的引领作用

到2020年，全省高新技术产业增加值的占地区生产总值的比重要达到30%。实现这个目标，高新区在其中承担着重要的历史使命，必须发挥作为创新引领开放崛起排头兵的作用，形成新的聚集效应和增长动力。为此，修订后的《条例》继续将高新区作为单独一章。同时，聚焦高新区新时期发展的重大问题，围绕管委会职权、规划建设、创新服务、运营模式、用地支持和财政管理等方面，作了相应的法律规定。尤其是在管委会职权方面，除了代表本级人民政府依法在区域内行使相应的经济管理权力外，又明确规定了根据本级人民政府的授权和有关行政主管部门的委托开展社会管理、公共服务和市场监管工作的职责，实现行政审批办事不出高新区，并接受省人民政府科学技术主管部门的指导。

（六）更加突出创新创业生态环境的培育

良好的创新创业生态是培育壮大创新主体的优质土壤。修订后的《条例》更加注重创新创业生态的培育,从法律层面营造良好的生态环境。这方面的规定主要体现在以下几个条款。第八条规定,县级以上人民政府有关部门,应当建立科研诚信档案和科研诚信信息共享机制,完善监督机制,加大对严重失信行为的联合惩戒力度。公民、法人和其他组织在申请政府设立的高新技术研究开发和产业化项目、平台,申报高新技术企业以及申请享受各种创新扶持政策时,应当诚实守信,提供真实可靠的数据、资料和信息。第二十四条规定,县级以上人民政府有关部门应当加强高新技术企业自主知识产权和核心技术保护,推进高新技术企业知识产权管理标准化,支持和督促高新技术企业加强专利布局规划和高价值知识产权培育,支持和资助高新技术企业申请海外专利,参与国家和国际标准制定。第二十六条规定,县级以上人民政府应当平等支持各类所有制企业发展高新技术,依法保护企业家人身权利和财产权利。第三十七条规定,建立鼓励创新、宽容失败的容错机制。对财政性资金资助的探索性强、风险性高的项目,原始记录证明承担项目的单位和人员已经履行了勤勉尽责义务仍不能完成的,经立项主管部门会同财政主管部门组织的专家论证后,允许容错结题。

二 《湖南省实施〈中华人民共和国促进科技成果转化法〉办法》修订:"松绑+激励"畅通知识向财富、科技成果向现实生产力转化的"快车道"

《湖南省实施〈中华人民共和国促进科技成果转化法〉办法》(本部分简称《办法》)于2000年5月27日湖南省第九届人民代表大会常务委员会第十六次会议通过,2010年7月29日湖南省第十一届人民代表大会常务委员会第十七次会议修正,2019年9月28日湖南省第十三届人民代表大会常务委员会第十三次会议修订,自2019年11月1日起施行。新修订的《办法》,共三十条,涉及组织实施、服务体系、保障措施、技术权益等内容。与原《办法》相比,新《办法》认真贯彻国家促进科技成果转化法和相关政策文件精神，紧扣创新驱动发展战略要求和湖南创新型省份建设需要，在健全科技成果转化工作体系、突出企业主体地位、激发高校院所转化动力、扶持中介服务机构、强化投入保障等方面进行了全面的规定。

（一）"六个强化"体现鲜明地方特色

《办法》围绕湖南科技成果转化中存在的难点、堵点、疑点等问题，有针对性地对上位法进行细化，对关键环节进行突破，充分提炼和吸纳湖南省在促进科技成果转化方面的政策创新、实践经验和有效做法，提出了一系列"松绑+激励"的措施。一是强化对科技人员及从事成果转化人员的激励。调动科技人员的积极性是促进科技成果转化的一个至关重要的环节。《办法》第二十五条明确了对科技人员实施奖励报酬的标准和方式，并鼓励研究开发机构、高等院校采取更大力度的激励措施对科技人员实施奖励。同时还明确了，可以给予科技成果转化中介服务人员、管理人员和其他从事科技成果转化人员适当的奖励和报酬，从而达到进一步激发其工作积极性的目的。二是强化财政的保障作用。《办法》第五条规定县级以上人民政府应当逐年加大对科技成果转化的投入，并进一步明确了科技成果转化财政经费的具体用途。这些规定，与原《办法》相比，投入要求更明确，规范要求更加严格。三是强化对重点转化项目的支持。为推动重点科技成果转化项目的实施，促进科技成果更多应用到民生改善、资源环境、农业农村等方面。《办法》第十三条强化了政府对重点科技成果转化项目的支持，规定了招标、示范推广、组织实施等一些具体方式。四是强化尽职免责机制。针对研究开发机构、高等院校以及国有企业相关负责人普遍对科技成果转化中的国有资产处置有决策风险的顾虑，甚至"不敢转化"的问题，《办法》规定了尽职免责机制，明确了勤勉职责的构成要件，规定相关负责人已履行勤勉尽责义务，且未牟取非法利益的，免除其因科技成果转化后续价值变化产生的决策责任。五是强化对单位负责人的考核。《办法》第十条规定，政府设立的研究开发机构、高等院校的主管部门应当会同科技、财政等部门，将科技成果转化情况等纳入研究开发机构、高等院校及负责人的考核内容。《办法》第二十三条规定，国资部门应当将国有独资企业及国有控股企业科技成果转化效果等纳入企业及负责人的考核内容。六是强化成果转化人才队伍建设。为加强全省科技成果转化人才的引进和培养，《办法》规定，将科技成果转化人才纳入相关科技人才计划，落实相关待遇，同时规定，省科技部门应当依托有条件的高等院校等单位建设技术经理人培养基地。

（二）让科技人员获取奖励报酬无后顾之忧

在具体实践中，一些在政府设立的研究开发机构和高校担任领导职务的科技人员对在科技成果转化过程中能否获取奖励和报酬还存在顾虑。针对这一问题，《办法》第二十七条明确规定：政府设立的研究开发机构、高等院校及其所属具有独立法人资格单位的正职领导，是科技成果的主要完成人或者对科技成果转化作出重要贡献的，可以依法给予现金奖励，但一般不给予股权激励。其他担任领导职务的科技人员，是科技成果的主要完成人或者对科技成果转化作出重要贡献的，可以依法给予现金、股份或者出资比例等奖励和报酬。上述规定从法律层面为这类问题提供了明确遵循。

（三）大力支持科技中介服务机构发展

中介服务能够促进技术与资本、人才等要素的结合，加速科技成果的扩散和转移，在科技成果转化中发挥着十分重要的作用。立法前期调研中发现，湖南中介服务力量相对薄弱，服务机构专业化程度还不高。为此，《办法》专门作出规定，鼓励社会力量依法创办科技中介服务机构，开展技术评估、技术经纪、技术交易、技术咨询、技术服务等科技成果转化服务活动；鼓励科技中介服务机构依法成立行业协会。同时，还规定县级以上人民政府及有关部门应当在引导资金、平台建设、政府购买服务、人才培养等方面采取措施，扶持科技中介服务机构发展；支持符合条件的科技中介服务机构承接政府委托的专业性、技术性强的科技成果转化服务。这些规定将有力地促进全省科技中介服务力量的发展壮大，进一步加速湖南科技成果的转移转化。

三 《湖南省长株潭国家自主创新示范区条例》制定：放大"三区一极"效应，加快自创区高质量发展

《湖南省长株潭国家自主创新示范区条例》（本部分简称《条例》）于2020年3月31日湖南省第十三届人民代表大会常务委员会第十六次会议通过，自2020年7月1日起施行。《条例》紧紧围绕国务院关于长株潭自主创新示范区（简称自创区）建设"创新驱动发展引领区、体制机制改革先行区、军民融合创新示范区和中西部地区发展新的增长极"的批复要求，依据国家和湖南有关自创区的政策，同时结合长株潭自创区实际，坚持问题导向，突出特色优势，着力推动以科技创新为核心的全面创新，重点围绕理顺管理体制机制、鼓励先行先试、激发创新主体活力、强化创新要素保障、加强科技与金融结合等方面进行规范。

（一）理顺管理体制机制，形成建设整体合力

深入推进长株潭自创区建设，关键是破除体制机制障碍，建立统一、高效、协调的管理体制机制。长株潭自创区依托长沙、株洲、湘潭三个国家高新区，涉及省、市、县三级政府，未来扩大政策辐射范围后还将涉及更多的地方政府及园区，更需要推动统筹布局和协同发展。理顺管理体制机制的总体思路——省级层面加强统筹协调，市级层面承担主体责任并加强协同合作，园区层面加强简政放权、改革创新、先行先试。

为此，《条例》第三条、第四条、第五条、第六条作出相关规定：自创区建设应当坚持省统筹、市建设和区域协同、部门协作原则；明确省政府对长株潭自创区建设实行统一领导，省政府自创区协调机构对自创区建设进行统筹协调，自创区协调机构日常工作由省政府确定的机构负责，目前是由省科技厅承担；长株潭三市政府对本市自创区建设承担主体责任；自创区内园区管理机构行使长株潭三市政府授予的经济和社会管理职权；省科技厅负责自创区建设的对口协调和业务指导，省市相关部门在各自职责范围内支持、

促进、服务自创区建设。这些规定有利于形成长株潭自创区建设整体合力，提升长株潭自创区的创新活力，促进长株潭自创区的发展，打造湖南省科技创新和经济社会发展的龙头。

（二）鼓励先行先试，激发创新发展动力

为解决当前科研管理环节中遇到的难点、痛点，探索科技计划管理新模式，借鉴深圳探索科研成果悬赏制度和科研项目经理人制度的做法，《条例》第十二条规定，自创区实行下列科技计划管理模式：（一）围绕产业链、创新链等关键领域遴选重大科研项目，面向全球招标攻关团队或者购买符合条件的科技成果；（二）实行重大科研项目经理人制度，由项目经理人承担重大科技项目组织实施、跟踪评估、财务监管等工作。

根据2020年2月中央深改委最新精神，为积极探索职务科技成果所有权改革，改变科研人员只能在科技成果转化后获得奖励的现状，提高科研人员参与科技成果转化的积极性，促进科技成果转化，《条例》第十六条规定：自创区探索职务科技成果转化激励新方式，对完成职务科技成果作出重大贡献的科研人员，职务科技成果完成单位可以赋予其一定比例的职务科技成果所有权或者长期使用权。

新型研发机构是集聚高端创新资源、吸引高水平创新团队、支撑产业转型升级的重要平台，也是建设创新型省份重要的驱动力量。根据科技部《关于促进新型研发机构发展的指导意见》（国科发政〔2019〕313号）文件精神，为深入实施创新驱动发展战略，推动新型研发机构健康有序发展，提升湖南省创新体系整体效能，《条例》第十三条规定：自创区内园区管理机构可以根据需要，设立或者参与设立主要从事科学研究、技术创新和研发服务，投资主体多元化、管理制度现代化、运行机制市场化、用人机制灵活且具有独立法人资格的新型研发机构；鼓励民间资本设立或者参与发起设立新型研发机构发展基金，参与自创区内新型研发机构的建设和运营。同时还规定，支持新型研发机构参与重点实验室、技术创新中心、工程研究中心等创新平台建设；省人民政府科学技术主管部门会同有关部门拟定新型研发机

构发展规划、扶持办法、评价标准、评审程序等规定，报省人民政府批准后实施。

为贯彻习近平总书记关于容错纠错要准确把握"三个区分开来"的重要要求，根据省委相关文件精神，借鉴湖北、上海相关立法做法，《条例》第二十九条对容错免责条款作了规定：自创区进行的创新活动，未能实现预期目标，但同时符合以下情形的，对当事人不作负面评价，免予追究相关责任：（一）创新方案的制定和实施不违反法律、法规规定；（二）相关人员履行了勤勉尽责义务；（三）未非法谋取私利，未恶意串通损害公共利益和他人合法权益。这样规定就是为激励担当作为提供法治保障，解决相关单位和个人不想为、不敢为的问题，使其可以轻装上阵，放心大胆地开展自主创新。

此外，《条例》对支持重大平台建设，支持建立国家高新技术企业和科技型中小企业培育库、创新创业孵化载体、创新合作组织，自创区内自然科学和技术领域科研事业单位自主制定章程，自创区内科研院所转制推行股份制改造和混合所有制改革，支持自创区内政府设立的研究开发机构在岗位设置、人员聘用、职称评聘、绩效工资内部分配等方面扩大自主权，知识产权机构发展、辐射带动与交流合作，鼓励自创区内园区与其他园区构建联动协同发展机制，军民协同创新等作出了具体规定。这些规定都紧扣自主、创新、示范的立法主题。

（三）强化要素保障，提升创新发展能力

人才是第一资源，是创新活动中最为活跃、最为积极、最为关键的因素，长株潭自创区的建设需要依靠一大批创新型人才。为有效解决长株潭自创区人才总量不足、结构不优、流失严重等问题，使各类创新人才"引得进、留得住、用得好"，着力破解引进人才不均衡以及相互竞争的问题，破除高层次人才落户和就业只能在同一个城市的障碍，《条例》从三个方面作了规定。在人才引进培养使用方面，第十九条规定了长株潭三市人民政府要制定实施自创区高层次人才引进使用专项制度和创新型人才引进、

培养计划。特别是规定长株潭自创区高层次人才可以在长株潭三市的一个市内申请落户。在人才留得住用得好方面，第十六条、第二十条、第二十一条对赋予科研人员职务科技成果所有权或者长期使用权的试点、专业技术人才和高层次人才的专业技术职称评定、特岗特薪的薪酬激励、高级职称自主评审等方面作出了规定，希望能够借此来提高各类人才的职业认同感和荣誉感，提高人才的收入水平，让他们在自创区创新创业有干劲、有奔头。在园区管理人才方面，第七条规定，自创区内园区管理机构享有人事管理优化调整的自主权，实行以聘用制为主的人事管理制度，并明确了选人用人不受身份、资历、任职年限的限制，建立能上能下、能进能出的机制。

为加强科技与金融结合，围绕创新链完善金融链，发挥金融对科技创新的促进作用，《条例》以"建立健全多维度的科技金融支撑"为出发点，系统提出了一套科技金融支持的方案。在支持金融机构发展方面，第二十二条规定：鼓励商业银行在自创区设立科技支行等科技金融专营机构，支持符合条件的民营企业依法设立服务自创区的民营银行；鼓励社会资本参与设立地方金融机构、创业投资和风险投资机构，积极引进国内外金融机构。在创新科技金融产品和服务方面，第二十三条规定：鼓励商业银行创新金融产品，开展知识产权质押融资、股权质押融资等业务，为自创区内科技型企业提供特色化信贷服务，加大对高科技企业信贷支持力度；支持依法依规开展金融服务创新；建立完善科技型中小微企业信贷风险补偿机制；探索设立科技创新基金。在支持科技型企业上市培育方面，第二十四条规定：支持自创区内符合条件的科技型企业加快上市培育，以科创板为重点，在境内外证券市场公开发行股票；培育发展科技创新专板，指导中小科技型企业进行股份制改造，建立现代企业制度。通过上述措施，进一步加强金融对科技研发、科技成果转化和产业化、高新技术产业发展的供给和服务。同时，为了加大对长株潭自创区建设的支持力度，加大财政投入，第二十五条规定：省级财政相关专项资金中应当根据需要安排资金专门用于自创区建设。长株潭三市人民政府应当设立自创区建设专项资金，列入财政预算。

为加强用地保障，《条例》第二十六条明确优先保障自创区建设用地及自创区建设用地的保障重点：长株潭三市人民政府国土空间总体规划应当为自创区建设和发展预留空间，根据自创区发展需要和节约集约利用土地原则，优先保障并单列下达新增规划建设用地指标和新增建设用地年度计划指标；省级以上重大建设项目应当安排省级用地计划指标保障；自创区的建设用地应当重点用于高新技术产业、战略性新兴产业、科技创新载体项目和配套设施项目。

（四）优化营商环境，增强创新发展活力

加大对长株潭自创区内园区的"放管服"改革力度，是《条例》的一大亮点。为改善营商环境，简化行政审批程序，优化行政审批流程，提高行政审批效能，《条例》主要从三个方面作了规定。第八条对行政审批改革作了规定，即省人民政府有关部门和长株潭三市人民政府有关部门应当将有关行政审批事项下放或者委托自创区内园区管理机构负责实施，并在自创区先行先试行政审批改革；自创区内各园区应当设立集中的政务服务中心，统一办事流程，实行一窗受理、集成服务、一次办结，实现行政审批办事不出园区。第二十七条对优化环评管理作了规定：在自创区内依法开展规划环境影响评价，应当明确空间管控、总量管控等要求；对符合规划环境影响评价要求的建设项目，按照国家和省有关规定简化环境影响评价内容。此项规定符合《优化营商环境条例》关于建立区域评估制度的相关精神，也符合国家生态环境部相关改革方向。第二十八条对包容审慎监管作了规定：省人民政府、长株潭三市人民政府及其有关部门和自创区内园区管理机构对自创区新技术、新产业、新业态、新模式，应当采取有利于保护创新的监管标准和措施；对创新过程中出现的问题，在坚守质量和安全底线的前提下，可以设置一定的观察期，及时予以引导或者处置。此项规定充分贯彻落实国务院《优化营商环境条例》《关于加强和规范事中事后监管的指导意见》等法规政策对新技术、新产业、新业态、新模式"四新"实行包容审慎监管的相关精神，有利于鼓励创新。

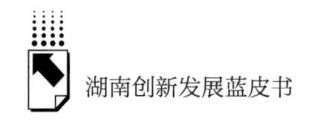

四 《湖南省科学技术奖励办法》修订：更好发挥科技奖励"树旗帜、立标杆"的示范引领作用

《湖南省科学技术奖励办法》（本部分简称《奖励办法》）于2008年12月26日省人民政府第21次常务会议通过，2019年1月2日省人民政府第26次常务会议修订。《办法》贯彻落实国家科技奖励制度改革精神，紧紧围绕湖南省委、省政府部署，进一步树立正确导向，完善科技奖励制度，更加充分地调动广大科技工作者的积极性、创造性，深入推进实施创新引领开放崛起战略。新修订的《办法》共六章四十四条，重点修订内容具体如下。

（一）奖项设置

修订前，省科学技术奖分为"省科学技术杰出贡献奖""省自然科学奖""省技术发明奖""省科学技术进步奖""省国际科学技术合作奖"5个类别，修订后增设"省科学技术创新团队奖"。增设原因为：《深化科技体制改革实施方案》（中办发〔2015〕46号）要求"突出对重大科技贡献、优秀创新团队和青年人才的激励"。2012年，国家科学技术进步奖增设了创新团队奖。2016年，参照国家做法在科技进步奖中增设了创新团队类。本次修订从立法上予以明确。修订前，"省自然科学奖""省技术发明奖""省科学技术进步奖"分为一、二、三等奖，修订后，参照国家科学技术奖做法，设立了特等奖这一奖励等级，规定："对作出特别重大科学发现、技术发明或者创新性科学技术成果的，可以授予特等奖。"

（二）奖励数量

"杰出贡献奖"：修订前，每两年评审一次，每次授予人数不超过2人；修订后，每年评审一次，每次1项，可空缺。"三大奖"（包括省自然科学奖、省技术发明奖和省科学技术进步奖）：修订前，每年评审一次，每年奖励项目总数不超过230项；修订后，每年评审一次，总数每次不超过300

项，其中一等奖总数不超过30项，特等奖每年不超过1项，可空缺。

"创新团队奖"：2016年在科技进步奖中增设了创新团队类后，每年评审一次，每次不超过2项；修订后，每年评审一次，每次不超过5项，可空缺。"国际合作奖"：修订前，每两年评审一次，每次授予项数未明确规定；修订后，每年评审一次，每次不超过4项，可空缺。

（三）奖金标准

"杰出贡献奖"：修订前，奖金数额为100万元，其中20万元属获奖者个人所得，80万元由获奖者自主选题用作科学研究经费；修订后奖金为200万元，全部归获奖个人所有。"三大奖"（包括省自然科学奖、省技术发明奖和省科学技术进步奖）：修订前，一等奖8万元，二等奖5万元，三等奖2万元；修订后，特等奖50万元、一等奖20万元、二等奖10万元、三等奖5万元。"创新团队奖"：2016~2017年度参照三大奖一等奖标准（8万元）；修订后奖金为100万元。"国际合作奖"：修订前，只颁发证书；修订后，颁发证书和纪念品。

（四）推荐（提名）机制

修订前，为推荐制，修订后，改为提名制。扩大提名范围。增加院士等专家提名，增加国家级园区、高等院校、行业协会、学会、研发机构等提名单位，但须经省人民政府科学技术主管部门公布。将市州人民政府推荐修改为市州人民政府科学技术主管部门提名。强化提名责任。提名单位、专家应当说明被提名对象的贡献程度及奖励类别、等级建议，提供真实客观完整的公示、评价等相关材料，并在提名、评审和异议处理等程序中承担相应责任。

（五）评审机制

修订前，省科技奖推荐评审流程为：发布通知、推荐、形式审查、受理、初评（分为网络初评和学科组会议初评）、杰出贡献奖等各奖种评审委员会评审、奖励委员会评审、省科技厅审核、省人民政府批准。修订后，省科技奖提名评审流程为：发布通知、提名、形式审查、受理、初评（类同于修订前的网络初评）、行业评审（类同于修订前的学科组会议初评）、奖励委员会综合评审、省科技厅审核、省人民政府批准。减少了"杰出贡献奖等各奖种评审委员会评审"这一个评审环节，进一步精简了流程，减轻了报奖人员负担。

同时，进一步完善评审制度建设。例如，关于随机选取评审专家，《奖励办法》第二十条规定："初评和行业评审的专家根据实际需要名额，由省人民政府科学技术主管部门按照不低于3∶1的比例从省科学技术奖评审专家库中随机抽取，其中行业评审阶段省外专家不得少于评审专家总数的四分之一。"又如，为增强回避制度可操作性，《奖励办法》规定具有第二十一条所列5种情形的，省人民政府科学技术主管部门应当对评审专家作出回避处理。

（六）监督机制

修订前，省科学技术奖励委员会对省科学技术奖的推荐、评审和异议处理工作进行监督。奖励人选、奖励类别和奖励等级应当向社会公布，征求公众意见，接受社会监督。评审工作实行异议制度，任何单位和个人对提名结果或者评审结论有不同意见的，可以在公示期内向省人民政府科学技术主管部门提出异议。修订后，在上述基础上，增加：省科技奖励委员会聘请有关方面的专家组成监督委员会，承担省科技奖监督的具体工作。省人民政府科学技术主管部门的监督管理处（室）负责省科技奖的日常监督工作，负责对评审活动进行全程监督。省人民政府财政、审计等部门应当按照相关法律、法规和规章规定的职责，加强对省科技奖励经费的监督。

（七）奖后评估

修订前，对奖后评估没有具体规定。修订后，《奖励办法》第三十五条规定：每年省科技奖励评审结束后，监督委员会应当委托第三方对省科技奖励工作进行评估。省人民政府科学技术主管部门和省科技奖励委员会应当根据评估情况不断完善科技奖励工作。2019年监督委员会已按此要求开展了评估。评估重点为奖励评审各环节合规性和评审工作的组织管理等。

这些地方性法规和政府规章的实施，有利于充分发挥政府引导作用、企业主体作用、人才引领作用，进一步完善科技创新激励机制，促进科技成果转化，为湖南推进以科技创新为核心的全面创新，加快建设创新型省份和富饶美丽幸福新湖南营造良好的创新生态，提供有力的法治保障。

B.20
打造一流科技创新生态 开创高质量发展新局面

长沙市科学技术局

摘　要： 面对疫情冲击、外部环境变化，本报告从经济基本面、重点产业企业、项目建设、营商环境等方面概述了长沙2020年上半年经济发展稳步向好的形势和高新技术企业快速增长、成果转移转化成效显著、科技研发投入大幅提高、创新资源加速集聚等创新核心指标迅速增长态势；通过开展科技抗疫、加速建设创新平台、有序推进重大项目、持续扩大高新技术企业规模、打造协同创新高地、完善科技金融生态、打造创新人才高地、加强科技服务民生等八项重要举措，优化创新生态；提出了抓高新技术产业、抓战略功能区、抓重大平台建设、抓重大科技项目、抓成果转移转化、抓区域科技合作、抓创新生态优化等七项重要任务，开创科技支撑高质量发展新局面。

关键词： 科技创新　高质量发展　长沙

　　近年来，长沙始终坚持创新引领开放崛起战略，连续两年获省政府办"落实创新引领战略真抓实干"表彰。2019年，长沙在全国78个国家创新型城市评测中综合排名第8；"包容普惠创新"指标居全国省会城市营商环境评价前列。2020年上半年，我们积极应对疫情冲击、外部环境变化，推动"复工复产"，为"六稳""六保"提供了强有力的科技支撑。

一 当前经济发展基本向好

一是经济基本面长期向好，上半年全市地区生产总值5621亿元，增长2.2%，规模以上工业增加值增长3.9%。二是重点产业企稳向好，工业生产形势持续好转，工程机械、生物医药、人工智能及机器人、新一代半导体及集成电路等产业链产值保持两位数以上的增长，三一重工、铁建重工、蓝思科技等重点企业订单量增幅都在两位数以上；"软件业再出发"布局全面铺开，新增软件企业1000家以上。三是项目建设稳步向好，1~6月，长沙重大项目累计完成投资2142亿元，实现了"双过半"，17个制造业标志性项目的投资量和进度超过预期。四是营商环境持续向好，疫情期间，财政支出政策资金7.67亿元，减免企业社保费42.45亿元；1~6月，全市智能制造试点企业突破1000家；新推荐拟认定高新技术企业1179家；全市市场主体达111.18万户，每万人拥有市场主体数居中部省会城市第一位。

二 创新核心指标增长迅速

一是高新技术企业快速增长。2019年新增高新技术企业数量创历史新高，新认定（含复核）高新技术企业1202家，高新技术企业总数达到3095家。二是成果转移转化成效显著。全市完成技术合同认定登记4600余份，合同成交额233.8亿元，较上年增长61.24%。三是科技研发投入大幅提高。全年市委、市政府专题调度10余次，12个市直单位和各区县园区合力推进。2019年市本级科学技术支出22.64亿元，增长23.24%。全社会R&D经费投入总数预计达到335亿元，较上年度增长近26%。四是创新资源加速集聚。新引进外国人才197名，新获批组建省级研发平台96家，科技口国家级研发平台总数达到27家、省级506家、市级194家，各级科技企业孵化器和众创空间达220家。2019年全市共获得国家科技奖励21项，省科技奖励204项，发明专利数较上年度增长7%。

三 多措并举优化创新生态

（一）显担当，有力开展科技抗疫

一是迅速出台并实施稳定经济支持措施，制定《有效降低疫情影响支持企业提升创新能力的实施细则》，从支持企业加大研发投入、补贴技术交易合同、支持建设企业技术创新中心等方面鼓励企业提升创新能力；二是增设新冠肺炎疫情应急专项，支持医疗机构、高校、科技企业开展检验检测技术和设施设备、临床路径、消毒产品、药品科研攻关，共立项支持72个项目，支持经费达680万元；三是深入一线服务企业复工复产，疫情期间选派23名科技管理同志、59名科技特派员深入基层社区和园区企业进行帮扶，切实解决150余家企业面临的实际困难。四是为高新技术企业融资纾困，利用高新技术企业信贷风险补偿资金池，为126家高新技术企业信用贷款1.48亿元。

（二）强载体，加速建设创新平台

一是推进国家级创新平台创建。马栏山文创园持续推进"内容＋技术"产业融合，建成2个产业技术平台、2个研究院和4个创新实验室，成功获批国家科技与文化融合示范基地。在省政府的大力支持下，长沙创建国家新一代人工智能创新发展试验区工作有力推进，目前申报方案已列入科技部下一批评审计划；二是加速岳麓山国家大学科技城建设。岳麓山国家大学科技城引进标志性平台和企业40余家，科创企业总数超过3000家。根据省政府《支持岳麓山国家大学科技城发展的若干意见》精神，推动市级层面实施细则出台，进一步强化校企合作、项目孵化和成果转化等服务能力，力争实现科创企业数超4000家；三是开展新型研发平台认定。组建4家工业技术研究院，建成4家诺贝尔工作站、59家院士工作站、近70家国家级企业博士后科研工作站。出台《长沙市技术创新中心认定和管理办法》，计划2020年认定市级技术创新中心30家，在创新药物、新一代半导体、食品等多个领域同步推进工业技术研究院建设工作。

（三）抓关键，有序推进重大项目

一是有力推进省"5个100"重大科技创新项目，44个项目半年度已完成投资10.85亿元，完成研发投入3.23亿元，共申请或授权专利338件，完成销售30.18亿元，贡献利税1.19亿元，实现技术合同交易额6.13亿元，新增就业4982人，引进各类人才87人；二是扎实推进"省100个重大产品创新项目"，29个项目上半年累计完成投资46.17亿元，实现销售收入70.86亿元，上缴税收3.96亿元，完成研发投入5.14亿元，新增就业岗位658个，申请专利300件，获得授权专利94件，突破关键技术124项；三是抓好市级科技重大项目，出台《长沙市科技重大专项管理暂行办法》，计划2020年支持市科技重大专项20个，支持资金3000万元。

（四）建梯队，持续扩大高新技术企业规模

一是强化高新技术企业梯队建设。高新技术企业数量和总产值均占全省半数以上。八大高新技术产业中，先进制造与自动化、新材料、电子信息、生物与新医药4个产业已成为千亿产业。2020年第一批高新技术企业申报共推荐1179家企业。二是落实高新技术企业奖励政策，组织了对2019年认定高新技术企业研发经费补贴的核定工作，纳入补贴范围的高新技术企业共计1196家，总计拟补金额为16544万元。同时，积极组织全市企业申报省财政研发奖补专项，完成1526家企业系统审核推荐，预计奖补资金达3.99亿元。三是加大高新技术企业认定宣传培训力度，配合省科技厅开展2020年度"高新技术企业培育服务季"活动，以"线上""线下"相结合的方式，服务培训企业5000余家，举办长沙市2020年企业"升高"工作专题研讨班培训，培训企业高管和县（区、市）科技管理人员100余人。

（五）促转化，打造协同创新高地

一是深化科技成果转化体制机制改革。根据新修订的《湖南省实施〈中华人民共和国促进科技成果转化法〉办法》，即将出台《长沙市促进科技成果转化实施细则》，进一步疏通成果转化中的堵点，深挖长沙科技创新潜力。二是深化市外科创资源合作。引入浙江大学、北京理工大学、悉尼科技大学、瑞典皇家科学院等15家境内外高校院所在长沙设立技术转移机构，组建33家产业技术创新战略联盟。与上海交大签订科技创新、产业发展、人才培养等全面战略合作协议，与香港科技大学、香港城市大学签订科技创新战略合作协议。2020年有望在长沙启动港澳科创园建设，并与香港城市大学共建创科中心。三是开展高端产学研对接活动，与悉尼科技大学、浙江大学、华南理工大学、四川大学、上海理工大学、北京交通大学、北京理工大学等多所境内外知名高校联合开展科技成果线上对接会，举办长沙市人民政府—湖南师范大学科技成果转化对接活动、湖南大学院士项目对接会。

（六）补短板，完善科技金融生态

一是推出精准服务科技企业的金融产品，新设立长沙市高新技术企业信贷风险补偿资金池，上半年已办理贷款126户，贷款1.48亿元。新设立了长沙市科服创新创业投资基金，基金首期规模5000万元，目前已投资智能制造、互联网医疗领域两个项目。二是大力推动科技企业上市，2020年科技型企业上市呈现良好态势，长沙市企业上市服务中心、深交所长沙资本市场服务基地正式授牌，263家企业进入拟上市名单，大多数为科技型企业，其中威胜科技、松井新材等5家已成功上市。三是完善科技金融政策体系，先后出台了风险补偿资金、贷款贴息、科技保险补助、投融资平台建设、科技创新投资基金等系列支持政策，成立小微企业信贷风险补偿基金、天使投资基金，推行科技保险和贷款担保费补贴，科技金融生态初步形成。

（七）强服务，打造创新人才高地

一是构建多层次科技人才队伍。长沙院士总数为66名（含柔性引进）。认定长沙市科技创新创业领军人才169名，培育杰出创新青年科技人才72名。二是积极引进海外人才。组织实施"国际化人才汇智工程"，累计支持立项309项，累计引进海外人才482人（含柔性引进）。对接全市产业需求精准引才，2019年引进的197名外国人才中85%服务于长沙市产业链相关领域。三是做好人才服务。建立长沙市外国人才数据库，在全国率先出台《长沙市外国人才服务办法》（试行），提供创新创业指导、工作生活保障、荣誉奖项激励等六大服务，确保外国人才"引得进、留得住、用得好"。

（八）增福祉，强化科技服务民生

一是打造农业科技平台。建设3家现代农业高科技产业化基地，组建166家现代农业特色产业科技示范基地，认定6家国家级星创天地、14家省级星创天地和8家市级星创天地。全市科技助农"直通车"基层信息服务示范站有190家，直通车基层信息服务专家达到500余名。二是助力农业生产。疫情期间，下派59名农业科技特派员服务基层农业企业，邀请专家针对农业春耕生产开展了在线坐诊咨询活动30次。2019年支持农业科技项目、特色产业基地和特派员经费共计2260万元，全市农产品优良品种和农业新技术的推广覆盖率达到80%以上，推广新技术、新产品109种，引进新品种29个。三是服务社会发展。结合"蓝天保卫战""平安建设"等目标任务以及全市社会发展重点需求导向，2019年支持生态环保、生物医药、人工智能、安全生产等相关项目200余个，共计3635万元。认定39类328个"两型"产品。

四　科学铺排下阶段工作

一是抓高新技术产业。做大高新技术企业规模，精准催生更多"独角兽"企业和"瞪羚"企业。围绕八大高新技术产业，聚焦长沙市"八大应用场景"①，支持新产品、新技术研发及推广。二是抓战略功能区。贯彻实施《湖南省长株潭国家自主创新示范区条例》，进一步集聚全球创新资源。积极争创国家新一代人工智能创新发展试验区。加快完善岳麓山国家大学科技城、马栏山文创园创新生态。三是抓重大平台建设。在智能工程机械、生物特征识别等领域创建国家人工智能开放创新平台。推进创新药物、食品加工、新一代半导体、碳材料、智能汽车等领域的新型研发机构建设。四是抓重大科技项目。确保省"5个100"工程重大科技创新项目顺利实施。围绕制造业"四基"布局一批科技计划项目，推动核心零部件研制、工业软件研发取得实质突破。五是抓成果转移转化。探索成立长沙市科技成果转化基金，激励科技成果就地转化。推动建设一批高校、科研院所技术转移基地。六是抓区域科技合作。重点推动港澳科创园和港城大创科中心建设。七是抓创新生态优化。优化科技保险险种，拓展创新券支持范围。综合运用高新技术企业信贷风险补偿基金、市科技创新服务基金等科技金融手段，促进高新技术产业发展。

---

① 八大应用场景：产业互联网、物联网、车路协同、智慧城市、移动支付、创意经济、共享经济、区块链。

B.21
让大科城成为湖南创新型省份建设的闪亮名片

岳麓山大学科技城管理委员会

摘　要： 建设岳麓山大学科技城是湖南"创新引领开放崛起"的强大动力引擎，是推进湖南创新型省份建设的一项重要举措。本报告从科创生态构建、科创产业培育、科技成果转化、服务体系优化等方面阐述了岳麓山大学科技城建设进展情况。对标建设成为全国"最美大学城、领先科技城、一流创业城"，提出了聚焦顶层设计，构建长效发展机制；聚焦打破围墙，高效助推成果转化；聚焦构建生态，加速壮大产业集群；聚焦人才引育，不断激发创新活力；聚焦筑巢引凤，精心优化营商环境等重要举措。最后，达成把岳麓山大学科技城建设成为湖南科技创新的闪亮名片的目标。

关键词： 岳麓山大学科技城　创新创业　湖南

岳麓山大学科技城（简称大科城）是落实湖南省创新引领开放崛起战略的重要载体。湖南省委、省政府进行了多次专题研究，明确提出要把大科城打造成为全国领先的自主创新策源地、科技成果转化地、高端人才集聚地。

在湖南省委、省政府的坚强领导下，在省科技厅等部门的精心指导和大力支持下，岳麓山大学科技城内涵式建设翻开了崭新篇章，在科创生态构建、科创产业培育、科技成果转化、服务体系优化等方面取得显著进展，品

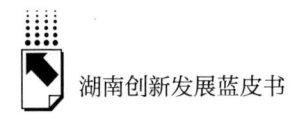

牌影响力显著提升。

一是优化环境，建设开放创新"生态圈"。顺利实行"单行线+区间公交+地铁+共享单车"的模式；麓山南路、白沙液街、牌楼路等文化老街提质改造全面完成，周边老旧小区提质改造项目正式启动；提前实现5G网络全覆盖；高标准人才公寓建成并投入运营；书香大科城建设加快推进，止间等国内知名特色书店即将落户，有声图书馆项目一期投入使用，同时在后湖规划建设5家以上总面积超3000平方米的专业书店，实现大科城"处处有书香、处处免费听"。启动"AI大科城"建设，内搭政府、高校、科研院所、企业等共享桥梁，外接智慧交通、智慧旅游、智慧教育、智慧医疗、智慧安防等场景应用，力争打造全省首个智慧城市功能全覆盖地区。

二是引育科创产业，打造经济发展"增长极"。坚持一手抓平台搭建，一手抓企业引育。以"城"为主统筹各方资源，聚焦优秀校友、四新经济及省市产业链需求，加大标志性平台、标志性企业招引培育力度。联合5所重点高校及华为鲲鹏、腾讯云等22家头部企业，成立软件产业发展联盟，构建软件产业发展生态圈。2020年以来，共引入了吉人住工、新再灵、和宇科技等标志性企业17家，新申报高新技术企业62家，新增注册科创企业656家，累计注册科创企业达3774家，预计年产值60亿元以上。对接区块链研究院、半导体新材料研究院等标志性创新平台13个，其中6个即将签约落地；京东智联云实现开园，预计三年销售额达30亿元；德必人工智能产业中心1.8万平方米投入运营，已入驻企业5家；6000多平方米的矿冶新材料孵化器运转顺利；后湖设计产业园吸引了王跃文、朱训德、段江华等100多位知名艺术家，以及一线智造、无远弗届、北京千府等40家工业设计企业。"白天热气腾腾，晚上灯火通明"的景象成为常态。

三是推进校地合作，打通成果转化"直通车"。打破思想观念、行政级别、行业分割"三大围墙"，推进科技成果就近就地转化，成功申报国家级首批地方成果转化示范基地。2019年以来，大科城完成技术合同1585件，交易额为22.17亿元，同比增长59%。中南大学科技园（研发）总部目前已转化企业340家，854项专利与企业实现合作，7个院士项目实现就近转化，已申报国家级大学科技园区；湖南大学2020年上半年转化科技成果46件，交易额近1.8亿元。湖南大学天马图书城项目正式交接，将打造成为3.2万平方米的科技创新平台；湖南大学成果转化基地即将启动，30余项技术成果完成对接；俄以技术成果转移中心及港澳科创园落地岳麓科创港，湖南师范大学"长沙市技术转移转化基地"正式运营。

四是健全服务体系，构建招才引智"强磁场"。高效运营1.6万平方米的岳麓科创港，建立全链条全周期的科创服务体系。政务服务方面，设立综合窗口，推动从"单科服务"向"集成服务"转变，科创企业办事"只找一个人、只进一个窗、只交一次材料"，对企业注册实行一站式服务，最快只需2小时办结。专业服务方面，与国内一流的知识产权运营商新净信合作成立"岳麓慧"知识产权运营平台；国内领先的科技成果转化平台迈科技与中南大学4个项目达成成果转化合作；与中国首家创业项目专业管理机构飞马旅共同打造"岳麓·周周路演"活动品牌；与长沙市司法局共建的400多平方米的岳麓山大科城法律服务中心投入使用，打造集律师咨询、公证、司法鉴定、仲裁等功能于一体的公共法律服务链条。加大对企业的帮扶力度，帮助创新型中小微企业通过知识产权质押获得长沙银行1.2亿元融资支持；疫情期间，为87家企业减免房租近2000万元，助力企业"轻松上阵"。

当前，岳麓山大学科技城建设取得了良好的成效，国内外影响力不断提升。但其在区域经济发展中的作用还没得到充分发挥，特别是与国内外一流的大学科技城相比，在产业聚集、服务体系、成果转化等方面还存在一定的差距。如何进一步破解科技成果转化的难题，真正成为湖南"创新引领开放崛起"的强大动力引擎，对于新成立的岳麓山大学科技城管委会来说，可谓任重而道远，既要做到坚守坚持、创新推进，又要再出发、再前进。

下阶段，大科城将继续秉持"教育兴城、打破围墙、创新创业、久久为功"的建设理念，突出环境质量、科创质量、产业质量"三个质量"，坚持校区、社区、园区、景区"四区联动"，进一步打破围墙、打通链条、打造品牌，加快建设全国"最美大学城、领先科技城、一流创业城"，推动区域高质量发展迈上新的台阶。

一是聚焦顶层设计，构建长效发展机制。制定一套高效运行的体制机制。主动对接市委编办，加快"三定"方案制订出台，明确内设机构和职能职责，完善规章制度，加快建立更加精简高效的管理体制。深刻领会省政府《关于推进全省产业园区高质量发展的实施意见》精神，探索实行以岗定薪、多劳多得、优绩优酬的工资收入分配方法，建立灵活的绩效激励机制，营造良好的干事创业氛围。形成一套规范有序的工作流程。在成果对接、产业招商、考察接待等方面形成统一的规范化、标准化流程，提高各项工作执行效率。坚持周碰头、周调度，对日常工作实行清单管理、流程管理，形成督查反馈机制，确保事事有回音、件件有着落。建立一套可持续发展的资本体系。积极对接省市有关部门，推动5.5亿元资金拨付，按照"生态主导、产业引导、创业合伙"的发展思路，积极探索"以租入股""公益股权"等扶持办法，助推大科城中小微科技企业良性发展。

二是聚焦打破围墙，高效助推成果转化。共建创新平台。扎实推进中南大学国家级双创示范基地、湖南大学成果转化基地、湖南师范大学艺术小镇以及特种玻璃国家工程研究中心、半导体新材料工程研究中心等创新平台落地达效，推动科技成果"就地开花就地香"。共促成果转化。深度走访对接项目团队，动态开展成果发布、项目路演活动；为科技成果就近就地转化提供全方位的政策支持和服务保障，对重大的成果项目实施"一事一议"，构建"政产学研用"全链条成果转化体系。共享信息资源。稳步推动高校图书馆、实验室、体育场、论坛讲座、教育教学等资源向园区、社区开放；推动园区、企业、社区的实践岗位、政务服务、综合治理、城市管理等与高校、科研院所无缝对接；推动校地共建"大科城融媒体中心"，畅通信息渠道，加强宣传及思想意识形态领域广泛合作。

三是聚焦构建生态，加速壮大产业集群。扩充扩优物理空间。推动岳麓·中建智慧谷西区、科技创意园等项目建设，全面完成后湖民居租赁，加强业态管理和环境维护，建立淘汰退出机制，打造文化创意和工业设计小镇。培育壮大本土企业。定期巡回开展高企申报、产业扶持等政策宣讲，联合企业开展项目申报，积极争取省市支持；坚持每月召开企业、园区座谈会，收集企业发展中的困难问题，逐一解决、逐一反馈，推动企业"入规、升高、上市"。做大做强主导产业。抢抓数字经济发展机遇，推进树图区块链、创瑾科技、和宇科技等一批科技含量高、带动能力强的优质企业落地，形成集聚与引领效应，推动智能网联汽车、人工智能、大数据、区块链等新兴产业加速发展。力争全年引进新增标志性平台20个以上，标志性企业50家以上，链接导入高技术服务业企业100家以上，新增高新技术企业50家以上，新注册科创企业1000家以上。

四是聚焦人才引育，不断激发创新活力。促进人才交流。以"产教融合"试点为抓手，建立高端人才引进培育工作机制，共同建设一批研究生联合培养基地、联合实验室、工程研究中心及博士工作站、院士工作站，探索建立一批新型研发机构，鼓励高校教师到企业担任专家、顾问，支持企业高技术人才到高校担任兼职教授或校外导师，实现人才良性互动。优化人才服务。推动慧招智能等高端人才服务平台落地，促进企业—人才双向选择。完善大科城人才公寓、基础教育等配套设施建设，出台大科城人才政策，在子女教育、住房保障、医疗健康等方面为专业人才解决"后顾之忧"，力争全年新引入高新技术人才2000人以上。推进就业留人。坚持促进就业和鼓励创业相结合，运用各项政策措施和服务手段综合施策，帮助毕业学生就近到园区、企业就业，全面增强创业就业活力；支持大学生通过创业实现就业，打造一批高水平众创空间、孵化器及加速器，让高校毕业生走出校园就进创业园，留住高校人才。

五是聚焦筑巢引凤，精心优化营商环境。改善人文环境。围绕宜学、宜创、宜居、宜游，加快推进科学村、华侨村等4个老旧小区提质改造和街巷有机更新；加强智轨电车项目的对接和调度，从安全、便捷、畅通、协调、造价、运营等多维度综合考虑，加快推动项目落地运营；建设书香大科城，推进止间书店入驻开业、有声图书馆项目二期实施和后湖专业书店群建设，营造书香人文氛围。统筹推进AI大科城建设，功能涵盖政策发布、平台招商、政务服务、就业创业、宣传推广、路演融资、生活服务等。优化科创环境。岳麓科创港按照高新技术服务业集聚地的定位，加强与省市职能部门和行业领先的专业服务机构对接，逐步调整与其不相匹配的业态，进一步将各类政务服务和专业服务做精做专。打响"岳麓·周周路演"活动品牌，对接省财信金控、湘江新区种子基金等科技金融资源，设立天使基金、产业发展基金、风险补偿基金等，构建全链条科技金融服务体系。营造法治环境。坚持"三零三不"的工作准则，即推诿零容忍、拖拉零容忍、失信零容忍，不吃服务企业一餐饭、不收服务企业一次礼、不入服务企业一份股，接待高校、企业做到有问必答、首问负责，对已经出台的政策、作出的许诺、签订的合同，无论遇到多少困难和阻力，都严格予以兑现，做到依法行政、诚信立本，塑造良好品牌。

岳麓山大学科技城是湖南科技创新的一支生力军，将在全省科技创新的大潮中勇立潮头，发挥其在原始创新方面的引领作用，努力成为湖南创新型省份建设的闪亮名片。

B.22
深化科技精准扶贫
彰显首倡地责任担当

湖南省科学技术厅扶贫办

摘　要： 湖南是习近平总书记精准扶贫方略的首倡地，践行科技精准扶贫扛起湖南责任担当。本报告从科技项目引领农村一二三产业融合发展、科技人才下沉促进扶贫扶智结合、项目平台支撑农村农业企业壮大、政策机制改革激发活力等方面概述了湖南科技战线探索精准扶贫精准脱贫的新路子。提出了要实现脱贫攻坚目标任务高质量完成和脱贫攻坚战全面胜利，要统筹整合资源，加大科技扶贫推进力度；聚焦脱贫地区重点难点，精准施策精细化落实；强化人才服务保障，激发农业农村创新创业活力等。

关键词： 科技精准扶贫　乡村振兴　湖南

近年来，湖南科技战线深入贯彻习近平总书记关于科技助力脱贫攻坚和乡村振兴的重要论述，切实扛起精准扶贫方略首倡地的政治责任，坚持科技项目引领、科技人才撬动、特色产业带动，加快创新资源向基层一线下沉、向脱贫攻坚主战场集聚，为决胜脱贫攻坚注入新动能，为促进乡村振兴积蓄能量。

一　深入学习贯彻习近平总书记关于扶贫工作的重要论述，切实做到"三个始终坚持"

党的十八大以来，习近平总书记站在全面建成小康社会、实现中华民族伟大复兴中国梦的战略高度，把脱贫攻坚摆到治国理政的突出位置，提出一系列新思想新观点，作出一系列新决策新部署，推动中国减贫事业取得巨大成就，谱写了人类反贫困历史的新篇章。湖南作为习近平总书记精准扶贫方略的首倡地，2013~2017年减贫551万人，贫困发生率下降近10个百分点，是习近平总书记关于扶贫工作的重要论述在三湘大地的生动实践。

湖南科技战线坚决贯彻党中央、国务院和省委、省政府决策部署，切实提高政治站位，强化责任担当，全力服务决战决胜脱贫攻坚。一是始终坚持以习近平总书记关于扶贫工作的重要论述为指引，坚持和加强党对科技创新工作的全面领导，切实提高政治站位，将脱贫攻坚作为对科技系统强化"四个意识"、践行"两个维护"的现实检验，全身心投入，全力抓好执行落实；二是始终坚持以人民为中心的发展思想，饱含对人民的深厚感情，投身脱贫攻坚伟大实践，推动创新创造活动与重大民生改善需求深度融合，把更多创新成果写在三湘大地上、扎根在农村基层一线和贫困地区；三是始终坚持在学懂弄通做实上下功夫，深刻领会习近平总书记关于扶贫工作重要论述中蕴含的丰富内涵，切实做到常学常新、真学真用，学出打赢打好精准脱贫攻坚战的方法举措，不折不扣落到实处。

二 突出精准精细服务，坚决依靠科技创新激发脱贫攻坚内生动力

习近平总书记深刻指出，"发展是第一要务，人才是第一资源，创新是第一动力"。发展离不开人才和创新，脱贫攻坚更离不开人才和创新。科技精准扶贫直抵"造血功能"建设，增强内生发展动力，确保真脱贫、脱真贫，功在长远。近年来，湖南省科技厅聚焦制约贫困地区发展的突出问题，动员全社会科技力量参与脱贫攻坚，探索出了一条以科技人才撬动、特色产业带动、项目平台支撑、创新驱动精准扶贫精准脱贫的新路子。

（一）技术创新引领农村一二三产业融合发展，保障稳定脱贫、可持续脱贫

立足武陵山和罗霄山片区的丰富资源禀赋和要素条件，精准布局重大科技攻关项目。省科技重大专项"武陵山区优质绿茶产业化关键技术研究与示范"，开展了茶树新品种选育、栽培、高效自动化加工等技术研发与示范推广，构建了武陵山区优质绿茶高效综合开发技术体系，做大、做强了黑茶和黄金茶两大产业，带动了 200 多万名茶农大幅增收。以大湘西地区为重点，实施中药材全产业链专项，促进中药资源种植、初加工、产品研发、品牌建设等体系化发展。如支持怀化洪江市开展重楼、黄精、白芨、三七等特色中药材种植和加工，带动 2 万多名贫困人口脱贫。立足粮食、油茶、生猪、果蔬、苎麻、芦苇、智能农机、智慧农业等优势特色农业领域，加强技术创新和成果转化。2019 年争取国家重点研发计划项目 6 项、经费近 5000 万元；实施省级重点研发计划项目 27 项，加快突破一批关键核心技术，培育具有自主知识产权的优良品种，打造农业生产、农产品加工销售的完整产业链条，提升农村产业生态化、绿色化、特色化发展水平，从源头上支撑农业供给侧结构性改革和现代农业发展。

（二）科技人才撬动创新资源下沉，促进扶贫扶智结合、"输血""造血"并行

围绕"人才下沉、科技下乡、服务入户"，联合省委组织部等部门选派"三区"人才和科技特派员，带着项目、成果、资金，到扶贫一线开展创新创业、技术服务和科技培训，有力促进长株潭地区的优势创新资源向湘西、湘南等地区辐射。2019 年新选派 403 名省级科技特派员和 770 名"三区"科技人才，目前在岗人员超过 5000 人。近三年科技特派员共创办领办协办农业专业合作社等新型经营主体 1000 余个，推广农村实用新技术、新品种 5000 余项，坚持把 70% 的中央转移地方支付资金用于支持培育贫困地区，有力支撑贫困地区走"造血式"内生发展道路。2019 年 10 月 21 日在北京

召开的科技特派员制度推行20周年总结会议上,湖南作为优秀省份受邀出席,4名科技特派员、2个组织实施单位获表彰。创新科技特派员制度,组建科技扶贫专家服务团,涵盖科技、金融、规划、旅游文化等各类专业人才,打造成建制、对口式、全方位的帮助模式。在2018年对51个贫困县全覆盖的基础上,2019年实现了科技专家服务团对全省所有县(市、区)、科技特派员对所有贫困村科技服务和创业带动的"两个全覆盖"。这在全国是首创,央视新闻联播对此进行了专题宣传推介。每年组织到贫困县开展省级科技人才培训班20次左右,面向高校毕业生、返乡农民工、退伍军人、科技示范户、新型职业农民,培训学员3000余人次,不断壮大乡村本土人才队伍。

(三)园区平台支撑农村创新创业,加速先进适用成果转化、农业企业壮大

积极布局建设农业科技园区,打造农业创新创业的先行区、成果示范推广的主阵地、区域脱贫攻坚和科技助推精准扶贫的主战场、农业现代化建设的展示窗口。2019年新增张家界武陵源、湘西龙山、湘潭雨湖等3个省级农业科技园区,积极争取永州农业科技园升级国家农业高新技术产业示范区。全省共建设12个国家级农业科技园区、28个省级农业科技园区。面向农业农村创新创业主体,通过市场化机制、专业化服务和资本化运作方式,聚集创新资源和创业要素,认定一批集科技示范、技术集成、成果转化、创业孵化、平台服务等于一体的星创天地综合服务平台。截至2018年底,全省已布局建设149家星创天地,其中获国家备案75家,居全国第7位、中部第2位。大力培育农业高新技术企业,大湘西及武陵山区拥有农业高科技企业495家。

(四)政策机制改革激发各方活力,引领区域协调发展、高质量发展

聚焦解决发展不平衡、不充分问题,优化创新资源配置,增强湘西、湘

南等地区的后发赶超、高质量发展动能。中央引导地方科技发展专项资金进一步向贫困地区倾斜，争取创新型省份建设专项设立大湘西、湘南承接产业转移等子项，实行差异化的支持政策，创新平台建设关口前移抓培育，不断强化创新资源在后发地区的布局。遴选首批15个县（市）开展科技成果转移转化示范县，2019年又启动创新型县（市、区）培育，实施"一县一特"专项，调动县域创新发展积极性。改革科技人才评价激励机制，率先出台了国家"三评"改革以来首个省级层面的人才评价办法，让服务脱贫攻坚的各类人才无后顾之忧。比如，改革自科系列职称制度，科学设置评价指标，实行分类评价，对长期在艰苦边远地区和基层一线工作的人才，侧重考察其实际工作业绩，放宽学历、论文等要求，外语、计算机不再作为限制性条件。同时，鼓励各地结合实际积极开展柔性引才，加大对边远贫困地区非全职引进专家的支持力度。

三 全面对标看齐，以更大力度、更实举措助力脱贫攻坚目标任务高质量完成和脱贫攻坚战全面胜利

坚持以习近平总书记关于扶贫工作的重要论述为指导，按照省委书记杜家毫"强化财政、金融、项目、人才、科技等方面政策支持，推动更多资源和力量向'贫中之贫、困中之困'聚焦"的具体要求，切实增强责任感、使命感、紧迫感，把科技扶贫精准脱贫作为全省科技战线当前最大的政治任务，进一步整合资源、创新方法、主动服务，为如期完成脱贫攻坚任务作出更大贡献。

（一）统筹整合资源，加大科技扶贫推进力度

以大力实施创新驱动发展战略和乡村振兴战略为主线，以深入推进科技扶贫和乡村振兴"百千万"工程为重点，协同组织、人社、农业、发改、财政、扶贫等部门，加大科技扶贫精准脱贫工作力度，做到科技扶贫项目优

先安排、科技扶贫资金优先保障、科技扶贫工作优先对接、科技扶贫措施优先落实。对涉及贫困地区的重点研发计划、成果转移转化项目给予倾斜支持，对扎根贫困地区基层建功立业的优秀科技人才按照规定落实优惠政策，不断构筑整体推进全省科技扶贫工作的强大合力。

（二）聚焦重点难点，精准施策精细化落实

对已经脱贫摘帽的贫困地区，继续保留相关科技专项资金项目和对口帮扶政策，做到脱贫不脱政策，持续提升内生发展能力。对还没有脱贫摘帽的贫困县，特别是深度贫困地区，采取更加集中的支持、更加有力的举措，加快创新服务向农村基层延伸，带动创新资源和绿色发展技术向贫困地区下沉，不断增强人才、技术、成果、平台、园区等科技资源对贫困地区的创业带动和示范引领效应，真正使贫困地区既有脱贫致富的特色产业，又能守住生态保护红线，走好精准、精细、可持续的发展道路。

（三）强化人才服务保障，激发农业农村创新创业活力

充分发挥部省市县科技管理部门联动机制作用，加强与组织、人社、农业、扶贫、科协等部门的沟通协调，推进"三区"科技人才、科技特派员与科技专家服务团、万名农业专家服务现代农业工程的相互融合、相互促进，加强供需对接，不断优化科技人才结构和布局，加快农业科技成果转移转化，以创新链引领支撑贫困地区产业链。积极落实激励科技人员创新创业政策，健全保障科技人员服务基层长效利益机制，优先支持科技扶贫专家服务团牵头承担科技计划项目，参与建设省级以上科技成果转移转化示范县、农业科技园区、星创天地、农村农业信息化服务平台等平台载体，加大专项工作经费支持力度，强化服务保障和督查考核，让科技创新人才"下得去、留得住、用得好"。加大科技扶贫宣传力度，及时总结推广先进典型和成功经验，营造全社会关心科技扶贫、支持农村创新创业的良好氛围，不断为全面打赢脱贫攻坚战注入新动能。

B.23
高举创新引领大旗 争当创新型县市标杆

湘阴县人民政府

摘　要： 开展创新型县（市）建设是落实党的十九大提出的"跻身创新型国家前列战略目标"的具体举措和重要抓手，深入推进创新驱动发展战略，基础在县域，活力在县域。湘阴作为湖南3个国家创新型县之一，坚持以建设创新型县为统揽，自觉高举创新引领大旗，推进以科技创新为核心的全面创新，创新驱动经济社会发展及支撑生态文明建设成效明显，能为全省县域推进高质量发展提供参考和借鉴。

关键词： 创新引领发展　创新型县建设　湘阴

湘阴邻长沙、拥湘江、滨洞庭，历来就有开风气之先、领时代之新、走变革之路的创新基因。岳麓书院首任山长周式，清醒看世界第一人的外交先驱郭嵩焘，南开大学创始人范源濂，中国化学工业之父范旭东，福州船政创始人、民族英雄左宗棠等先贤锐意开放创新的传承赓续至今。近年来，湘阴认真贯彻省委、省政府创新引领开放崛起战略，坚持把科技创新作为县域高质量发展的首选战略和首要动力，全面实施创新驱动发展行动。2018年成为全省3个国家创新型县之一，2019年获批国家知识产权强县工程试点县、获评首批省级生态文明建设示范县，连续两年获得省真抓实干县和省创新驱

动发展先进县,2020年入选科技部、财政部"科技抗疫—先进技术推广应用'百城百园'行动县"。

一 湘阴推进创新型县建设的生动实践

(一)坚持从政策体系入手,让创新成为县域发展的鲜明旗帜

加强科技创新顶层设计和统筹谋划,完善创新政策体系和工作机制,不断增强创新动力、激发创新潜力、释放创新活力。一是优化创新路径。出台实施《科技创新发展规划》《县域创新驱动发展行动方案》《引进科技人才促进科技成果转移转化实施办法》《科技创新基金管理暂行办法》等文件,构建了以"1个规划引领+4个行动方案+2个办法支撑"等一整套谋划前瞻、系统完备、切合县情、科学管用的创新政策体系,为全县科技发展、创新创业提供了有力的制度保障。二是优先科技投入。2017年起,县财政每年安排创新驱动发展专项资金3000万元,用于产业转型升级、人才队伍建设、科技成果转移转化、产学研合作等;县政府引入社会资本设立1亿元的创业投资引导基金,用于支持初创期、种子期科技型中小企业发展,近三年科技支出增长高于同级财政收入增长3个百分点。三是优厚激励奖励。坚持对科技创新进行重奖重扶,让创新创业人才得到最高礼遇和合理回报。凡引进的领军人才、拔尖人才、创新创业人才(团队),可提供150~240平方米的高档住宅居住权,并给予10万~100万元购房补助;对科技成果转化项目最高给予200万元研发经费支持。已连续三年举办创新创业大赛,共对68家企业和人才团队兑现奖励资金2000多万元,其中奖励100万元的领军人才3人。

(二)坚持从平台建设着力,让创新成为产业发展的强大引擎

突出绿色建筑建材、绿色装备制造、绿色食品三大主导产业链部署创新链、提升供应链,推动优势主导产业集群集聚、高新高端发展。一是建

好园区承载平台。坚持高起点规划、高标准建设，先后投入30亿元，完成省级高新区20平方公里的基础设施配套，建成标准化厂房110万平方米，水、电、气、污、通信等各类基础设施配套齐全，园区承载空间富足、承载能力优越，全县拥有规模工业企业123家、高新技术企业47家，培育科技型中小企业60家，目前正在积极申报湖南省先进装备制造产业园。二是建强企业研发平台。按照"一个主导产业有一批高新企业支撑、有一个省级以上工程技术中心，每家高新企业有一支科研团队、一个科研依托机构、一个企业技术中心"的思路，引导支持企业完善科技创新载体，现已建立省市级研发平台20家。其中远大可建公司依托装配式钢结构建筑湖南省工程研究中心，投资20亿元研发出全球首创的不锈钢芯板技术，实现量产后年产值将达百亿元，被评为国家级装配式钢结构建筑产业基地。三是建立孵化转化平台。积极探索"孵化—转化—产业化"的服务模式，依托卓达金谷创业园，打造省级科技企业孵化器，现有在孵企业40家、在孵面积1.5万平方米，已毕业企业26家，建成标准化厂房30栋、面积近30万平方米的成果产业化转化基地。四是建优创新创业平台。投资1000多万元建成县高新区科技创新服务中心，引进科技创新服务机构7个，全面开展创业培训、辅导、咨询，提供研发、试制、经营场地和共享设施。2020年计划投资1.5亿元再建设一个2万平方米的创新创业大楼。目前全县共创建"双创"基地3个，众创空间、星创天地4家，其中国家级星创天地1家。

（三）坚持从成果转化拓展，让创新成为经济增长的坚实支撑

充分发挥湘阴"靠岳邻长"的独特区位优势、高新企业的自主创新优势、科研院所的人才技术优势，建立产学研用战略合作机制，推动科技成果转移转化。一是强化政产学研合作。积极推进全省高等院校科技成果转移转化基地创建，先后与中南大学等18所高校院所结成合作联盟，与同济大学合作设立技术转移中心，实施产学研合作项目32项。2018年从国防科技大学引进的激光器技术，实现当年落户、当年投产、当年成功替换国际同类产

品，一个投资仅2000万元的初创企业开办2年即实现年产值过亿元，可望带动形成10亿元的激光器产业链。二是强化引智引才引技。通过组团招聘、柔性引进、项目带动等多种形式，采取住房奖励、购房补贴、交通补助、研发支持、转化奖励等一系列人才"新政"，面向省内外招新纳贤。近两年已引进博士10名、巴陵卓越工程师3名、相关领域科技人才93名，落户县内的湖南高盛交通科技研究院一次性从国防科大军改转业人员中选聘了100名中高级职称科研人才。三是强化科技推广运用。在乡村振兴、脱贫攻坚、生态环境治理、绿色产业培育、农业结构调整、智慧县城建设等方面大力推广先进适用技术，加快全域科技创新。2018~2019年全县共申请专利1065件、授权专利612件，有效发明专利242件，每万人发明专利拥有量达到3.41件。先后承担和实施市级以上科技计划100多项，开发新技术新产品168种，转化转移科技成果226项。

二 湘阴深化创新型县建设的总体思路

今后，湘阴将以习近平新时代中国特色社会主义思想为指导，严格按照中央和省市决策部署，深入践行新发展理念，落实高质量发展要求，全力推动科技创新与经济、文化、民生、生态深度融合，大力培育大数据、区块链、人工智能等新动能，着力建设创新高地、科技高地、人才高地。到2025年，全县科技创新综合实力进入全省前列，打造科技支撑生态文明建设的"湘阴样板"，争当湖南乃至国家县域创新驱动发展"排头兵"。

（一）以绿色发展为引领，全面构建现代产业体系

围绕培育"千亿园区、百亿产业、十亿企业"，坚持"创新发展、协同发展、绿色发展"，按照"技术先行、示范引领、集群提升"的思路，以现有传统产业提质升级和新兴产业协同发展为突破点，推广高新技术应用，引导产业转型升级，提升产业结构层次，推动绿色装备制造、绿色建筑建材、绿色食品三大主导产业集群集聚发展，带动一批以人工智能、整车制造及新

能源汽车、新材料、区块链等为代表的新兴技术领域和未来产业发展，积极发展数字农业、智慧康养、文化创意等产业，加快构建符合湘阴发展特色的现代化产业体系。到 2025 年，全县高新技术企业达到 80 家，科技型中小企业备案入库达到 76 家，高新技术产业增加值年均增长 20% 以上，争创国家高新区和国家农业科技园。

（二）以产业园区为平台，全面提质科技创新服务

新建 2 万平方米的高新区创新创业服务中心，建设潇湘科技要素大市场湘阴工作站，新增一批省级以上科技企业孵化器、众创空间、星创天地等创新创业服务载体。到 2025 年，争取实现国家级科技企业孵化器零突破，引导众创空间积极融入长株潭城市群"众创空间战略合作联盟"。同时，借助县智能制造云平台，采取"一个细分领域、一个上云标杆企业、一个政府帮扶助手"模式，分期分批推进全县企业上云，形成线上线下互动、公益性与市场化服务相结合的综合性科技服务新局面。

（三）以高新企业为主体，全面增强自主创新能力

实施企业创新政策引导、专题辅导以及科技型企业上市培育计划，鼓励企业建立研发准备金制度，加大科研投入力度，支持企业建立重点（工程）实验室、工程（技术）研究中心和企业技术中心等创新平台，不断优化科技创新服务体系。到 2025 年，企业研发经费投入占主营业务收入比重达到 2% 以上，规模以上工业企业新产品销售收入占主营业务收入比重保持在 70% 以上，省级以上创新创业服务机构及研究开发机构达到 40 家以上，本土企业上市破零，力争实现博士后站点（含协作研发中心）、院士专家工作站等企业入驻和国家级技术研发平台"双零"突破，省级以上技术研发平台全面覆盖主导产业。

（四）以科技人才为支撑，全面壮大创新人才队伍

紧扣主导产业和新兴产业发展科技需求，坚持刚性引进与柔性引进相结

合，实施产业发展三类科技人才支持计划，大力引进科技领军人才、青年科技人才和高水平创新团队等"高精尖缺新"人才。实施"湘阴高校直通车""湘阴创新创业大赛""高技能人才培育支持计划"等多层次人才培育工程，自主培养创新创业人才"后备队"，鼓励企业选派优秀人才赴国内外学习培训和参与科技合作，推动创业优秀科技人才和高技能人才本土化。

（五）以市场配置为导向，全面推动科技成果转化

支持省内外高校和科研单位在湘阴建立技术转移中心，扶持科研人员借助丰富的科研成果在湘阴注册学科性公司或"技术入股"，鼓励企业主动出击成立"协同创新研究院"。建立县本级科技成果转化议事协调机制，设立科技成果转化专项基金，探索配套鼓励和补助方式，开展科技成果转化示范团队、示范项目、示范企业创建活动，推动科技成果在湘阴落地转化。围绕产业链和龙头企业，依托成果转移转化基地、高校驻湘阴技术转移中心、产学研合作平台、科技咨询中介服务机构等，开展高频次的技术交流、成果推介和供需对接、行业学术交流、小型或细分领域展览会等活动，提升新产品、新技术与市场的衔接度和知名度。

（六）以科技投入为保障，全面完善政策激励措施

保持财政科技投入持续稳定增长，大幅提升本级财政科学技术支出占当年本级财政一般公共预算支出比重。建立与企业产值、研发投入等生产经营情况相挂钩的创新激励机制，不断提升R&D经费投入强度。加大对创新绩效的正向激励，落实研发费用税前加计扣除、高新技术企业所得税减免、企业研发财政奖补、股权激励、技术服务和转让税收优惠等政策，严格兑现《湘阴县引进科技人才促进科技成果转化实施办法》和实施细则，以及《湘阴县对引进人才给予购房补助办法（试行）》等各项奖励措施。发挥全县创新驱动发展专项资金和创业投资引导基金作用，激励各类企业、社会资源和金融资本支持参与全县科技创新。

调 研 篇

B.24
发展科技服务业　助建创新型省份

吴金明*

摘　要： 创新驱动离不开科技服务业的发展。当今科技服务业具有四个产业特性：一是科技服务业属于高端服务业；二是科技服务业以科学技术、人力资本和大数据"新三要素"为支撑；三是科技服务业强调"软价值"驱动；四是科技服务业服从"S形线"成长。湖南省科技服务业发展呈现三大特点：一是增长势头好；二是机构多元化；三是注重知识产权保护。针对湖南省科技服务业存在的问题，从做好顶层设计"大文章"、构建协同服务"大格局"、实施品牌建设"大行动"、营造人才集聚"大效应"和打造示范区建设"大科城"五个方面提出了对策建议。

---

* 吴金明，湖南省政协经济科技委员会主任，九三学社湖南省委员会副主任委员。

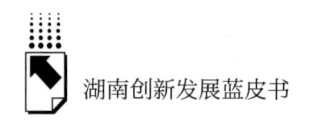

关键词： 科技服务业　创新型省份　"软价值"驱动

按照马克思的劳动价值论，经济高速增长可以说是基于物化劳动消耗主导的经济增长，具有高资源消耗、高环境污染、高负债拉动和高速度增长的"四高"特征；而高质量发展则是基于活劳动消耗与创造主导的经济发展，具有"三需求"拉动、"三新"引领、"新三要素"支撑、"三软"驱动①的发展特征。高质量发展主要建立在科学技术、人力资本和大数据"新三要素"支撑的基础之上，传统的基于土地、资本、劳动力"三要素"支撑的经济增长模式已渐行渐远，基于"新三要素"支撑的创新驱动已成为主导。而创新驱动离不开科技服务业的发展。

一　科技服务业的产业特性

从产业特性看，科技服务业首先是现代服务业的重要组成部分，具有服务业的一些基本特征。但科技服务业与一般服务业又不同，这些不同主要体现为以下四个方面。

（一）科技服务业是高端服务业

科技服务业属于知识技术密集型服务业，具有人才智力密集、科技含量高、产业附加值大、辐射带动作用强等特点，所以它属于知识经济的重要组成部分。科技服务业具有极强的辐射性。它从生产中分离出来，又在更大范围和更深层次上与生产融合。进入21世纪，随着知识经济时代的到来，社会分工进一步深化，大量科技服务活动从传统生产与科研活动中独立出来，催生了两类新兴科技服务产业：一类是创新性科技服务业，即

---

① 指文化、健康、智能"三需求"拉动，新理念（五大发展理念）、新动力（创新驱动）、新动能（新供给驱动）"三新"引领，科学技术、人力资本和大数据"新三要素"支撑，软资源、软制造、软价值"三软"驱动。

以研发、设计等活动作为服务内容的产业；另一类是基础性科技服务业，包括生产设备的技术改造服务，生产信息、咨询等专业服务，产品检验检测和质量认证认可服务等。

（二）科技服务业依靠"新三要素"支撑

与商贸物流、餐饮酒店等传统产业主要依靠土地、资本和劳动力"三要素"支撑不同，科技服务业主要依靠科学技术、人力资本和大数据"新三要素"来支撑；它的投入主要不是物质资本，而是高质量的人力资本和科学技术；它的生产过程具有资源节约和环境友好"两型"特征，不产生有害物质；它的产出位于价值链的高端环节，是具有高人力资源含量、高知识含量、高附加值和低碳"三高一低"的新业态。

（三）科技服务业强调"软价值"驱动

硬价值是依赖于重复或具体劳动的硬制造，使物质资源等硬资源的消耗转移到具体有形硬产品中的价值，即物化劳动消耗的价值。软价值是活劳动抑或复杂劳动创造的价值，它不以消耗地球资源为主要财富源泉，其产品更多的是无形资产或者无形的"专有专用性资产"。传统服务业的增长基本上是硬价值主导的增长，今天科技服务业的发展，必然是以活劳动创造为本的亦即软价值主导的发展。所以，全面实施以"软产品"、"软价值"和"软制造"为核心的产品价值提升工程，着力构筑软价值主导的科技服务产业新体系，就成为实施创新驱动战略的必然选择。

（四）科技服务业服从"S形线"成长

与传统服务业遵循"道格拉斯生产函数"分布规律、按"抛物线增长"轨迹运行不同，科技服务业遵循"指数函数"分布规律、按"S形线"轨迹成长。不仅仅是传统产业转型升级、新兴产业发展的加速器，更是转变发展方式实现高质量发展的战略抓手。

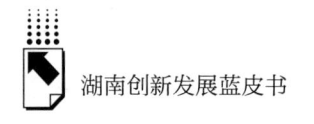

二 湖南省科技服务业发展现状

按照国发〔2014〕49号文件精神，要重点发展研究开发、技术转移、检验检测认证、创业孵化、知识产权、科技咨询、科技金融、科学技术普及等专业科技服务和综合科技服务，提升科技服务业对科技创新和产业发展的支撑能力。到2020年，基本形成覆盖科技创新全链条的科技服务体系，服务科技创新能力大幅增强，科技服务市场化水平和国际竞争力明显提升，培育一批拥有知名品牌的科技服务机构和龙头企业，涌现一批新型科技服务业态，形成一批科技服务产业集群，科技服务业产业规模达到8万亿元，成为促进科技经济结合的关键环节和经济提质增效升级的重要引擎。

目前，湖南省科技服务业发展出现三大特点。一是增长势头好。2017年，湖南科技服务业固定资产投资达434.43亿元，居全国第4位、中部第1位，科技服务业规模以上企业达到2031家，实际营业收入达1893.69亿元，利润总额达256.53亿元，营收利润率为13.5%。2016~2018年，全省规模以上科技服务企业营业收入由1575.32亿元上升至2016.76亿元，年均增长率高达13.15%。其中，信息服务、研发与设计服务、科技成果转化服务同比分别增长168.6%、35.8%和62.9%。二是机构多元化。2018年，全省高新技术企业研发平台1414个，较上年增长19.3%，平均研发投入强度为2.2%；全省有国家重点实验室18个、国家工程技术中心14个、省级工程技术中心356个；国家级科技企业孵化器19个、省级科技企业孵化器72个，省级以上科技企业孵化器孵化面积达286.82万平方米；国家级众创空间48个、省级众创空间152个；国家级国际科技合作基地18个。科技服务业从业人员近五年由20.08万人上升至32.25万人，年均增长率达12.57%。三是注重知识产权保护。2018年全省申请专利94503件，同比增长23.87%；授权专利48957件，同比增长29.12%。截至2018年底，全省有效发明专利拥有量达40684件，每万人发明专利拥有量达5.93件，其中长株潭地区有效发明专利共31786件，占全省近八成。

当前，湖南省科技服务业发展存在的问题主要有四。一是顶层设计相对滞后。江苏、广东、浙江早在十年前就出台了科技服务业发展规划、专项计划与意见，而湖南省到2015年才出台，比先进地区晚了5年。二是创新效果不佳。2018年，湖南技术市场成交额281.67亿元，技术交易额161.47亿元，居全国第14位、中部第3位，落后于湖北、安徽；规上工业企业专利申请数居全国第11位、中部第4位。三是要素供给不足。2018年，全省R&D经费支出658.3亿元，R&D经费投入强度为1.81%，居全国第13位，其中R&D经费支出仅为广东的24.3%，R&D经费投入强度低于全国平均水平0.38个百分点。2017年，湖南R&D人员全时当量为94228人，居全国第9位、中部第4位，仅相当于广东的20.6%、浙江的28.2%。而且，湖南省科技服务业从业人员的学历、职称普遍不高，例如，长沙市互联网和相关服务、软件和技术服务业、技术推广和应用等科技服务业高学历和中高职称人才仅占15%，专业化、复合型科技服务人才严重匮乏，领军人才更加稀缺。四是服务机构水平较低。科技服务企业多为中小型机构，平均每个众创空间服务70家企业及团队，少于江西、湖北、河南90家以上的服务对象数量；每个众创空间团队的资助额只有142万元，仅为湖北省的40%；长沙仅有国家技术转移示范机构7家，而武汉有16家、合肥有10家；湖南省制造业科研机构数量仅为农业科研机构的1/4；围绕科技型企业"入园—孵化—培育—壮大"的完整服务体系欠缺，难以满足广大科技型企业的需求。

三 发展科技服务业的对策建议

（一）做好顶层设计"大文章"

把科技服务业确定为湖南省战略性新兴产业。一是充分发挥省服务业发展联席会议制度的作用，将研发设计产业专项协调小组优化重组为科技服务业发展委员会。指导、协调解决科技服务业发展中的重大问题，出台并督促落实科技服务业发展相关政策。二是科学制定湖南科技服务业发展专项规划，明确发展目标、重点领域、主要任务、空间布局和保障措施等；完善湖南省科技服务业统计指标监测体系，准确把握行业发展态势。三是构建配套保障机制。细化相关政策举措，建立创新协同激励机制、技术扩散机制、共享评估评价机制，完善风险补偿机制，制定与GDP增长相适应的科技投入稳定增长机制；大力发展民间私募基金、中小企业投融资平台、互联网金融，完善科技创新保险产业链，形成"投贷保"联动的投融资机制，大力引进大湾区的天使投资机构。

（二）构建协同服务"大格局"

一是完善协同服务体系。支持建设科技金融孵化器，培育"专精特新"型科技服务机构，打造知识产权服务链、技术转移服务链、投融资服务链，构建协同创新服务体系。推广国家标准，支持龙头企业编制行业标准、行业公约，规范市场行为；组建"政产学研金介媒"协同服务联盟，促进各方深度合作、稳定合作，实行企业化管理，市场化运营。二是提升协同服务水平。发展评估、交易、融资、担保、保险等科技服务机构，支持建设协同创新成果孵化器；支持大中型中介服务机构建设集合技术转移、投融资、价值与风险评估、供需对接、知识产权等服务的"保姆式""一站式"科技服务平台，开展国防专利知识产权代理机构认定工作，承办国防专利申请、定密、转让等业务，为军民科技协同研发提供服务支撑。三是营造协同服务氛围。广泛开展首席创新官评比，创办军民科技协同创新活动日、"民参军"产品与成果展览、军转民专家现场交流、军工资质咨询交流等系列主题活动，举办研发服务、科技推广、技术转移等科技服务产业的交流、研讨、经验分享活动，打造活动品牌；加强政策宣贯，开展专题培训。

（三）实施品牌建设"大行动"

培育一批具有国际影响力的科技服务业骨干企业、服务机构和知名品牌。一是打造综合服务品牌。依托各类服务机构，按照"服务专业化、管理规范化、发展规模化"的要求筛选整合一批科技服务机构，在高新区、产业转移园、特色产业基地内建设科技服务超市，提供人才引进和培育、科技成果转化、创新创业、企业发展等全产业链的科技服务产品，提升服务质量。二是打造专业服务品牌。培育和布局一批集关键共性技术研发、知识产权信息服务的专业性科技服务平台，引导科技服务机构通过并购或外包方式做大做强，打造特色服务高端品牌，围绕省 20 条新兴优势产业链，组建产业技术创新战略联盟或产业技术研究院，构建贯通产业上下游的科技服务链。三是打造行业服务品牌。依托行业协会推进科技服务业行业调查、行业统计、行业自律、行业规划及行业标准制定、行业执业资质考核等工作。以国际化、高端化为目标，以技术、专利、标准为纽带，以市场化方式建立跨区域、跨领域的科技服务战略联盟。四是打造平台服务品牌。建设跨行政区域的科技条件共享协作中心、科技信息共享服务中心、科技资源共享网，建设省科学仪器设备共享服务平台和一批中试场地，推动政府和高校背景的众创空间、技术转移中心等机构的改制。

（四）营造人才集聚"大效应"

一是将引进国内外顶尖科技服务创新团队纳入省引进科创团队专项资金支持范围；建立人才柔性流动机制，为高层次科技服务人才来湘创新创业提供良好的发展环境。二是建设科技服务业人才培养基地，培养一批懂技术、懂市场、懂管理的复合型科技服务人才。依托省生产力促进体系打造人才引进、培训服务平台，开展业务培训。三是加强科技服务业从业资质认定与管理工作。建立包括培训、考核、认证、资格管理等各项内容的科技服务业人才认证体系，引导行业协会建立和完善技术经纪人、科技咨询师、评估师、信息分析师等人才培训和职业资格认定与职称评聘体系，打造一批支撑行业发展的骨干队伍。

（五）打造示范区建设"大科城"

建议选择岳麓山国家大学科技城（简称大科城）作为试点示范先行区。一是发挥"聚"的效力。构建科技创新生态圈，把"服务"作为大科城核

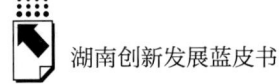

心竞争力来着力打造，探索以完善示范区服务功能为主旨，按照"专业化、市场化、品牌化、国际化"要求，构建具有"互联网＋科技园区"运营模式特色的综合科技创新服务体系。二是形成"整"的合力。大力整合示范区内高校、科研院所、协同创新载体、金融机构等资源集聚机构，构建要素齐全、开放共享的创新资源融合共享平台。三是释放"试"的推力。开展政策先行先试，开展军民融合知识产权服务试点建设、投贷联动试点建设、高科技服务创新试点建设，形成一套可推广复制的高科技服务发展模式，从而推动全省形成一批定位清晰、布局合理、协同创新的高科技服务业集聚区。

B.25
加快绿色技术创新 驱动湖南经济高质量发展

唐宇文*

摘 要： 绿色技术创新是绿色发展的第一动力，是打好污染防治攻坚战、推进生态文明建设、推动高质量发展的重要支撑。党的十九大报告提出，"构建市场导向的绿色技术创新体系"。这为加快推进湖南绿色技术创新体系建设指明了方向。本报告分析了湖南推进绿色技术创新的有利条件和存在的主要问题，从创新主体、创新导向、技术市场、绿色金融、创新要素等角度，探讨提出加快推进湖南绿色技术创新的对策建议。

关键词： 绿色技术 绿色金融 创新要素 经济高质量发展

当今世界，绿色技术创新正成为全球新一轮工业革命和科技竞争的重要新兴领域。所谓绿色技术，指降低消耗、减少污染、改善生态、促进生态文明建设、实现人与自然和谐共生的新兴技术，包括节能环保、清洁生产、清洁能源、生态保护与修复、城乡绿色基础设施、生态农业等领域，涵盖产品设计、生产、消费、回收利用等环节的技术。中央全面深化改革委员会第六次会议强调，绿色技术创新是绿色发展的重要动力，是打好污染防治攻坚战、推进生态文明建设、推动高质量发展的重要支撑。湖南要在新一轮科技

---

* 唐宇文，湖南省人民政府发展研究中心（湖南省人民政府政务服务中心）党组副书记、副主任、研究员，主要研究方向为区域发展战略及创新型经济。

创新浪潮中实现后发赶超，就应积极抢抓绿色技术创新前沿，加快构建有利于绿色技术创新发展的体制机制，全面释放绿色技术创新潜力与活力，为实现经济高质量发展提供强劲动力支撑。

一 湖南推进绿色技术创新具备有利条件

近年来，湖南积极推进资源节约型、环境友好型（简称两型）社会建设综合配套改革，加快创建绿色制造体系，大力推动创新型省份建设，为加快绿色技术创新发展提供了有利条件。

（一）绿色技术创新活力涌现

一是绿色技术创新主体不断发展壮大。在节能环保领域，涌现了永清环保、凯天环保、华时捷环保、华自科技、云中科技等一批龙头企业。例如，华时捷环保研发的环境在线监控预警系统，可检测出镉、砷、铅等17种重金属污染，从废水、废气、废渣中"淘金"；凯天环保在整体厂房除尘、大气环境烟气治理、重金属污染治理等领域拥有核心技术；永清环保已成为中国重金属土壤修复行业的先行者。二是一批重大绿色技术创新平台正加快布局。除国家重金属污染防治工程技术研究中心等已有创新平台外，亚欧水资源研究和利用中心、洞庭湖生态保护公共科技服务平台等一批重大科研平台正加快建设，国家生物种业技术创新中心、岳麓山实验室等一批重大创新平台正加快布局。2019年5月，郴州市成功获国务院批复，成为第二批国家可持续发展议程创新示范区之一（全国共6家）。三是绿色专利申请量、有效量逐步提升。2014~2017年，湖南绿色专利申请量累计5511件，居全国第13位。截至2017年底，湖南绿色专利有效量达2948件，居全国第11位、中部第3位。

（二）两型社会建设综合配套改革基础扎实

湖南在生态文明建设和绿色发展方面有探索、有突破、有优势。自

2007年长株潭城市群获批国家两型社会建设综合配套改革试验区以来，湖南以绿色规划为引领、以绿色改革为动力、以绿色治理为重点、以绿色转型为目标、以绿色共建为依托，主动作为、先行先试，形成了两型社会建设综合配套改革的"长株潭模式"。长株潭城市群先后实施了100多项原创性改革，开展了50多项全国性改革试点，资源性产品价格改革、湘江流域综合整治、科技体制创新等多项改革经验在全国推广。如今，绿色发展、低碳发展、循环发展的理念在三湘大地深入人心，形成了注重资源集约、支持环保、参与环保的良好氛围。

（三）绿色制造体系不断完善

2017年，湖南省工业和信息化厅印发了《湖南省绿色制造体系建设实施方案》，并会同省财政厅研究提出配套奖励政策，有力推动了湖南绿色制造体系的创建。截至2019年12月底，共有威胜集团、启迪古汉等137家企业被评估认定为省级绿色工厂，岳阳绿色化工产业园、浏阳经济技术开发区等9家园区被评估认定为省级绿色园区。其中，浏阳高新区、宁乡经开区、远大空调、威胜集团等园区和企业，分别获评国家绿色制造体系建设示范单位，初步建立起了高效、清洁、低碳、循环的绿色制造体系。

（四）绿色技术创新需求前景广阔

近年来，湖南省绿色节能环保领域需求增长迅速。例如，2013年环保产业产值达1073亿元，2018年生态环保产业产值达2601.2亿元，2013~2018年年平均增速接近20%。从业单位1311家，综合排名位居全国前列。2019年1~7月环保产业产值实现1500亿元。随着国家加快推进生态文明建设、污染防治攻坚战以及社会公众节能环保意识提高等多重因素的推动，湖南省在长江岸线专项整治、湘江保护和治理"一号重点工程"、洞庭湖生态环境整治、长株潭等地区大气协同治理等领域的绿色技术创新市场需求趋于旺盛，绿色技术创新有望迎来爆发式增长。

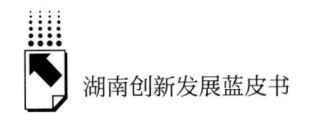

二 湖南绿色技术创新发展面临的主要问题

（一）企业绿色技术创新的动力仍然不强

一是绿色技术创新的研发和运行周期长，产生直接经济效益较慢，加上绿色技术专利保障机制不完善，大多数企业迫于生存和竞争的压力，不愿在研发和应用绿色技术上投入过多的时间和精力，往往追求经济效益而忽视生态效益和社会效益，缺乏足够的内在利益驱动力来推动绿色产品创新和绿色技术创新。此外，企业组织绿色生产的难度高、投入大，存在较大的创新风险，也在很大程度上遏制了企业的创新动力。二是企业绿色技术创新能力整体较弱。大多数企业的研发活动多集中在一些外围技术方面，以提升生态环境价值为目标的核心技术突破较少，企业自主研发和科技创新的能力有待强化。

（二）绿色金融信贷支撑亟待夯实

绿色技术创新项目当前主要依靠财政资助和政策性贷款，总体投入规模有限，尚未形成稳定的政府投入机制，对社会资本的带动作用有待强化。绿色金融发展仍显滞后，包括绿色信贷、绿色债券、绿色保险及股权投资等在内的绿色金融体系仍处于探索阶段，资本市场运作和专业化中介服务机构等尚不成熟。在税收激励方面，绿色技术成果转化的税收减免力度较小、环境税收体系尚不健全，各级地方政府及企业投入绿色技术创新项目的积极性有待提高。

（三）绿色技术创新的市场激励机制尚不健全

这主要表现在以下方面：消费者需求不足，政府采购的有效机制尚未建立，环境监管的长效机制缺失；绿色采购清单覆盖面偏小，工程和服务类项目采购涉及绿色技术应用领域的仍然不多；且过于强调"资金节约率"等评价标准、采购预算信息不透明等问题仍时有发生；对产品全生命周期的环保重视不足，能否列入节能环保产品清单主要看最终产品，对其生产过程是否节能环保的评估应用不够。此外，法律法规不少，但"有法不依、执法不严"。企业"守法成本高、违法成本低"，采用绿色技术积极性不高。

三 相关对策建议

追求绿色发展，是未来实现经济高质量发展的必然趋势和重要选择。湖南应采取多种举措，加快构建有利于绿色技术创新发展的体制机制，全面提升绿色技术创新能力，为推动经济高质量发展提供强劲动力支撑。

（一）大力培育壮大绿色技术创新主体

1. 强化企业创新的主体地位

通过采取财政奖补、税收优惠、科研项目支持、政府采购等方式，引导和支持企业加大对绿色技术创新的投入和产品研发力度，激发企业的创新热情。特别是要重点培育壮大一批绿色技术创新企业，力争通过5年左右的努力，培育出1家以上年产值过100亿元的绿色技术创新领军企业、10家左右年产值过50亿元的绿色技术创新龙头企业和一批规模以上绿色技术创新企业，基本形成层次分明、结构合理的绿色技术创新企业梯队体系。

2. 激发高校、科研院所绿色技术创新活力

健全完善科研人员评价激励机制，增加绿色技术创新科技成果转化数量、质量、经济效益在绩效考核、评先评优、科研考核加分和职称评定晋级中的比重。对发达地区的一些先进经验做法，应积极借鉴，为我所用。例如，广东省允许横向课题经费给予科技人员的报酬及结余经费全部奖励给项目组，科技人员的报酬及项目结余经费奖励支出不纳入单位绩效工资总量管理。北京正在加快研究推动修订《促进科技成果转化条例》，科技成果产权由过去的国家单位拥有转化为科技人员可以个人拥有，国家参与分配。

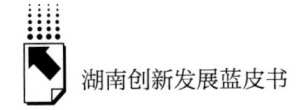

3. 推进"产学研金介"等的深度融合

加快组建一批绿色技术创新联合体和专业化绿色技术创新联盟，支持联合体、联盟整合产业链上下游资源要素，联合开展重大绿色创新技术攻关研究。在现有的省级产业技术创新战略联盟中，选择一批绿色技术相关领域的联盟开展示范试点，积极探索联盟运行及合作的新机制和新模式，为更多专业化绿色技术创新联盟的建立和发展提供示范借鉴。

（二）强化绿色技术创新的导向机制

1. 突出重点领域绿色技术创新

围绕湘江保护和治理"一号重点工程"、洞庭湖生态环境整治、矿山生态修复、农业面源污染等生态资源环境重点领域关键共性绿色技术创新需求，在省级科技重大专项、重点研发计划等科技计划项目中，前瞻性、系统性、战略性地布局一批研发项目，并积极争取国家科技计划支持，突破关键材料、仪器设备、核心工艺、工业控制装置的技术瓶颈，切实提升绿色技术原始创新能力。

2. 强化绿色技术标准引领

加快绿色技术强制性标准制定，支持绿色技术创新龙头企业、联合体和联盟参与或主导标准研制，推动优势技术领域标准成为行业标准和国家标准。逐步提高产品生产环节和市场准入的环境、节能、节电、节水、节材、质量、安全指标和标准，强化标准贯彻实施，倒逼企业进行绿色技术创新、采用绿色技术进行升级改造。

3. 建立健全政府绿色采购体系

将现有两型、节能环保产品采购，整合提升为绿色产品采购，并将节水、循环、低碳、再生、有机等产品纳入政府绿色产品采购范围。

4. 创新完善政府支持的绿色技术科研项目立项、验收、评价机制

加快建立市场导向的绿色技术需求征集机制，通过政府购买服务，由第三方服务机构定期向重点排污企业、社会公众征集绿色技术创新需求，紧紧围绕市场需求部署科研项目。改革科研绩效评价机制，进一步强化目

标任务考核和现场验收，重点考核技术的实际效果、成熟度与示范推广价值。

（三）打造具有湖南特色的绿色技术转移转化交易体系

一是加快建设湖南省科技成果转化公共服务平台。在平台中设立绿色技术专栏，搭建集绿色技术成果信息（成果评价）、知识产权、政策咨询、专家辅导、研发检测、挂牌交易、投资融资、创业孵化、股权流转等创新服务于一体的服务平台。二是完善潇湘科技要素大市场。在潇湘科技要素大市场中增设绿色技术交易分市场，建设功能齐全、服务完善的"一站式"绿色技术交易和服务场所。三是鼓励社会资本投资建设绿色技术交易服务平台。支持绿色湘军——湘江节能环保协作平台等一批服务平台建设，促进绿色技术创新成果与资本的有效对接，进一步提高绿色技术创新成果转移转化效率。四是支持省内绿色技术创新服务机构与国内外技术转移中介服务机构开展深层次合作，引进吸收先进经营理念和管理模式，逐步完善各类绿色技术创新成果转移机构挖掘需求、整合成果、开拓市场的服务功能。

（四）完善绿色技术创新金融支持

一是推动银行业金融机构在国家级高新区等科技创新资源聚集区设立科技支行，开展知识产权质押、股权质押等无形资产抵质押贷款业务。推进郴州绿色技术银行试点，鼓励郴州可持续发展议程区率先使用绿色技术。二是鼓励绿色技术创新企业到中小板、创业板、科创板、新三板或境外资本市场等上市融资。支持省股权交易所、省技术产权交易所开设"绿色技术创新专板"，为非上市绿色技术创新企业提供产（股）权登记、托管、评估和交易、融资等服务。三是鼓励保险机构开发专利权质押贷款、绿色技术首次应用险保险等创新险种。支持湖南省融资担保集团等担保企业成立绿色技术融资担保子公司，对绿色技术创新成果转化和示范应用提供担保或其他类型的风险补偿。成立湖南绿色技术创新成果转化投资基金，积极发挥成果转化引导基金的作用，每年遴选一批重点绿色技术创新成果，支持其转化应用。

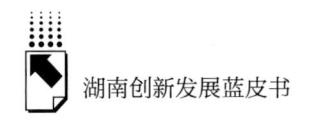

（五）加快绿色技术创新核心要素集聚

1. 加强绿色技术人才队伍建设

通过项目带动、团队建设、院士带培、柔性引进等多种方式，培养一批掌握国际先进技术、引领产业跨越发展的绿色技术创新领军人物、拔尖人才。加强与省芙蓉人才行动计划的衔接，在中青年首席科学家、中青年领军人才和学术技术带头人等选拔中，对绿色技术创新领域人才予以倾斜。在普通本科院校分批次设立绿色技术创新人才培养基地，加强绿色技术相关学科专业建设，主动布局绿色技术人才培养。

2. 鼓励和规范绿色技术创新人才流动

高校、科研院所科技人员按有关政策到绿色技术创新企业任职兼职、离岗创业、转化科技成果期间，保留人员编制。高校、科研院所按国家有关政策通过设置流动性岗位，引进企业人员兼职从事科研。其不受兼职取酬限制，可以担任绿色技术创新课题或项目牵头人，组建科研团队。

3. 积极引进先进绿色技术

支持国内外一流大学、科研机构、知名企业来湘设立企业、组建绿色技术创新转移转化中心和新型高端研发机构，推动绿色技术创新成果转化落地。对在湘具备独立法人资格、符合湖南省产业发展方向的研发机构、引入重大关键绿色核心技术并配置核心研发团队的，应由省级财政通过科技相关专项资金给予奖励。

参考文献

本书编写组：《党的十九大报告辅导读本》，人民出版社，2017。

梁志峰、唐宇文等：《生态环境保护和两型社会建设研究》，中国发展出版社，2018。

唐宇文：《加快构建绿色技术创新体系》，《经济日报》2018年2月8日。

B.26 湖南省人工智能产业创新发展报告

章国亮 李维思 刘蓓 郭小华[*]

摘 要： 当前，新一代人工智能产业迎来爆发式发展，正加速重塑传统行业发展模式和格局，推动经济社会从数字化、网络化向智能化加速跃升，成为经济发展的"新引擎"。调研发现，湖南省人工智能产业链各个环节均有亮点和特色，但整体仍处于初始发展阶段，亟须政府引导和培育。为推动湖南省人工智能产业高质量发展，本报告从政策制定、项目布局、平台搭建、场景示范、产业生态等方面提出了对策建议。

关键词： 人工智能 机器学习 智能驾驶 智能装备 智慧医疗

一 人工智能产业发展形势非常紧迫

当前，新一代人工智能正在成为主导国家战略竞争力的重要支撑。全球主要国家和地区均在竞相发展新一代人工智能，力争掌握科技竞争制高点，重塑发展新优势。

从全球发展态势来看，人工智能成为国际竞争的新焦点，全球主要国家

---

[*] 章国亮，湖南省科学技术信息研究所助理研究员，主要研究方向为科技信息情报、产业竞争情报；李维思，湖南省科学技术信息研究所副研究员，主要研究方向为科技信息情报、产业竞争情报；刘蓓，湖南省科学技术信息研究所助理研究员，主要研究方向为财务管理和数据分析；郭小华，湖南省科学技术信息研究所副研究员，主要研究方向为科技政策和科技金融。

纷纷制订战略计划,抢占产业发展制高点;产业发展呈现"三足鼎立"之势,已成为全球新经济增长的重要"引擎"。这主要表现在以下几个方面。一是各主要国家抢先布局人工智能战略。截至2018年底,美、英、德、法、中等12个国家和地区发布了人工智能战略计划。其中,美国启动DARPA"人工智能探索"项目,计划未来5年投入20亿美元;欧盟计划到2020年投资至少200亿欧元发展人工智能;德国计划到2025年投入30亿欧元建设人工智能中心。二是各主要国家和跨国公司加快布局人工智能研发中心,抢占发展制高点。美国国防部建设人工智能联合中心,开发下一代人工智能技术;欧洲计划建立一个世界级人工智能研究所,在英国等多个欧洲国家设立科研中心;法国提出新建人工智能中心,并组建人工智能研究网络;微软、苹果等跨国公司也在全球加快布局人工智能研发中心。三是产业发展呈"三足鼎立"之势。全球人工智能企业主要集中在美国、中国、欧洲。美国硅谷是当今人工智能基础层和技术层产业发展的重点区域,以谷歌、微软、亚马逊等为代表形成集团式发展。中国是全球人工智能投融资规模最大的国家,投融资主要集中在技术层和应用层。欧洲通过大量的科技孵化机构诞生了大量优秀的人工智能初创企业。四是人工智能已成为新经济增长的重要"引擎"。据中国电子学会的统计,2018年,全球人工智能核心产业市场规模超过555.7亿美元,同比增长50.2%。麦肯锡公司预测,到2030年,人工智能将使全球GDP每年增加1.2%左右,新增经济总量13万亿美元。

  从全国发展态势来看,在创新、政策和市场等多重因素的引领驱动下,以及各有关部门和各地方政府共同推动下,近年来全国人工智能技术和产业呈现蓬勃发展的良好态势。地方政府高度重视发展人工智能,创新资源不断汇聚,应用场景丰富,产业发展实力雄厚,主要表现在以下几个方面。一是地方政府高度重视,各省份竞相布局。据不完全统计,2017~2018年,全国超过19个省份(含直辖市)发布了人工智能专项政策,将人工智能作为引领未来的旗舰产业进行培育,初步形成了北上广深产业高度集聚、中部省份积极布局跟进、各地百花齐放的人工智能发展格局。二是创新平台陆续建立,创新资源不断汇聚。北京、上海、深圳等城市汇集全国80%以上人工智能相关企业。目前，科技部已确认支持在北京、上海、合肥等11个城市建设国家新一代人工智能创新发展试验区；陆续确定了百度、阿里云、科大讯飞等15家国家新一代人工智能开放创新平台。三是大数据规模优势显现，应用场景丰富。2018年，全国数据量占全球数据量的23.4%，达到7.6ZB，预计到2025年，全国数据量将增至48.6ZB，成为最大数据国。各领域的海量数据不仅为人工智能提供了深度学习训练的土壤，而且也为智能化应用提供了丰富的应用场景。四是科研成果丰硕，产业发展位居前列。中国科学技术发展战略研究院研究显示，截至2018年底，在科研成果方面，全国专利申请量和PCT专利均居世界第三，科技论文发文量居全球第一。在产业发展方面，全国人工智能企业共3341家、融资金额276.3亿美元，均居全球第二，人工智能产业的发展仅次于美国。

从湖南省场景应用需求来看，人工智能将成为湖南省经济增长的新"引擎"。据埃森哲公司预测，到2035年，全国经济年增长率将在人工智能拉动下提高1.6个百分点，按此计算，未来人工智能将给湖南省带来数千亿元增值贡献。具体体现为以下几个方面。在制造领域，人工智能的使用可降低制造商最高20%的加工成本。湖南省作为制造大省，装备制造业是省内第一个万亿产业，尤其是工程机械、轨道交通、钢铁等产业享誉海内外，以人工智能引领和提升产业高质量发展，契合省委、省政府提出的"把湖南打造为中国智能制造示范引领区"的宏大目标，可以预见，未来湖南制造业将成为人工智能应用蓝海。在交通领域，汽车产业是湖南省第7个千亿产业，且湖南省轨道交通享有国际知名度，未来智能驾驶市场可期。在医疗领域，据行业反馈，医疗影像检查收入占医院总收入的10%以上，加上相关检查设备，湖南省仅此部分将是近百亿市场；同时，湘雅医院、省人民医院等对手术机器人、虚拟助理、智能诊断、老年护理等需求也不断扩大。在教育领域，截至2017年底，湖南省共有各级各类学校2.7万所、在校学生1317.8万人，教育总规模居全国第7位，由于资源分布不均衡，亟须引入人工智能加以弥补。在文化旅游领域，湖南省正在打造世界一流视觉产业集群，人工智能技术可助力湖南快速打造"中国V谷"。

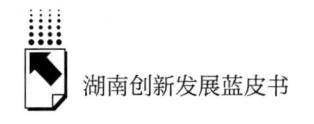

二 湖南省人工智能产业发展基础和特色

目前,在人工智能领域科研资源方面,湖南省拥有人工智能领域省部级研发平台6个、在湘院士5人。在研究成果方面,2008~2017年,湖南省人工智能领域核心论文为4641篇,总被引次数为31384次,在全国均排第11名;截至2018年底,湖南省布局的人工智能专利有3832件,在全国排第14名,整体上处于全国第二梯队。在产业发展方面,湖南省人工智能核心产业规模约60亿元,有企业400余家。整体来看,湖南省人工智能基本形成了基础层—技术层—应用层的全产业链格局,且在产业链各环节均有特色和亮点。

(一)基础层研发能力相对较强

湖南省在算力、大数据处理、基础架构、芯片、传感器等方面研究成果显现。在算力和大数据领域,国防科技大学自主开发了Sparc指令集CPU、飞腾1500、"天河"超级计算机等,其中天河二号获得世界超算"六连冠"殊荣,在世界超级计算机中排名第四;国家超级计算长沙中心天河超算存储系统获IO-500总榜单带宽第一名,是全球最快的存储系统;中车株洲所正在建设国内第一个轨道交通领域的大数据中心和应用研究中心;长沙工业云平台、天闻ECO云开放平台、爱尔眼健康医疗大数据服务平台建设等走在全国前列。在基础架构领域,国防科技大学研发构建的PK(飞腾CPU和麒麟OS操作系统)体系,正在成长为可替代国外同类产品比较完整、先进的计算机基础软硬件架构。在芯片领域,长沙景嘉微自主研发出国内首款拥有完全自主知识产权的GPU芯片、国科微一直在深耕安防监控芯片。在传感器领域,纳雷、格纳微、莫之比公司在惯导室内定位、毫米波雷达传感器等领域建立了研发体系。

(二)技术层部分技术相对领先

在计算机视觉领域,湖南大学拥有机器人视觉感知与控制技术国家工程实验室,其研发的遥感图像智能分析技术可为城市规划、应急救灾等方面提供更高效、精准的服务;中车株洲所在轨道交通领域的周界环视感知技术能有效提高轨道交通行车安全;睿图智能的目标视觉识别算法及系统能代替人眼对目标进行定位、识别、跟踪和测量等操作;千视通 Re-ID 视频大数据结构化平台可应用于图侦综合实战平台、视频智能快速检索系统等产品,并在全国多地项目中得到应用。在机器学习领域,国防科技大学、湖南大学、中车集团等单位一直致力于深度学习算法研究,在面向实时系统的强化学习理论、基于新一代人工智能技术的深度学习平台、轨道交通环境的先进控制与优化算法等技术领域有一定的研发基础和优势。

(三)应用层部分领域相对集聚

湖南省人工智能企业主要集中于下游应用层,在智能装备、智能驾驶、智慧医疗等领域相对较集聚,在智慧教育、智慧城市也陆续有企业开展相关研究和应用。在智能装备领域,三一重工、中联重科、铁建重工等企业正在研究开发设备物联管理平台和无人作业装备,其中三一重工物联管理平台使工作效率提升了 25%、事故率降低了 85%、成本节约 30% 以上。在智能驾驶领域,湖南湘江新区已在智能网联汽车产业基础、政策法规、人才资源和应用场景等方面形成了综合性竞争优势。国家智能网联汽车(长沙)测试区、湖南湘江新区智能网联汽车"两个 100 公里"项目稳步推进;国家先进轨道交通装备创新中心、中车株洲所、国防科大无人系统研究所、长沙智能驾驶研究院、亚光科技、云顶智能等在智轨列车、智慧公交、智能重卡、无人配送车、军用无人机、工业级无人机等方面研发了一批智能运载工具。在智慧医疗领域,湖南大学、中南大学一直致力于医疗大数据精准分析、智能超声诊断等方面研究;楚天科技已率先布局进入智慧医疗设备、医疗机器人等领域;光琇—自兴正在开展染色体智能分析诊断技术研究;博为软件基于医学影像三维重建脏器分析系统覆盖国内上千家医院。在智慧教育领域,讯飞启明、云天励飞、大洋软件等企业已率先开展相关业务。在智慧城市领域,华为已经与湘潭市政府开展合作,为湘潭市提供新型智慧城市解决方案。

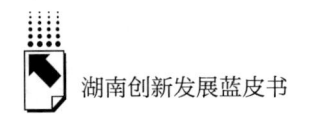

三 湖南省人工智能产业发展面临的问题

目前，湖南省人工智能仍未形成龙头带领和产业集聚态势，尤其在国家级创新平台建设、中高端人才聚集，政府政策支持和引导等方面有待进一步加强。

（一）龙头企业不多，产业规模整体偏小

湖南省人工智能产业中尽管有诸如景嘉微、长沙智能驾驶研究院等亮点企业，但大部分人工智能企业体量很小、层次不高，缺乏诸如科大讯飞、大疆、华为等明星企业的带领作用，产业集聚能力不够。在基础层，湖南省缺乏专做人工智能芯片的企业，仅在传感器、数据平台领域零星分布一些小型企业，未形成拳头产品和集聚规模；在技术层，湖南省在机器视觉方面有一定研发基础，但仅有睿图智能、千视通、智慧眼等数个企业，企业少，体量小；在智能语音与自然语言处理方面，湖南省的科研基础薄弱，企业相对偏少，仅有讯飞启明等少数企业；在应用层，除智能制造装备外，其他领域企业数量和质量均有待提高。

（二）国家级创新平台缺乏，创新动能有待增强

目前，湖南省在人工智能领域还未实现新一代人工智能开放创新平台和创新发展试验区等国家级创新平台的零突破。与广东相比，湖南省缺乏诸如腾讯人工智能实验室、华为诺亚方舟实验室等大型企业的人工智能深度研发平台，不能有效引领中小微企业创新创业。其根本原因在于湖南本土企业自主创新能力不够，未能打造出品牌产品。在创新原生动能方面，与安徽相比，湖南省缺乏诸如中国科学技术大学等能将原始创新科研成果成功转化为亮点产业的经典案例。国防科技大学在自主无人系统、传感器、芯片、算力、机器视觉等方面的研究走在全国前列，但大部分涉及军工领域，对民口产业转化动力不足，暂不能对省内人工智能产业起到引领支撑作用，军民融合和成果转化等体制机制壁垒亟须进一步破除。

（三）中高端人才缺乏，人才环境亟待优化

人工智能竞争以人才为根本。湖南省人工智能院士数量较多，但在产业发展领军人才、科技研发中高端人才、企业技术研发骨干人才、应用落地推广人才、孵化平台建设人才等方面还较欠缺，人才短缺是湖南省乃至全国人工智能发展的最大短板。调研发现，国防科技大学、中车集团等单位人工智能核心骨干研发人才流失严重，一方面是沿海城市薪资待遇好，核心岗位工资高于湖南省数倍；另一方面是湖南省对重点产业领域的中高层技术研发人才在住房、教育、医疗、人才评价、绩效分配等方面的配套优惠政策落实不到位。

（四）场景应用准入门槛高，亟须支持和引导

目前湖南省人工智能整体仍处于初始发展阶段，加上人工智能产业尚未形成有影响力的生态圈和产业链，场景落地难，企业短期多难以盈利，亟须政府支持和引导，主要原因有以下三点。一是产品成本高。人工智能技术要求高，研发投入大，加上短期应用量少，不能有效分摊成本，致使单个产品售价相对较高，难以落地应用。比如，长沙智能驾驶研究院研发的一套车联网（V2X）产品售价10万~30万元，每100米道路需安装一套，整体费用较高，短期内难以实现大面积应用。二是用户担忧数据不安全风险。据国家超级计算长沙中心反馈，目前超级计算中心计算能力供过于求，在超级计算中心进行计算的以高校科研院所和小企业为主，大企业反而较少，担心核心机密因上云端有被泄露的风险。三是缺乏核心数据。据云天励飞反馈，一些核心数据掌握在相关管理部门和行业机构手中，普通企业难以获得，进而造成数据孤岛，影响了人工智能应用的落地。四是技术有待提高。除少数营销、风控、安防等人工智能技术可直接落地的应用场景外，大多数传统行业的业务需求与人工智能的前沿科技成果之间尚存在不小差距，场景落地应用与人工智能技术的结合尚处在探索阶段，亟须政府示范应用予以支持。

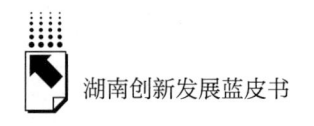

四 湖南省发展人工智能产业的对策建议

人工智能的发展，正成为新一轮产业变革的核心驱动力，现处于快速发展、普及应用的重要时期，对促进湖南加快新旧动能转化将起到关键作用。湖南省应乘势而为，牢牢抓住发展重大机遇，奋力推进人工智能产业快速发展，为高质量发展赋能。

（一）加强顶层设计，制定出台行业政策与法规

加强顶层设计与组织协调，成立湖南省新一代人工智能创新发展领导小组，加强科技、发改、工信、教育等部门的协调联动，协同制定湖南省人工智能相关行业政策和法规。一是制定支持人工智能发展相关政策。抓紧制定出台湖南新一代人工智能五年发展规划、湖南省智能经济中长期发展规划等纲领性政策文件，并研究制定与之配套的研发生产、市场准入、金融补贴等政策细则，形成政策支撑体系。二是出台数据安全监管相关法规。重视对数据采集权、应用权规范管理，出台数据监管法规以保障大数据的安全性，为大数据安全提供法律保障。三是研究绘制人工智能产业创新地图，实施精准引智招商。围绕产业基础层、技术层、应用层，按照"强链—补链—延链"原则，跟踪全球顶尖机构与团队，研究绘制引智地图、企业地图，按图索骥实施精准引智，招揽全球顶尖研究团队与科研人才。

（二）加快项目布局，突破产业发展技术瓶颈

由省科技厅牵头，制定湖南省人工智能重点项目布局方案，开展相关研究。一是开展前沿基础理论研究。强化原始创新，重点对类脑智能、量子智能、群体智能、跨媒介感知、框架系统等基本理论或核心技术进行布局攻关，形成湖南省人工智能基本理论和关键技术创新策源地。二是开展关键共性技术研究。聚焦湖南省现有优势领域，以自主构建底层算法的共性技术为目标，开展计算机视觉与图像识别、自然语言处理、人机协同、

知识计算引擎与知识服务、复杂场景感知与认知、跨媒体分析与推理、自主精准感知与操控、工业互联数据驱动与知识引导关键核心技术研究。三是开展核心智能产品攻关。以打造全国知名的人工智能品牌产品为目标，强化湖南省人工智能现有优势，重点聚焦智能装备、智能网联驾驶、智慧医疗、智能传感器、高性能计算芯片等核心领域新产品开展项目布局，形成湖南省新一代人工智能产业发展重点与特色。四是开展人工智能相关政策体系研究。聚焦大数据安全、数据资源开放和利用、人工智能社会法律和伦理道德的边界等关键环节，研究制定和完善相关的法律法规、伦理规范、行业标准等，以确保湖南省人工智能与产业融合发展一直走在安全、合规、有序、可控的道路上。

（三）搭建创新平台，培育产业发展内生动力

创新平台是科技创新的重要支撑。一是全省大力支持长沙申报建设国家新一代人工智能创新发展试验区工作，打造长沙人工智能创新高地。二是建设布局湖南省新一代人工智能开放创新平台。以行业优势企业建设为主，鼓励联合科研院所、高校参与建设湖南省新一代人工智能开放创新平台。三是成立人工智能实验室。整合湖南省人工智能产业创新资源，重点依托岳麓山大科城人工智能领域优势科研院所和企业，成立人工智能实验室，打造岳麓山大科城人工智能研发、创业、孵化生态圈。实验室面向全省各类创新创业主体开放，重点组织数据共享，支持算法开源，推动场景开放，加强军民融合，致力于推动人工智能理论、数据、算力、算法等方面的协同创新，构建自主可控的产业生态。在基础理论和关键共性技术方面，实验室重点攻关机器学习、类脑智能计算、核心算法、高性能计算、自然语言处理、模式识别、计算机视觉与图像处理等理论或技术；在成果转化方面，实验室与人工智能领域优秀企业共建孵化器、共设投资基金，搭建创新转型工坊、创新实验室、项目实战空间、应用演进与运营"四维一体"的人工智能"能力开放工场"，塑造产业垂直生态，推动研发成果迅速开展场景应用；在军民融合方面，实验室重点对接国防科技大学人才与技术资源，在机制体制上破解

制约军民融合的壁垒难题，发挥国防科技大学在湖南省人工智能领域的支撑作用。

（四）强化示范引领，培育人工智能龙头企业

结合智能湖南建设需求，开展"人工智能+"场景应用示范。一是大力培育人工智能龙头企业。发挥政府资金的杠杆和乘数效应，引导整合社会资金，探索建立支持人工智能专项发展基金，支持人工智能龙头企业；研究制定龙头企业"一企一策"扶持政策；加强龙头企业品牌宣传，扩大市场影响力。二是率先聚焦智能装备、智能驾驶、智慧医疗3个场景应用领域开展示范应用工程。依托工程机械、轨道交通、航空航天、汽车制造、矿山/海装装备等行业领域实施"AI+制造"应用场景示范工程，推进智能制造关键装备、核心支撑软件、工业互联网等系统集成研发和应用，鼓励企业引进智能化柔性生产线，鼓励研发和建设智能制造云服务平台，推广流程智能制造、离散智能制造、网络化协同制造等新型制造模式，重点将长株潭打造成全球智造之都。依托国家智能网联汽车（长沙）测试区建设实施"AI+交通"应用场景示范工程，推进智能汽车研发、智慧公交体系建设与应用，将湘江新区打造成具有全国影响力的智能网联汽车产业基地；探索人工智能技术在车联网与交通路网协同优化领域的应用，实现路况预测、交通引导系统、道路管控等的智能化，筹建中部智慧物流枢纽；推动新型智能轨道交通建设，支持在长株潭建立新型智能城际磁浮交通系统试验与示范基地。依托湘雅医学院与相关院校和企业实施"AI+医疗"应用场景示范工程，推动开展智能诊疗、智能影像识别、医疗大数据、医疗机器人、智能药物研发、智能健康管理等领域的技术攻关和应用，鼓励开发建设医疗云平台，围绕"智慧医院"开展智慧健康医疗服务体系建设和应用。

（五）优化产业生态，打造人工智能产业高地

人工智能产业的高质量集聚发展需要营造与之适应的产业生态。一是加快培养、聚集人工智能高端人才。加强人工智能产业人才需求调研与预测，

建立急需紧缺人才目录并坚持定期动态更新，丰富引才模式，加强与粤港澳大湾区及国内外科研机构合作，积极探索关键核心技术项目"揭榜挂帅"机制，鼓励采取项目合作、技术咨询等方式柔性引进人工智能人才；鼓励省内高等院校布局人工智能学科，开展人才定向培养，支持校企联合培养人工智能人才、共建人才实训基地。二是积极部署公共服务平台。依托省直相关科技公共服务机构，围绕场景应用需求建设人工智能公共服务平台，定期开展国内外行业交流对接、举办高水平人工智能行业大会、企业家峰会、专题展览、论坛、竞赛路演等。三是加强国际合作。推动在湘举办人工智能国际科技合作交流活动；鼓励省内单位与国际知名科研机构和企业共建人工智能国际联合研究院、研究中心、联合实验室等；鼓励省内企业加快全球人工智能布局，对外开展兼并收购、股权投资等活动，加强与国际人工智能研究机构的合作。

参考文献

谭铁牛：《人工智能的历史、现状和未来》，《求是》2019年第4期。

刘越：《美国国防部宣布计划在五年内投入20亿美元用于人工智能开发》，《信息安全与通信保密》2018年第10期。

房强：《欧盟大力推动人工智能发展》，《世界教育信息》2018年第13期。

中国人工智能发展报告：《中国已成全球人工智能投融资规模最大的国家》，科技与金融，2018。

胡志坚、赵志耘等：《2019年中国新一代人工智能发展报告》，2019。

B.27
湖南两型采购政策探索与实践研究

赵煜明　易春　郭小华*

摘　要： 两型产品政府采购政策已经被国家发改委上升为两型试验区建设的国家经验。湖南省两型产品政府采购政策属全国首创，在助力企业发展、带动产业升级、推动区域创新发展等方面取得了显著成效。但在政策实施过程中，存在政府采购范围窄、认定涉及部门多、政策体系不全、宣传力度小等问题。针对湖南省两型产品政府采购政策存在的问题，提出了完善两型产品政府采购政策体系、提高两型产品政府采购政策执行力和营造两型产品政府采购环境等建议。

关键词： 两型产品　政府采购　产业创新　湖南

为加快两型社会建设，利用先行先试政策优势，湖南于2013年12月启动了两型产品政府采购政策（简称两型采购政策）。通过两型产品标准体系建设、两型产品评审认定、两型采购程序化与法治化绿色制度建设，率先在全国对绿色产品实行政府优先采购，两型发展的政策效应逐步显现，有效推动了湖南省两型产业形成，促进了产业结构调整升级，"两型产品政府采购"更是作为湖南七大两型建设经验之一，被国家发改委上升为两型试验区建设的国家经验。

---

* 赵煜明，湖南省科学技术事务中心助理研究员，主要研究方向为科技项目管理与评价；易春，湖南省科学技术事务中心研究员，主要研究方向为科技政策研究与评价；郭小华，湖南省科学技术信息研究所副研究员，主要研究方向为科技政策和科技金融。

一 两型采购政策实施效果

从2013年至2019年,湖南省先后开展了8批两型产品认定工作,累计受理1086家企业的4079个产品,累计认定564家企业的2061个产品,纳入《湖南省政府采购两型产品目录》(见表1)。

表1 湖南省两型产品前八批申报及入围情况

批次	申报企业数（家）	申报产品数（个）	认定企业数（家）	认定产品数（个）	产品入围率（%）
第一批	83	322	70	285	88.5
第二批	137	588	45	195	42.8
第三批	103	263	46	112	42.6
第四批	75	458	39	211	46.1
第五批	160	516	77	288	44.2
第六批	170	611	81	264	43.2
第七批	161	576	83	257	44.6
第八批	197	745	123	449	60.3
合计	1086	4079	564	2061	—

资料来源:根据申报系统数据整理得出。

(一)两型产品采购"双升"促进企业"双量"同步发展

1. 两型产品参与政府采购招投标率与中标率"双升"

两型采购政策实施以来,通过首购、定购及评审优惠等方式,不断扩大两型产品的采购份额。政策实施后两型产品参与政府招投标的次数不断提高。据统计,两型产品参与政府采购招投标的次数从2016年的6919次上升到2018年的10433次,增速达到22.80%(见图1)。湖南省两型产品参与政府采购招投标中标率从2016年的60.60%提升到2018年的70.20%,提升了近10个百分点。

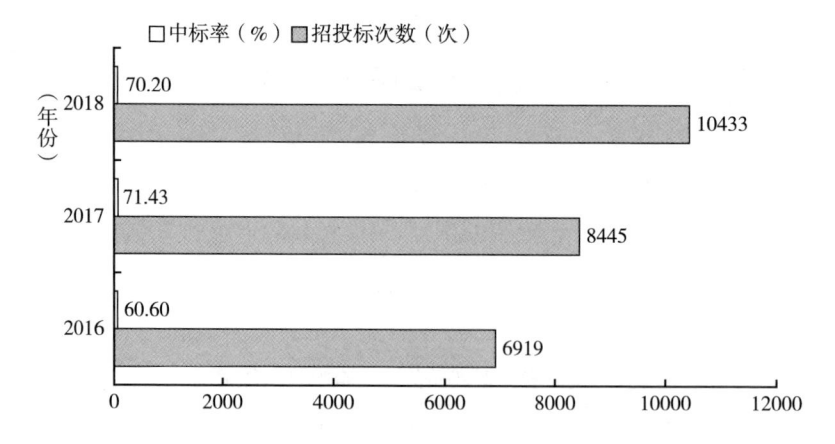

```
              □ 中标率（%）  ■ 招投标次数（次）

（年份）
    2018  70.20
          ████████████████████ 10433
    
    2017  71.43
          ████████████████ 8445
    
    2016  60.60
          █████████████ 6919
    
          0    2000   4000   6000   8000  10000  12000
```

图1 2016~2018年湖南省两型产品参与政府采购招投标情况

2. 企业两型产品生产和销售规模"双量"提升

两型采购政策不仅促进了政府两型采购、两型消费，更重要的是促进两型企业生产和销售规模大幅度提升。申报两型产品的企业生产规模从2016年的5.55亿台/套增长到2018年的13.38亿台/套，年均增长率超过50%。政府两型采购政策同时扩大了企业的销售规模。根据企业反馈的数据，2018年两型产品企业销售收入达428.34亿元，其中两型产品政府采购销售收入117.08亿元。

3. 两型产品采购助推湖南省高新技术企业发展

湖南省两型产品政府采购政策实施以来，吸引了一大批高新技术企业申报两型产品，企业不断升级技术、改进流程、加大研发投入，向可持续、绿色方向发展。同时，由于两型采购政策的带动，一大批企业积极调整产业结构，加大研发投入，持续提高创新能力，积极申报认定高新技术企业。据统计，2018年、2019年申报两型产品的企业中高新技术企业为161家、155家，分别占78.26%、84.24%，高新技术企业已成为两型产品申报的主体。

（二）两型产品政府采购助力产业转型升级发展

1. 带动企业自主创新研发投入逐年增加

政府的强大购买力和两型产品采购的高标准与新要求，形成了企业增强研发投入的原动力，企业自主开展技术创新、攻关的投入呈快速上升的趋势。申报两型产品的企业自主开展技术创新、攻关的投入从2016年的16.12亿元增长到2018年的23.51亿元，年均增长率超过20%。

2. 促进新设备和新工艺广泛应用

湖南省两型产品政府采购认定标准既突出产品生命周期的两型性，又强调了产品生产企业的两型性。两型采购政策的实施，扩大了新技术、新工艺和新材料等节能技术的应用和加大了新设备的引进和投入，推动新工艺和新设备产业化应用率稳步提高。如长沙中联重科环境产业有限公司的产品ZLJ5180TXSDFE5洗扫车采用降噪风机的新技术，优化了整个车身的风道系统，使噪声降低2~3分贝，油耗降低10%左右。

3. 推动传统行业向绿色产业转型升级

以中联重科为例，借助两型产品政府采购加快由传统工程机械向环保产业转型，形成了9大类近100种环保产品的规模，环保业务收入由2013年的38亿元增长到2018年的近100亿元，环保业务收入占集团总收入的比重由2013年的11.69%增长到2018年的37.46%。

4. 推进产业链条向上下游延伸

在两型采购政策实施初期，获得两型产品认定资质的更多地是大型龙头企业，在两型政策的引导下，大型龙头企业不断补足、延伸产业链，从而带动整个产业链的发展，打造出完整的上下游产业链，提升两型产业的价值链。如湖南生命伟业环保科技股份有限公司，其水处理技术入围两型产品目录后，有效带动了罐体、阀门、管道、泵、膜等上游原材料产业的发展。

（三）两型采购政策促进湖南创新发展

1. 科技创新产出水平不断提升

两型产品政府采购政策为企业带来新的发展契机，同时激活了企业的创新活力，使其展现出更强劲的创新动力，取得专利、著作权、行业标准等一系列创新成果。据统计，自两型采购政策实施以来，入围两型产品的企业，两型产品获奖占全部获奖的95%；获得著作权占全部获奖的4%。专利等创新成果占比也大幅提升，企业反馈数据显示，2016~2018年两型产品企业申请的专利总数达53528项，其中发明专利25792件，发明专利申请占比达48.2%；两型产品相关的专利授权总数为29803项，其中发明专利7640项，发明专利授权占比达25.6%，年均增速达12.12%。两型采购政策为企业获得更多的创新投入资金，为其开展技术创新提供了更大保障，使企业技术创新能力得到提升、科技创新产出水平逐步提高。

2. 创新环境不断优化

两型采购政策为企业带来了广阔发展空间的同时，也促进了创新环境的不断优化。在两型产品的认定评价体系中，有多项指标涉及创新投入、创新平台、创新成果、创新团队等创新要素。两型采购政策促进企业不断加大研发投入，据统计，两型产品企业研发投入占产品销售收入的比重均达到5%以上；两型采购政策促进企业积极搭建创新平台，在申报两型产品的企业中，近三成企业拥有省、市级以上工程技术研究中心或重点实验室等创新平台；两型采购政策也吸引了更多的高端人才进入企业，明显改善企业人才结构，据统计，2018年两型产品企业研发设计人员达50901人，其中硕士及以上人员占比达36.5%。在两型采购政策的带动下，企业通过增加研发投入、引进高端人才、加强创新团队和创新平台建设，优化创新环境，取得大批创新成果，促进企业创新发展。

3. 创新协作不断加强

自两型采购政策实施以来，两型产品企业不断提升企业品牌形象、促进产品品质升级、激发技术研发。企业以两型采购政策为契机，通过市场推广，将市场范围逐步扩大，获得更多的对外合作机会，破除区域创新壁垒，加强区域创新协作，提升区域创新能力。据统计，入围两型产品的企业中，25.00%的企业参与了外省政府采购，56.25%的企业参与了省本级财政采购，81.25%的企业参与了市州财政采购，50.00%的企业参与了县市区财政采购（见图2）。企业通过不断参与各地政府采购，获得更多展示自身技术创新水平的机会，拓宽业务范围和合作地域，提升区域创新能力。

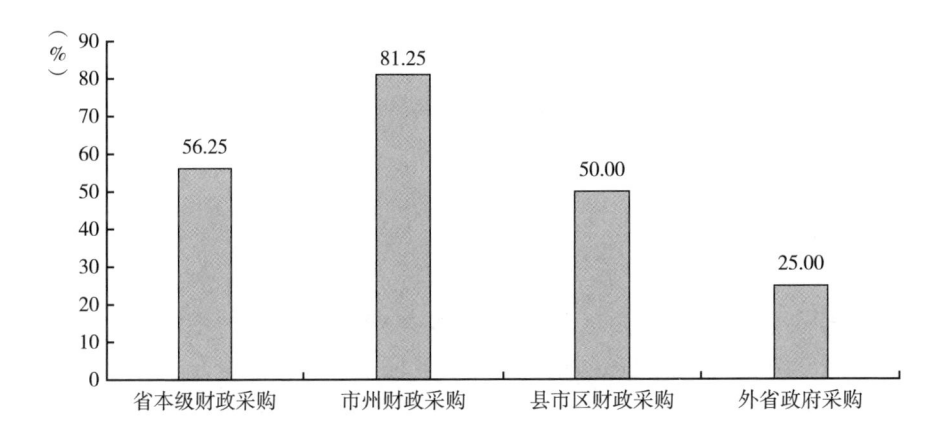

图2 湖南省两型产品企业参与政府采购情况

二 政策实施中存在的主要问题

湖南省两型产品政府采购政策属全国首创，在实施过程中虽然成效显著，但也存在一些亟待解决的问题。

（一）两型产品政府采购范围窄，支持力度偏小

目前，两型产品认定范围涵盖了大部分货物类产品及服务类中的"合同能源管理服务""合同环境管理服务"产品。其中，货物类产品大多集中在通用设备类产品，历年申报产品数约占50%；服务类产品申报数量较少，第六批至第八批累计受理25家企业的26个产品，仅占申报产品总数的1.3%。第九批两型产品申报新增资源综合利用类产品，但未涉及工程类产品。对两型产品的政策支持主要体现在《湖南省政府采购两型产品认定办法》中"两型产品在参与政府采购招投标评审时可给予5%~10%幅度不等的价格扣除，或4%~8%幅度不等加分"这一政策优惠，对企业无相关资金支持，预留采购份额等政策也未涉及，两型采购占政府采购份额较小，支持力度远远不够。

（二）两型产品认定涉及部门多，协调难度较大

两型产品政府采购评审工作为年度集中评审，由于此项工作涉及省财政厅、省两型服务中心、省科技厅、省生态环境厅、省工信厅、省市场监督管理局6家主管单位，协调难度大。目前，一年只发布一批目录，目录中产品有效期为2年，但文件的出台需要每个部门层层审批，导致两型产品政府采购从申报受理结束到正式文件出台周期长，目录更新较慢，影响了政策效用发挥。此外，虽然两型产品政府采购政策明确了责任主体、任务划分，但内容多是原则性、鼓励性条款，非强制性要求，对部门与地方政府如何落实好政策也没有提出明确要求，更缺少相应的监督和追责机制，实际操作中协调难度很大。

（三）两型产品政府采购政策体系不全，配套措施不完善

湖南省开展的两型产品政府采购政策属全国首创，还处于边摸索边完善的阶段。虽建立了两型产品政府采购认定办法、两型产品认定标准、评审认定目录、政府采购支持办法"四位一体"的两型产品政策体系，但政策仅针对两型产品本身，未涉及支持两型社会建设、财税支持、金融扶持、消费补贴等专门性配套政策，相关的政策执行、管控等具体实施细则还有待进一步完善，两型采购政策促进经济发展的作用还没有充分发挥，制度体系建设仍有一定局限性。

（四）两型产品政策宣传力度不大，社会认知度不高

湖南省科技厅每年组织各市州科技主管部门及相关申报企业进行相关培训，但培训辐射范围有限，许多企业未充分了解两型采购政策，部分市州甚至没有申报两型产品，例如湘西州、张家界两地区第七批、第八批产品申报数均为0。目前，政府对两型采购政策的宣传主要集中在各主管部门及机构内部，未面向社会大众进行广泛宣传，导致两型采购政策的社会认知度不高，尚未形成两型采购的浓厚氛围，社会大众"两型消费"理念还有待进一步加强。

三 相关对策建议

（一）完善两型产品政府采购政策体系

1. 完善两型管理制度体系

在现有"四位一体"两型产品制度体系的基础上，将现有《湖南省政府采购两型产品认定办法》上升为《湖南省政府采购两型产品、工程和服务认定办法》，同时研究制定相关标准、评价体系，构建包括货物、服务和工程的完整两型采购管理体系。同时，进一步推动两型产品首购工作，遴选一批市场占有率高、技术创新性强、产业发展潜力大的产品，开展两型产品政府首购政策试点，制定采购需求标准、工作流程规范，预留采购份额，加强市场监督，进一步加大政府对两型产品的扶持力度。

2. 完善两型政府采购配套政策

逐步完善财税支持与金融扶持等方面的配套政策，通过投资补贴、产业补贴、消费补贴等财政补贴措施和差别税率、优惠税率、税收返还等税收激励政策，加大对两型企业的支持力度；通过政府引导和政策扶持，鼓励金融创新，提高金融资源配置效率，推动金融市场加大对"两型"产业和企业的资金投入。同时，对清洁生产的企业进行财政补贴，鼓励其引进先进的生产设备，采用环保工艺流程，实现绿色环保生产。

（二）提高两型产品政府采购政策的执行力

1. 建立统一的协调管理机构

目前，两型产品政府采购政策涉及省财政厅、省两型委、省科技厅、省工信委、省生态环境厅、省市监局等六个部门，部门之间通过联席会议机制制定有关政策，作出有关决定。为了充分发挥两型采购政策实效，建议将两型采购由部门上升到政府层面，由省委、省政府统筹，由分管省领导牵头，各相关部门参与，打破部门壁垒，对各职能部门在政府采购中的作用予以明

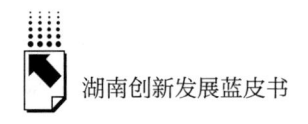

确，同时要求各部门严格贯彻落实相关政策，并将两型采购政策实施效果纳入部门年度考核目标。

2. 培育两型采购专业服务机构

培育专业的两型服务机构，开展相关两型咨询服务、清洁生产审核服务、组织指导循环经济试点服务等，及时向社会发布两型采购政策、两型技术、管理办法等方面的信息；开展两型采购政策研究、理论研究、实践探索研究，完善两型服务体系，做好评审认定等全流程管理服务，搭建起企业和政府之间的桥梁，强化两型采购政策的贯彻实施。

3. 培养两型采购专业人员

重视两型采购专业人员培养，构建两型产品政府采购专业人才队伍，特别是加强对各市州相关部门人员的培训，加快培养一批有专业背景、熟悉两型采购政策、了解两型工作流程的专业人才队伍，为企业申报两型产品提供正确的指导和专业咨询服务，为湖南省两型产品政府采购政策的深入实施提供人才保障。

（三）营造两型产品政府采购的良好环境

1. 培育两型市场需求

政府通过消费补贴政策鼓励购买经过生态设计或通过环境标志认证的产品，引导消费者选择优质的环保产品，激发其环保主体责任意识，把与发展两型社会密切相关的生态环保和资源节约逐步变成全体公民的责任意识和自觉行为，逐步培养起两型产品消费的强大市场需求。

2. 提倡两型消费理念

加大舆论宣传力度，通过报刊、电视、电台、网络等传媒，广泛开展宣传工作，为两型社会建设提供良好的文化氛围，引导大众认识两型、建设两型，为全民参与提供方向和目标指引。提倡绿色消费习惯，引导公众在消费过程中自觉把绿色产品作为选购目标，形成人人偏爱绿色产品的风尚，培育两型消费的价值理念和文化习惯。

3. 开展"两型"示范创建

通过创建两型示范基地、两型园区、两型社区、两型小镇、两型机关、两型企业、两型学校、两型景区、两型家庭等，将两型技术产品、两型生活方式、两型服务设施、优美生态环境、两型文化等两型要素融入社会基层单位，进一步普及民众两型意识，动员每一个"社会细胞"，使两型社会建设从盆景走向花园，让"处处皆两型、人人可两型"的理念深入人心。

参考文献

马美英、易春：《全面推进两型产品政府采购政策的建议》，《中小企业管理与科技》2016年第12期。

孙红玲：《中国"两型社会"建设及"两型产业"发展研究——基于长株潭城市群的实证分析》，《中国工业经济》2009年第11期。

徐伟、王会静：《低碳绿色建筑建设对社会就业的带动效应分析》，《价值工程》2018年第4期。

陈岚：《以绿色采购促进"两型社会"建设》，《中国政府采购》2013年第7期。

杨彩凤、赵煜明：《两型产品政府采购政策对产业发展的政策效果研究——以湖南省为例》，《创新科技》2019年第3期。

易春：《政府两型采购理论与湖南实践研究》，湖南人民出版社，2016。

B.28
坚持市场需求导向 推进湖南科技成果转化事业高质量发展

曹山河 李宇[*]

摘 要： 科技成果转化日益成为制约湖南省科技创新的关键环节，构建需求导向型的成果转化模式为破解成果转化难的问题提供了重要思路。本报告阐述了湖南省构建需求导向型科技成果转化路径的现实条件与存在的主要问题，提出了效仿我国土地制度改革的方式将科技成果的使用权（或商业收益权）从所有权中分离出来、建立"企业出题专家揭榜"的制度安排和成果转化会诊制度、让研究生深入参与技术经纪工作等建议。

关键词： 市场需求导向 科技成果转化 高质量发展

2020年3月30日发布的《中共中央国务院关于构建更加完善的要素市场化配置体制机制的意见》，明确将技术和土地、劳动力、资本、数据并称为发展社会主义市场经济的五大要素。这表明随着科技革命与产业革命浪潮的兴起，经济发展的内在动力已经由资本驱动变成了创新驱动。目前，我国科技创新已经从全面跟踪进入领跑、并行与跟踪"三跑"并存的新阶段，具备了大规模应用科技成果、依靠创新驱动发展的基础；但受到法律环境不

---

[*] 曹山河，中共湖南省委党校湖南行政学院科技与生态文明教研部副主任、湖南省科技战略研究中心执行副主任、教授、硕士生导师，主要研究方向为科技战略、科技与社会；李宇，博士，中共湖南省委党校湖南行政学院研究中心讲师，主要研究方向为科技成果转化、数字经济等。

完善、科技成果大多以论文为主、专利的应用性不强等因素制约，目前我国科技成果转化率仅约为15%，而欧美发达国家的转化率则高达45%。这说明我国科技成果转化的效率亟待提高。湖南作为中部科教大省，在坚持市场导向的发展思路下，近年来在推动科技成果转化方面取得了显著成效。2019年，湖南省共登记技术合同9023项，实现技术合同成交额490.69亿元，较2018年增加209.02亿元，同比增长74.21%。科技成果转化事业逐步实现高质量发展。

一 湖南省构建需求导向型科技成果转化路径的现实条件

近年来，全省各级政府把促进科技成果转化作为实施创新引领开放崛起战略的重要内容和建设创新型省份的重要抓手，积极贯彻落实"一法一办法"，全省需求导向的科技成果转化体系已经初具雏形，研究探索湖南省构建需求导向型科技成果转化路径的现实条件已经具备。

（一）构建需求导向型科技成果转化路径的立法准备比较充分

2019年11月1日起，《湖南省实施〈中华人民共和国促进科技成果转化法〉办法》（2019年修订）（以下简称《办法》）。《办法》落实了各级政府在成果转化中的责任，明确了要"建立健全以企业为主体、市场为导向，研究开发机构、高等院校、科技中介服务机构等组织和科技人员共同参与的科技成果转化体制"。在使用财政资金设立应用类科技项目和其他相关科技项目的，《办法》规定："有关行政部门、管理机构应当完善科研组织管理方式，以相关行业、企业需求为主导制定相关科技规划、计划和项目指南。"这说明，湖南省已经充分认识到应以需求为导向，来牵引科技成果转化体系的构建，并在立法层面做好了充分的准备。

（二）构建需求导向型科技成果转化路径的理念共识已经基本形成

推进科技成果转化工作需要科技厅与教育、卫生健康、生态环境等多部

门多领域协同合作，并充分发挥产业技术创新战略联盟、行业协会、新型研发机构等在挖掘企业需求、促进技术供需对接等方面的作用，打破部门、区域、学科界限，促进技术链与产业链深度融合。目前，湖南省在科技厅的协同下，各部门面向企业需求的成果转化联动工作已经展开，如科技厅会同省金融监督管理局、省工信厅等部门开展科创板上市后备企业培育；省卫生健康委服务精准扶贫，遴选适宜技术推广项目，面向贫困地区开展培训；省生态环境厅通过加大环保科研和推广力度，强化企业科技成果转化意识，促进科研成果转化等。成果转化的相关主体构建需求导向型科技成果转化路径的理念共识已经基本形成。

（三）构建需求导向型科技成果转化路径的市场已经初具雏形

省科技厅通过开展"科技成果转化年"活动，建立健全以"企业创新需求"为导向的科技计划项目机制，支持企业牵头开展产学研合作，引导各类企业主动对接高校和科研机构，多领域、多形式地进行科研攻关合作，初步构建了需求导向型的湖南特色成果转移转化体系。目前，湖南省级科技创新计划项目中，企业牵头承担的占80%以上，80%的重大科研成果来源于协同创新；全省全社会研发投入的80%来自企业研发投入。从技术交易合同的构成上看，2018年高校和科研机构共登记技术1624项，成交额为16.85亿元，企业法人登记各类技术合同4053项，成交额为257.82亿元，占全省技术合同成交总额的九成多；表明湖南省构建需求导向型科技成果转化路径的市场已经初具雏形。

二 湖南省构建需求导向型科技成果转化路径存在的问题

尽管湖南省构建需求导向型科技成果转化路径的现实条件已经具备，但是在实践中仍然存在诸多问题，主要包括以下几方面。

（一）政府关于成果转化的机制不够灵活

近年来，我国一直致力于推进相关法规和制度建设，推动高校科研成果转化率有所提升，但整体仍处于较低水平，主要就是因为制度的设计并没有真正抓住科技成果转化的"牛鼻子"：我国是公有制体制，科研单位属于事业单位或者国有企业，科研人员的职务创新属于"国有资产"，因此从法理上说，科技成果转化的利益所得应属于集体所有，这就导致对科研人员的激励有所缺失。在市场经济体制下，理性人的决策会根据利益分配机制来调整，进而使很多科研机构创新动力不足。

尽管《办法》对科研人员成果转化利益所得做了充分的保证，但是在执行过程中，还存在诸如股权转让、税务成本、考核方向等基于成果归属权而引发的各种问题。尤其是对位于长沙的国防科技大学来说，由于其管辖权力并不在湖南，很多先进的科研成果并没有在本地有效转化，对于湖南经济的推动和促进作用并不是十分明显。

（二）高校与企业的对接渠道不通畅，信任合作机制不健全

从全国到湖南，目前衡量成果转化率主要是拿技术转让合同交易额和科研投入做比较，但现有的技术转让合同交易过程没有形成标准化模式和路径，基本依靠企业家和教授各自的人脉圈以及各种"随机偶发"事件的促成。出现这一现象主要有三个方面的原因。一是高校的科研成果质量不高，囿于现行高校管理的体制机制，教授们的指挥棒还是发论文评职称，真正能提供解决产业界问题的技术凤毛麟角，满足市场需要的专利技术不多。二是企业和高校之间的互信机制没有建立，一方面，企业对教授们的成果能否真正解决其技术问题持怀疑态度，或者从逐利的角度说，企业希望找到很快可以实现转化的技术。另一方面，教授们在不明确企业是否愿意购买其成果之前也不想付出过多，且对企业的技术需求无法真正把握。三是成果转化各方之间的责权利设计不明确，利益共享和风险共担机制不完善，一项技术从实验室走到最终的用户市场，需要经过高校技术研发、企业把技术转化成产品

的研发、实现大规模量产和推向市场四个步骤，其中的每个过程都需要教授提供技术支持，和企业共同进行技术攻关和产品打磨调试；但由于技术成果是一次性交易，经常出现企业买断技术产权后，后期技术方没有持续跟进指导，最终无法形成产品转化。

（三）企业有效技术需求表达能力不足

需求导向的成果转化首先就是要找到技术需求，但现实中企业往往无法有效表达技术需求。湖南省在2018年成立潇湘要素大市场，初衷就是要建立科技成果转化项目库、技术需求库、专家人才库、科技服务机构库，采用O2O模式，面向全社会提供综合性专业化服务。但是成立至今上网技术需求仅163条。究其原因，一是企业把市场需求转化为技术需求的能力不足。企业的技术需求来源于市场的需求，市场需求首先要被"翻译"成技术需求，技术需求再被"翻译"成为科研人员可以解决的科学问题，这两个需求的"翻译"必须依靠同时具备企业技术研发背景和科研能力的技术专家来解决，但如果企业没有研发活动就很难直接实现技术"翻译"。现实中这种情况不是个案，如永州市914家规模以上工业企业中，没开展研发活动或者研发投入很少的企业有307家，占比达到1/3。二是跨学科的技术需求"翻译"难度更大。现实中来源于企业的技术需求往往不是单一学科能够满足的，跨学科的技术需求意味着翻译者需要更综合的科研背景，或者需要专家团队解决，但遗憾的是，重要的"翻译"过程往往被技术成果转化机构所忽略，且具备这样能力和素质的专家并没有真正服务于科技成果转化事业。三是技术供需双方的信任关系薄弱造成技术"翻译"与技术转化脱钩。"翻译"是转化的基础，技术需求的"翻译"具有一定的复杂性，却很少有企业愿意为单纯的"翻译"付费，另外出于对企业技术保密的潜在担心，在技术供需双方没有建立充分信任之前，技术需求方往往不愿意"交底"，技术供给方在没有签订技术交易合同之前也不愿意投入过多，这种"翻译"和转化的脱钩在一定程度上也阻碍了有效需求的满足，导致目前的科技成果转化工作表现出更多的盲目性和低效性。

（四）中介机构弱小散导致服务能力不足

根据国际经验，当企业的技术表达能力不足时，前述的技术需求"翻译"工作是由成果转化中介机构来进行的，但是目前湖南省的成果转化服务机构呈现弱小散特征，导致中介服务能力不足，直接或间接地影响了科技成果的有效转化。一是机构的总量和规模偏小。各市州成果转化中介机构普遍较少，如湘潭市仅有4家科技中介服务机构，怀化市至今还没有科技中介服务机构；中介机构规模总体偏小，全省年营收在2000万元以上的中介企业屈指可数，多数企业的年营收在500万元以下。二是成果转化核心业务不突出。由于技术力量的限制和技术服务盈利模式的不清晰，目前科技服务机构提供的科技成果专业业务以知识产权登记、高新技术企业及其他各种项目申报、技术交易合同申报等内容为主，真正促进技术交易与技术开发的业务并不多。三是成果转化机构商业逻辑不清晰。在科技成果转化的中介服务中，最难解决的问题就是对服务内容的确权；由于技术本身的复杂性和非标性，中介机构在专业化人才队伍严重不足的情况下，很难与供需双方进行有效沟通，无法实现对技术交易过程的深度参与，也就无法实现中介机构对服务价值的确权，更无法保证在供需双方实现对接之后还能保证中介方的利益。

（五）专业化技术成果转化人才严重匮乏

成果转化机构中针对科技成果转化的专业人员是技术经纪人和技术经理人。尽管2017年9月出台的《国家技术转移体系建设方案》对培育和壮大专业化技术转移人才队伍作出了具体的部署，但与知识产权行业相比，不管是全国还是湖南省，技术转移人才培养在规划计划方面显得明显薄弱和滞后，导致技术成果转化中对技术开发和技术交易起关键桥梁作用的技术服务与技术咨询工作开展缓慢，直接影响了科技成果转化的有效性。一是技术转移人才的培养和规划落后。技术转移人才是一种高级复合型人才，培养难度大、周期长，但目前技术转移学历教育、学科建设基本是空白，高级人才培养相对滞后，还未形成层次清晰、结构合理的培育体系。二是技术转移人才流失严重，由于行业发展缓慢，从事科技成果转化中介服务的专业人才留存率底，湖南省自2015年以来培训的887名技术经纪人目前已有半数转行。三是技术转移人才的培养主体不明确。《国家技术转移体系建设方案》要求"完善多层次的技术转移人才发展机制。……鼓励有条件的高校设立技术转移相关学科或专业，与企业、科研院所、科技社团等建立联合培养机制。将高层次技术转移人才纳入国家和地方高层次人才特殊支持计划"。但从实际操作来看，各地还是更多依靠市场机构来培养。

三 湖南省构建需求导向型科技成果转化路径的对策建议

因此，针对高校的专家教授不想或没有渠道了解企业并研究出有价值的科研成果、企业出于保密考虑不愿公开其技术需求、中介没有足够的利益驱动不愿意参与等突出问题，必须按照需求导向型成果转化模式，努力做好以下几方面工作，才能将科技成果转化从理念共识顺利过渡到现实路径。

（一）政府应进一步改革体制机制，完善需求导向型科技成果转化考核评价体系

一方面，要着力解决科研院所的科技成果产权问题。坚决落实《中共中央国务院关于构建更加完善的要素市场化配置体制机制的意见》，加快深化科技成果使用权、处置权和收益权改革，将科技成果产权分为所有权和商业使用权（或称为商业转移权、商业收益权），开展赋予科研人员职务科技成果所有权或长期使用权试点，在保证所有权属于集体所有的情况下，从所有权中分化商业使用权以归属于发明人，实现最大限度保证对科研人员的激励。

另一方面，要依法完善需求导向型科技成果转化考核评价体系。一是科

学客观地建立科技成果转化考核评价体系。在以往的技术交易合同额、全社会科技投入、R&D经费投入等指标基础上，增加如企业专利创造产值、企业有效需求采集数量、科技成果转化对接会数量、技术经纪人培训数量等反映需求导向的指标，并将其作为省直各部门和市（州）、县（市、区）政府领导班子和领导干部重要的考核指标。二是细化成果转化的考核办法。高校、国有企业要加快建立相应的绩效考核制度，将考核指标具体分解，落到实处。如在全省科技奖励申报评审中，将技术交易情况作为经济效益核查的重要指标等。三是在项目申报方面推进"企业出题专家揭榜"的制度安排。如湖南省每年推广的创新挑战赛就是需求导向型成果转化的具体路径之一。2019年第四届创新挑战赛面向全社会征集企业有效需求44个，精准对接12项，创造技术交易额1.86亿元；另外，在各类应用研究项目申报中，应坚持向企业征集问题立项的原则，并明确项目承担者的科技成果转化义务，对于成果转化成效显著的单位，在项目申报上予以倾斜。

（二）企业应利用新一代信息技术，加强技术需求表达

从实践层面看，要在继续做好线下数据（技术需求与供给）采集的同时，依靠人工智能、大数据、云计算、区块链等新一代信息技术来实现更加高效的信息匹配和机制设计，从而提高科技成果转化的成功率。如可以利用人工智能的深度学习算法实现自然语言和文本信息的智能识别与匹配，从而解决技术转化的需求"翻译"和供需配对问题。又如，区块链技术由于其天然存在的分布式记账、去中心化和不易篡改的特征，极有可能从根本上解决成果转化的各方确权、工作量核定和激励机制问题。如果可以实现湖南省某一个行业所有相关企业、资本和技术专家的数据上链，通过设计一套所有参与方都认可的共识机制，将成果转化分成若干步骤，则既可以通过加密算法实现数据的保密性需求，又可以通过共识机制的设计及智能合约的运转实现参与方工作量的核定及激励，从而形成成果转化的标准化路径。

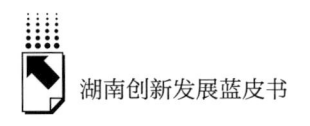

（三）高校应加大和企业合作力度，建立会诊制度，精准对接市场需求

参照长沙市在22条重点产业链上都配备一名来自高校的科研专家作为"产业特派员"，为企业提供一对一的技术支持服务的制度。一是大力发展产业特派员。《办法》规定："县级以上人民政府应当建立健全科技特派员和科技专家服务团等制度，为农业科技成果转化提供指导和服务，促进农业新品种、新技术推广应用。"事实上，特派员制度不仅应该在农业领域实施，更应该在湖南省20条重点产业链中全面实行，应该根据行业需求，在高校、科研院所、科技型企业的技术专家和教授中广泛发展产业特派员。二是探索科技成果转化会诊制度。推动省内知名高校的优势专业与产业链相结合，共建湖南省科技成果转化示范基地，再征集一批有兴趣有能力与企业做技术对接的专家形成一个产业特派团（或专家委员会），通过类似于医生给病人看病的会诊制度来解决企业的技术需求问题。三是探索需求导向型科技成果转化的标准化路径。鉴于研究生在挖掘技术需求、提高需求有效性、增进企业与专家之间信任等方面具有特殊优势，应在全省推动建立以研究生作为产学研互动桥梁，以产业特派员及其助理为核心团队，以专家会诊制度为重要基础的成果转化标准化路径。首先，征集在读研究生（以研二、研三为主）参加科技服务机构提供的技术经纪人培训，在具备了基本的信息采集能力之后，研究生们可以以产业特派员助理的身份到有实习生需求和技术帮扶的企业，重点挖掘企业的技术需求。其次，由中介机构组织产业特派团的专家们预判需求，深入调研，和企业的技术专家一起将企业的技术需求转化成科研问题并形成科研课题，最终形成科技成果转化的技术交易合同，进而大大提高成果转化的效率。

（四）编制科技服务行业规范，制定成果转化行业标准

一是要规范行业行为，提高中介机构的参与意愿。鼓励设立科技成果转化专门机构和建立技术经理人全程参与的科技成果转化服务模式。编制科技

服务行业规范，引导科技服务中介机构提供从技术转移人才的培训，到企业需求信息的采集与挖掘，再到技术需求的"翻译"与转换，最后到技术供给的匹配和市场化资本的导入全方位的服务，从而实现其在利益分配格局的权利，提高参与意愿。

（五）夯实科技服务人才基础，提升科技服务人才能力

技术成果转化人才队伍建设需要构建学历教育与非学历教育相结合、初中高级人才培养相结合、教育与研究相结合、国内培养与国际交流相结合的完整体系。从实际操作上说，可以把技术转移人才分为技术经纪人和技术经理人两个层级。技术经纪人主要做信息的采集和资源的对接，而技术经理人则主要做需求的"翻译"和供给的匹配。加强国家技术转移区域中心建设。支持科技企业与高校、科研机构合作建立技术研发中心、产业研究院、中试基地等新型研发机构。积极推进科研院所分类改革，加快推进应用技术类科研院所市场化、企业化发展。支持高校、科研机构和科技企业设立技术转移部门。建立国家技术转移人才培养体系，提高技术转移专业服务能力。充分发挥各大重点院校在湘校友会的作用和力量，加强科技成果转化中心和人才培养基地建设，为夯实科技服务人才基础，提升科技服务人才能力作出有益探索。

科技成果转化是一个涉及政府、高校、企业、中介机构和金融资本的多维度系统工程。需要产学研金介的充分互动，才能做好协同创新。在这个大系统中，政府重在引导，高校重在创新，市场重在转化。要构建以需求为导向的科技成果转化路径，推进建设以企业为主体、市场为导向的湖南特色成果转化体系。

参考文献

何晓然：《我国技术中介机构的运行模式研究》，中国海洋大学硕士学位论文，2009。

B.29
科技创新赋能"新基建"带动湖南产业高质量发展

章国亮 李斌 周斌 李维思*

摘 要： 当前，"新基建"正成为带动产业数字转型、智能升级、融合创新，拉动国内经济增长的新引擎，也是抗击疫情冲击、加快转危为机的关键举措。为把握"新基建"战略性新兴产业发展的"黄金十年"，本报告通过调研发现，未来10年，"新基建"相关产业将是我国发展最快的产业领域，具有巨大的市场潜力和发展空间；湖南在"新基建"相关产业具有较好的发展基础与优势，轨道交通和新能源汽车产业形成了相对完整的产业链，大数据、工业互联网、人工智能、5G等数字产业发展迅猛，智能电网细分领域亮点纷呈。本报告参考行业专家意见，凝练"新基建"七大产业链未来发展布局和关键技术攻关方向，提出政策制定、平台建设、金融支持、项目落地等建议。

关键词： 新基建 5G 人工智能 大数据 技术创新链

---

* 章国亮，湖南省科学技术信息研究所助理研究员，主要研究方向为科技信息情报、产业竞争情报；李斌，湖南省科学技术信息研究所助理研究员，主要研究方向为科技政策；周斌，博士，湖南省科学技术信息研究所研究员，主要研究方向为科技管理；李维思，湖南省科学技术信息研究所副研究员，主要研究方向为科技信息情报、产业竞争情报。

科技创新赋能"新基建" 带动湖南产业高质量发展

2018年中央经济工作会议首次正式提出"新基建"概念。2019年国务院政府工作报告明确提出"加强新一代信息基础设施建设"。2020年以来，中央多次召开会议，密集部署、加快推进。"新基建"正成为带动产业数字转型、智能升级、融合创新，拉动国内经济增长的新引擎，也是抗击疫情冲击、加快转危为机的关键举措。以下通过调研梳理"新基建"带来的产业发展机遇，分析湖南省相关产业发展的基础与优势，结合行业专家咨询意见，从技术创新的角度提出重点打造的七大产业技术创新链，明确未来主导产业发展布局和技术攻关方向，并提出相关政策建议。

一 聚焦"新基建"，打造拉动经济增长的新引擎

根据2020年4月20日国家发改委的解读，"新基建"是指发力于科技端的信息基础设施、融合基础设施和创新基础设施建设，涵括5G基建、人工智能、智慧能源基础设施、智能交通基础设施、大数据中心、工业互联网和重大科技基础设施等，涉及的产业主要包括5G、人工智能、智能电网、轨道交通、新能源智能汽车、大数据、工业互联网等战略性新兴产业。新基建领域投资需求巨大，仅2020年，预计"新基建"投资规模将超过1万亿元；空前的投资规模将推动新一代技术、工艺、产品创新，释放巨大的市场需求，带动相关产业转型升级，成为经济发展的新一轮驱动力。

（一）5G催生巨大信息消费市场

5G基建涵括基站、核心网、云化业务应用平台等基础网络研发与部署，是"新基建"最核心、最基础的领域。我国已经于2019年正式进入5G商用元年，此轮基建将进一步释放5G产业潜能，推动视频文旅、智能驾驶、智能制造、远程医疗、家庭泛智能终端等新型服务消费，形成新的经济增长点。据中国信息通信研究院预测，到2025年，全国5G网络建设投资累计将达到1.2万亿元，带动产业链及应用投资超过3.5万亿元，5G商用带来的信息消费规模累计将超过8.3万亿元。

（二）人工智能开启智能经济时代

人工智能基建涵括芯片研制、算力提升、平台搭建、研发中心及国家创新发展试验区建设等内容。目前，我国人工智能产业水平居世界第二，仅次于美国，初步形成了北上广深产业高度集聚、各地区百花齐放的人工智能发展格局。未来，人工智能将与制造、农业、物流、金融、家居等行业融合创新，催生行业新业态、新应用、新服务，形成"人工智能+"智能经济模式。据艾瑞咨询预测，2022年我国人工智能核心产业规模将突破1500亿元，带动相关产业超过1万亿元。

（三）特高压保障电力供应安全

特高压基建涵括特高压交流和直流变电站、电气设备安装、线路建设等内容。目前，我国共有25条在运、7条在建、7条核准特高压线路，此轮基建包含12条线路，涉及总投资额超1500亿元。鉴于5G、大数据、充电桩等产业均是耗电大户，特高压作为坚强智能电网重要一环，将清洁能源远距离输送到高负荷用电城市，既为新基建提供电力供应保障，又为产业链上企业带来巨大市场机遇。以总投资金额185亿元的陕北—湖北±800千伏特高压直流工程为例，预计可直接带动电抗器、GIS、电缆等设备产业规模120亿元以上，带动电源等相关产业投资超过700亿元。

（四）充电桩补齐新能源汽车产业链短板

新能源汽车充电桩基建涵括充电站和充电桩建设。截至2019年底，我国充电桩保有量为121.9万台，车桩比约为3.1∶1，远低于国家发改委规划的1∶1目标。有车无桩、充电时间长已使消费者对新能源汽车产生里程焦虑，是新能源汽车进一步替代传统燃油汽车的掣肘和"短板"。完善充电桩布局将进一步释放新能源汽车增长产能。据赛迪智库预测，到2030年，我国新能源汽车保有量将超过6000万辆，推进充电桩建设将可能加速这一发展进程，为新能源汽车产业链的发展奠定坚实的基础。

（五）城际高铁和轨道交通加速城市群发展

城际高铁和城市轨道交通基建主要是通车线路建设和车辆采购。截至2019年底，我国铁路营业里程超过13.9万公里，其中高铁3.5万公里，城轨交通运营线路6730公里（内地40个城市），城轨运营车辆超过4万辆。业内预计，此轮基建将推动城轨交通网络投资每年增长超过10%，进一步带动基建工程和设备、轨道交通装备和运营服务等行业高速发展，推动城市群产业、人才、民生快速融合发展。据赛迪智库预测，到2025年，全国铁路基建会带动相关投资累计超5.7万亿元。

（六）大数据激发巨大数据应用需求

大数据基建涵括互联网数据中心（IDC）机房、企业级数据中心（EDC）等基础设施、运营及大数据服务项目。截至2019年底，我国大数据产业规模超过8000亿元，初步形成了以京津冀、长三角、贵州、重庆等八大国家大数据综合试验区为引领的大数据发展态势。未来，医疗、金融、农业、交通、零售、教育、制造等产业数字化转型升级，将带来巨大数据应用需求，大数据市场规模将持续扩大。据中国信息通信研究院预测，到2023年，我国大数据产业及相关服务业市场规模将增长至1.57万亿元。

（七）工业互联网助力制造业高质量发展

工业互联网基建涵括工业技术软件研发、内外网、平台、标识解析体系、大数据中心建设等，是智能制造发展的基础。工业互联网主要用于工业制造工艺和生产流程优化、供应链管理、协同制造、产品溯源等场景，对我国制造业数字化转型升级，实现制造业高质量发展具有重要战略意义。据前瞻产业研究院预测，2023年我国工业互联网行业市场规模将会突破1万亿元，2024年将会达到1.25万亿元。

可以预见，未来10年内"新基建"相关产业将是我国发展最快的产业领域，势必会成为各地争相发展的新热点，具有巨大的市场潜力和发展空

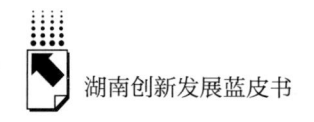

间。湖南省应当紧紧抓住此次机遇、抢占产业创新发展制高点，开启"新基建"战略性新兴产业发展的"黄金十年"。

二 发力"新基建"，湖南省相关产业具备良好基础

近年来，湖南省在先进轨道交通、新能源汽车领域形成了相对完整的产业链，产品向智能化方向延伸；在5G、智能电网、人工智能、大数据、工业互联网等新兴产业的细分领域，产业技术创新能力持续提升，与传统产业融合发展的步伐不断加快，集聚集群发展态势逐步形成，为发力"新基建"、加快特色优势产业转型升级和提质升级打下了坚实基础。

（一）5G下游应用研究和成果转化广泛开展

2019年，湖南省发布5G应用场景18个，仅长沙市就建成了4260个5G基站，预计到2021年长沙市5G基站将达到2万个。湖南省在5G领域既有研发又侧重应用，具体主要表现为两方面。一是研发产品陆续亮相。国科微自主研发的Wi-Fi SoC和方案，未来将为"5G万物互联"提供射频识别、无线通信、北斗导航等芯片级无线连接技术；中车时代电动研发的全国首辆5G技术控制的新能源公交车获得测试牌照；金龙智造研发的智慧井盖既可发射5G信号，又能监测井下水质和井盖安全状态。二是下游应用场景逐步落地。2020年，5G高新视频多场景应用国家广播电视总局重点实验室在马栏山视频文创产业园挂牌，正在建设5G频道、5G智慧电台、高精度时空基准服务系统、芒果虚拟世界、5G粉丝娱乐中心以及智慧教育、智慧医疗等一系列广电5G应用产品；华菱湘钢、湖南电信基于"5G+工业互联网"打造高效智能工厂；湘江智能、三一重工、中联重科、希迪智驾正在智能网联汽车、远程操控工程机械、路网协同等领域开展5G应用。

（二）人工智能形成多层次产业体系格局

2019年，湖南省人工智能核心产业整体规模约60亿元，企业有400

余家，拥有人工智能领域省部级研发平台 6 个、在湘院士 5 人，基本形成了基础层—技术层—应用层的产业链格局。基础层，研发资源相对较强。传感器方面，湖南先进传感与信息技术创新研究院微纳加工实验室是中南地区最大、国内领先的微纳器件加工实验室，纳雷、格纳微、莫之比研发的毫米波雷达传感器、惯导室内定位远销国内外；脑科学和认知科学理论方面，国防科技大学全国领先，研究成果"功能成像脑连接机理研究"荣获 2018 年国家自然科学奖二等奖，为类脑机器学习提供理论基础；算力方面，国防科技大学自主开发的天河二号获得世界超算"六连冠"殊荣；基础架构方面，国防科技大学研发构建的飞腾麒麟 PK 体系是国内最大的自主 IT 生态；芯片方面，景嘉微自主研发了国内首款 GPU 芯片、国科微深耕安防监控芯片。技术层，部分技术成果相对领先。湖南大学机器人视觉感知与控制、中车株洲所的轨道交通周界环视感知及先进控制与优化算法、睿图智能的目标视觉识别算法、千视通 Re-ID 视频大数据结构化平台均在国内有一定技术优势。应用层，企业集聚集群发展态势初步形成。以三一重工、中联重科、铁建重工等为代表的智能装备企业，以湘江新区及中车为代表的智能驾驶企业，以光琇—自兴、博为软件等为代表的智慧医疗企业，以讯飞启明、云天励飞、大洋软件等为代表的智能教育企业等，初步形成细分领域集聚发展态势。

（三）智能电网细分领域亮点纷呈

目前，湖南省智能电网产业拥有国家级创新平台 5 个，虽未形成完整的产业链，但在细分领域特高压输变电设备、光伏/风电装备、电源系统、储能、电力互联网建设方面有一定基础。一是特高压输变电设备制造龙头企业云集。衡阳国家输变电装备高新技术产业化基地是我国南方地区最大的特高压输变电设备产业集中区。特变电工是全球最大的高压电抗器研制企业，变压器产量位居中国第一、世界第三；恒飞电缆、金杯电缆分别是中国最大的特种电缆、中南六省最大的电线电缆生产企业；新鑫特变、长高集团分别是特种变压器、高压开关行业领军企业。二是光伏/风电装备产业集群基本形成。光伏方面，中电科48所的太阳能电池制造装备在全国市场中占80%份额，红太阳光电是我国少数几个拥有光伏全系列生产能力的企业之一；风电方面，以中车株洲所、湘电风能、三一重能为代表的风电整机企业，基本形成了包含风电叶片、变流器、发电机等零部件及风机整机、运营全产业链的风电产业集群。其中，仅中车株洲所风电产业规模就达到近100亿元。三是储能领域有技术储备。湖南大学在大规模储能系统、液流电池储能、微网储能等领域有研究基础；德沃普电气专注于智能输配电领域技术研发，主打微电网储能、配电技术与装备研发生产。四是电力物联网建设取得初步成果。威胜信息、华自科技研发的智能电表、智能配用电与能效管理设备在行业中处于领先地位；湖南省智慧能源综合服务平台、国内首座半户内110千伏智慧变电站分别在长沙、衡阳相继投入使用，实现了用变电智能运维和安全管控。

（四）轨道交通产业集群优势突出

湖南省是全球最大的轨道交通装备研发制造基地之一，拥有在湘院士4人，省级以上研发机构20余家，集聚了400余家轨道交通装备企业，产品本地配套率达70%以上，形成了以中车株机、中车株洲所、长江车辆、铁建重工、比亚迪、湘电集团、联诚集团等企业为代表的先进轨道交通产业集群。一是核心零部件产品行业领先。中车时代是我国唯一全面掌握晶闸管、整流管、IGCT、IGBT、SiC器件及功率组件全套技术的厂家，且是全国唯一的IGBT产业基地；中车株洲所自主CBTC信号系统补齐了我国轨道交通产品"走出去"的最后一块短板，并拥有电流、电压等6大类600余种规格传感器产品，是全球唯一自主掌握轨道交通智能传感全系列技术的企业。二是整车产品谱系相对齐全。中车株机、中车株洲所、比亚迪等企业整车产品线涵盖电力机车、城际动车组、中低速磁浮车辆、超级电容储能式现代有轨/无轨电车、智能轨道快运列车、跨座式单轨（云轨）智能轨道快运列车、跨座式单轨（云轨）等传统和新制式轨道交通装备。三是智能轨道交通产品陆续上市。中车株洲所自主设计研发的全球首款智轨列车入围比兹利

2017年度最佳设计奖；研发的智轨电车在哈尔滨严寒气候条件下的测试表现良好。

（五）新能源汽车形成相对完整的产业链

2019年前三季度，湖南省生产新能源汽车近15万辆，占全国的17%。在储能和汽车领域拥有两院院士5人、国家级研发平台8家，初步形成了包括充电桩在内的新能源汽车相对完整的产业链。一是拥有全国产品最齐全的电池材料产业集群。湘江新区、宁乡高新区已形成了锂电产业集聚区，涌现了杉杉能源、桑顿新能源、长远锂科、邦普循环等龙头企业，其中，杉杉能源是全球产销规模第一的锂电池正极材料制造商，邦普循环的废旧电池回收处理规模居亚洲首位。二是汽车制造及配套产业体系相对健全。新能源整车制造方面，湖南省拥有中车时代电动、长沙比亚迪、北汽株洲、中联重科（2020年获生产资质）等14家大型企业；零部件方面，湖南省有300余家汽车零部件配套规上企业，并在电机、IGBT等领域具有国内一流的技术与产业优势；三是智能驾驶生态布局走在全国前列。国家智能网联汽车（长沙）测试区已聚集德国大陆、舍弗勒、华为、百度、京东、酷哇、地平线等众多头部企业；中车株洲所、长沙智能驾驶研究院分别推出了智慧公交、智能重卡等产品。

（六）大数据产业呈现迅猛发展态势

2019年上半年，湖南省大数据产业规模突破300亿元，布局建设了12个大数据产业园，会聚了易观、九次方、中兴通讯、科创信息等优秀企业，整体呈现迅猛发展态势。一是国家超算中心资源得天独厚。国家超算长沙中心是我国三家国家级超算中心之一，采用的超算设备全球排名第四，存储系统的存储速度全球排名第一，为政府、企业和科研院所大数据信息服务和科学研究提供了技术和算力支撑。二是部分大数据平台建设走在全国前列。郴州东江湖大数据中心是全国最节能、绿色的大型数据中心；长沙工业云平台、天闻ECO云开放平台、爱尔眼科健康医疗大数据服务平台等在全国极具典型；中育至诚研发的"教育卡应用大数据云服务平台"荣获2019全国"十佳大数据案例"。三是行业应用典型范例不断涌现。华菱集团、中车时代、三一重工、中联重科、中兴软件、湖南亚信、爱尔眼科等企业已开展面向钢铁、工程机械、轨道交通、电信、医疗等行业领域的大数据助力业务创新工作。其中，中联重科Cloudera大数据平台提高了30%增值服务收益；爱尔眼科依托大数据开发了眼科智能诊断系统。

（七）工业互联网步入全国前列

湖南省已有各类工业互联网平台近100个，具有一定影响力的平台20余个，全省中小企业"上云"11.5万家、"上平台"5136家，会聚了中科云谷、树根互联、华菱钢铁、电互联、用友网络、株洲国创、国网电力、威胜电子等优秀企业。一是工业互联网平台支撑能力领先中西部。2019年，湖南省有8家企业获评工信部2019年工业互联网创新发展工程项目，排中西部地区第一位。其中，根云平台、中电互联、中科云谷入选全国工业互联网平台20佳；根云平台是我国首家入选Gartner 2019工业互联网平台魔力象限。二是设备互联规模达到较高水平。截至2019年底，湖南省工业互联网平台连接设备超过100万台，接入设备价值超6000亿元。其中，三一重工连接工业设备达到56万台，覆盖超过95%主流工业控制器；中电48所的光伏装备平台已整合60%以上的全省产业链相关企业。三是工业App开发应用能力相对成熟。截至2019年底，湖南省工业App累计突破1万个；规上工业企业数字化研发设计工具普及率达69.7%。整体来看，装备制造、军工、冶金等行业工业App软件化率相对较高。其中，根云平台部署300个以上工业App。四是智能制造水平整体较强。目前，全省累计建设省级以上智能制造示范企业69家、示范车间74个、示范项目27个。其中，长沙拥有国家智能制造试点示范和专项项目27个，居全国省会城市首位。

三 引领"新基建",加强湖南省重点产业技术创新链条布局

"新基建"相关战略性新兴产业对经济社会全局和长远发展具有重大引领带动作用。湖南省应乘势而为,及早谋划布局,以"新基建"为契机,加强产业创新链条布局,培养壮大相关产业集群,形成全省高质量发展新的增长点,主要从以下三个层面开展。

(一)发力5G、人工智能、大数据、工业互联网等融合性数字产业,培育壮大全省未来主导支柱产业

1. 在5G应用领域,培育"基站建设、传输网等基础设施→移动通信运营→物联网、车联网、视频文创、VR/AR、远程医疗等应用"的产业技术创新链

以典型垂直行业应用为重点,着力引进国内外5G相关领域龙头企业,依托长株潭城市群和岳麓山国家大学科技城、马栏山视频文创产业园,在基础设施方面,开展面向5G的新型大带宽信号处理、适应宽/窄频带融合场景下的波形设计、编译码、高效传输、射频与天线等关键技术研究;5G应用方面,重点发展基于5G的无人装备、移动智能终端、智能家居、VR/AR、视频文创等产品,着力构建湖南特色的5G应用产业链,打造5G应用示范区、产业集聚区。

2. 在人工智能领域,培育"传感器、芯片、云计算、数据平台等基础层→核心算法、AI通用技术等技术层→智能驾驶、智慧医疗、智能装备、智能教育、智能金融等应用层"的产业技术创新链

聚焦全省现有优势领域,开展前沿基础理论、关键共性技术、核心产品等研究攻关。前沿基础理论方面,主要对类脑智能、量子智能、群体智能、跨媒介感知、框架系统等进行研究;关键共性技术方面,包括开展计算机视觉与图像识别、自然语言处理、自主无人系统、人机协同、混合增强智能、跨媒体分析与推理、自主精准感知与操控等技术攻关;核心产品方面,支持聚焦智能装备、智能驾驶、智慧医疗、智能机器人、智能家居、基于区块链技术的智能金

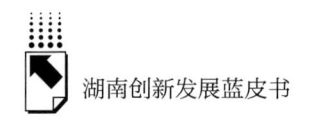

融等领域的"明星产品"研发和应用开发，形成湖南发展重点与特色。

3. 在大数据领域，培育"传感器、芯片、操作系统、网络设备、移动智能终端等硬件→大数据平台（存储、处理、分析）→工业、农业、新零售、区块链等应用服务"的产业技术创新链

依托国家超算长沙中心、中国长城、湖南麒麟、国科微、中车等单位，重点开展海量多源异构数据的存储和管理、大规模异构数据融合、集群资源调度、分布式文件系统、面向多任务的通用计算框架、流计算、图计算、大数据与区块链深度融合等技术攻关，以湖南重点行业应用需求为目标，研发具有行业特征的大数据工具型、平台型和系统型产品体系，形成面向各行业的成熟大数据解决方案，推动大数据产品和解决方案研发及产业化。

4. 在工业互联网领域，培育"传感器、芯片、控制器、工业机器人、工业IDC等硬件设备→工业网络→工业互联网平台（资源管理—大数据系统分析—数据建模—应用开发）→工业App应用→智能制造"的产业技术创新链

重点开展基于设备物联改造、离线边缘计算、毫秒级远程数据传输、区块链等关键核心技术的工业物联网基础能力、创新标准以及高端智能装备、工业物联网平台的研制研发，实现设备可预测性维护、社会化设计、网络协同制造、远程智能服务等科技创新商业模式创新、业态创新的有机结合。

（二）发力轨道交通、新能源汽车等战略性新兴优势产业，延伸产业链条，提高创新能力，进一步做大做强做优

1. 在城际高铁和轨道交通领域，夯实"原材料、基建施工、盾构机、铺轨机等基建配套装备→控制芯片等零部件、车辆整机→轨道交通智能化、运营维保"的产业技术创新链

重点围绕各类轨道交通装备系统成套能力和工程总承包能力、基建配套装备、功率芯片（含碳化硅、氮化镓）、微电子芯片、光电子芯片等轨道芯片、碳纤维车体等相关技术开展攻关。具体而言，铁路工程总承包能力提升方面，主要是铁路工程设计资质、铁路机电工程设计资质；控制芯片方面，主要是自主DSP、CPU微电子芯片商业化批产，碳化硅器件商业批产，氮化

镓器件研发，碳纳米管光电子芯片研发；高速列车车体设计方面，主要是高速列车的碳纤维车体、转向架和车底设备柜体等研发；整车方面，主要是超级高铁、管道高铁、智能化高铁等前沿技术研究。进一步推动长株潭建立新型智能城际磁浮交通系统试验与示范基地，打造国际一流先进轨道装备制造、研发和集成服务基地。

2.在新能源汽车领域，夯实"矿产资源、新材料→'三电'系统→新能源整车→智能网联汽车→充电桩、电池回收、路网协同等"的技术创新链

依托湖南省较完善的汽车制造产业基地，开展汽车整车集成设计与控制、新材料动力电池、燃料电池、新能源动力系统和节能系统装置、新能源汽车结构和安全、汽车主动安全和智能化等研究。具体而言，新能源汽车整车制造方面，持续开展新能源整车设计与制造、汽车轻量化设计、新能源汽车全天候稳定性技术等研究；新能源部件方面，攻关"大三电"（电池、电驱、电控）技术、"小三电"（电制动、电转向、电空调）技术，形成产业能力；充电桩方面，推进超级快充技术攻关；汽车智能化方面，推进智能汽车及核心部件研发、智慧公交体系建设与应用和网联核心技术研发，力促将湘江新区打造成具有全国影响力的智能网联汽车产业基地。

（三）发力绿色低碳的智能电网产业，提升能源生产、调度、消费的智能化水平，为产业高质量发展提供能源支撑保障

在智能电网领域，布局"发电→输变电（特高压）→配电→用电→电力调度"的产业技术创新链。准确把握未来技术发展方向，在发电环节，重点支持风/光/天然气/生物质等分布式能源发电装备制造、电源侧储能系统等技术攻关；在输变电环节，重点攻关变压器等特高压直流/交流输电成套装备、高温超导输变电设备；在配电环节，重点攻关微电网配电装备；在用电环节，重点支持智能电力仪表、终端综合能源能量及能效管理、电网智能化故障监测和运维等技术的研发；在电力调度环节，重点攻关泛在电力物联网、输用电博弈、分布式最优发电调度等技术。

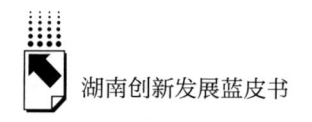

四 围绕科技创新抢抓"新基建"发展机遇的几点建议

(一)研究出台"新基建"相关产业专项支撑政策

抓紧出台湖南省"新基建"发展中长期战略规划和短期行动计划,研究制定与之配套的研发创新、市场准入、应用环节先行先试等政策,统筹规划全省"新基建"区域分布和重点领域,完善相关财税金融政策扶持,强化创新应用试点示范,打造有利于"新基建"技术创新和产业发展的政策环境。

(二)加快国家级重大科技基础设施建设

积极对接国家相关部委,按照省内预培预建、争取国家支持省部共建的思路,基于岳麓山国家大学科技城、马栏山视频文创产业园的优势科研力量和产业技术创新基础,在量子计算、脑认知与智能科学、高能激光、超高速等方向上创建1~2个大科学装置,为5G、人工智能、超级高铁等领域高质量发展提供科学理论、前沿技术等创新源头。

(三)加快推进科技型企业进入多层次资本市场

密切部门联动,重点支持主业突出、创新能力强、带动作用大的"新基建"相关科技型企业在科创板、创业板、新三板、区域性股权市场等多层次资本市场挂牌上市,培育推进希迪智驾、纳雷科技、湖南麒麟、株洲国创、中电互联、联诚集团等重点企业上市融资,为相关企业进一步提升产品研发创新能力、扩大优势产能、不断做大做强,提供条件保障。

(四)紧抓项目落地建设

加强招商引资,新增"新基建"企业建设用地指标,在全省"5个100"重大项目实施计划中,优先引进国际国内5G、人工智能、工业互联网、区块链等领域的龙头企业、高新技术企业和科技创新人才团队落户湖南，延链补链强链，强化产业集聚效应。

参考文献

孟月：《经济、高效共建共享加速 5G 发展》，《通信世界》2020 年第 12 期。
赛迪智库电子信息研究所：《"新基建"发展白皮书》，2020 年 3 月。
胡志坚、赵志耘等：《2019 年中国新一代人工智能发展报告》，2019。
李西园、封宝华、尚永红等：《基于排队模型的大型园区充电站负载能力研究》，《应用科技》2019 年第 6 期。
周曙东：《我国大数据产业统计范畴的分析与探讨》，《调研世界》2017 年第 12 期。

B.30
抢占前沿"脑"有所为
——湖南省脑科学与类脑研究现状及对策

刘黎明 廖开怀 陈新胜 郭小华 蔡春梦[*]

摘　要： 脑科学是21世纪最重要的前沿学科之一，对产生重大科技创新，解决经济社会发展中的复杂现实问题，重塑国家产业体系和核心竞争力具有重大意义。本报告基于国际国内脑科学研究与发展态势，为达"智能湖南"的战略目标，提出要加快发展脑科学。从科研基础条件、科研成果、发展态势等分析发现"能够"发展脑科学。剖析了在系统规划、政策扶持、研发机构、平台机构建设等方面还存在的一些问题。并着重提出要完善顶层设计和加强政策引导，实施分阶段分步走战略；成立湖南省脑科学与类脑研究中心等核心机构，构建省级脑科学与类脑研究数据资源共享平台；明确湖南应以脑疾病研究和类脑智能研究为优先发展路径；以及加快培育引进相关企业，推动产业发展等政策建议。

关键词： 脑科学　类脑研究　智能湖南

---

[*] 刘黎明，湖南省科学技术信息研究所副研究员，主要研究方向为科技查新与情报；廖开怀，湖南省科学技术信息研究所助理研究员，主要研究方向为科技查新与科技政策；陈新胜，湖南省科学技术信息研究所馆员，主要研究方向为科技查新与科技情报；郭小华，湖南省科学技术信息研究所副研究员，主要研究方向为科技政策与科技金融；蔡春梦，湖南省科学技术信息研究所研究实习员，主要研究方向为科技查新创新与应用。

脑科学与类脑研究（简称脑科学）是以脑为研究对象，探究人和动物的认知本质机理以及机器类脑智能的学科。由于脑疾病所带来的社会经济负担已超过心血管病和癌症，而且计算机技术和人工智能发展面临的瓶颈也需要从脑认知方向寻找突破，因此，科学界和各国政府已经普遍认识到：脑科学是人类理解自然界现象和人类本身的终极疆域，是21世纪最重要的前沿学科之一。可以预见，谁能够率先在脑科学研究领域取得实质性突破，让脑科学与智能技术深度融合，谁就能够优先重塑国家的医疗、工业、军事等行业格局，抢占下一个科技制高点。

一 时不我待，湖南"必须"发展脑科学

（一）国际脑科学发展"如火如荼"

随着脑认知和神经科学的发展，发达国家都开始意识到，脑疾病的诊治必须从"脑基础"开始，智能技术也可以从脑科学获得启发发展新的理论与方法，提高机器的智能水平。因此，围绕脑科学的大国间博弈日趋激烈，美国、日本、欧盟、澳大利亚、加拿大、韩国等发达国家（经济体）都已先后出台脑计划，围绕脑神经、脑图谱、脑疾病以及人工智能等多学科交叉开展研究，并把之提升到国家发展战略高度，各主要发达国家已着手开始一场"脑科技"竞争大赛，世界主要发达国家（经济体）脑科学计划如表1所示。

表1 世界主要发达国家（经济体）脑科学计划

国家	计划名称	主要内容或涉及领域
美国	创新性神经技术大脑研究计划（BRAIN）	9项优先发展的领域和目标：鉴定神经细胞的类型、绘制大脑结构图谱、神经网络电活动记录、神经环路电活动的工具集、神经元、脑成像技术等
欧盟	人类脑计划（Human Brain Project）	老鼠大脑战略性数据、人脑战略性数据、认知行为架构、理论型神经科学、神经信息学、大脑模拟仿真、高性能计算平台、医学信息学、神经形态计算平台、神经机器人平台、模拟应用、社会伦理研究和人脑计划项目管理

续表

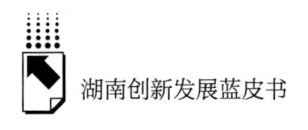

国家	计划名称	主要内容或涉及领域
日本	日本大脑研究计划（MINDS）	融合灵长类模式动物（狨猴）多种神经技术的研究，弥补曾经利用啮齿类动物研究人类神经生理机制的缺陷，并且建立狨猴脑发育以及疾病发生的动物模型
澳大利亚	澳大利亚脑联盟（Australian Brain Initiative）	健康（神经精神疾病的脑异常机制）、教育（编码神经电路和脑网络的认知功能）、新工业（研发新的药物、医疗设备并发展可穿戴技术）
加拿大	加拿大脑计划（Brain Canada）	抑郁症、脑瘫、自闭症及癫痫等神经系统疾病的研究
韩国	韩国脑计划方案（Korea Brain Initiative）	发展新型技术应用于神经科学领域，包括构建大脑图谱、神经技术、人工智能、神经系统疾病的个性化医疗

资料来源：李萍萍等：《各国脑计划实施特点对我国脑科学创新的启示》，《同济大学学报》（医学版）2019年第4期。

（二）国内脑科学发展"方兴未艾"

我国也非常重视脑科学研究，早在《国家中长期科学和技术发展规划纲要（2006~2020年）》中就将"脑科学与认知"列入基础研究8个科学前沿问题。《"十三五"国家科技创新计划》将"脑科学与类脑研究"列为"科技创新2030—重大项目"（简称中国脑计划）。2018年，北京脑科学与类脑研究中心、上海脑科学与类脑研究中心相继成立，标志着中国脑科学研究正式拉开序幕。随后，山东、浙江、广东、江苏、湖北等10余省市纷纷成立脑科学与类脑研究机构，推出"脑计划"，掀起脑科学研究热潮（见表2）。

表2 全国部分省（市）脑科学计划与涉及领域

省市	内设实体/计划名称	主要内容或涉及领域
北京	北京脑科学与类脑研究中心	共性技术平台和资源库建设、认知障碍相关重大疾病、类脑计算与脑机智能、儿童青少年脑智发育、脑认知原理解析

续表

省市	内设实体/计划名称	主要内容或涉及领域
上海	上海脑科学与类脑研究中心	脑感知认知神经网络结构和功能解析、脑认知障碍性疾病研究、类脑神经网络计算系统研究
山东	山东大学脑与类脑科学研究院	建立脑结构与功能、脑疾病、类脑与人工智能三个研究中心
浙江	脑科学与人工智能会聚研究计划（双脑计划）	推进脑科学和人工智能的交互探索和融合创新，推动"双脑"科技在脑疾病诊治、智能医疗、智慧城市等领域的创新应用
广东	广东省重大科技专项"脑科学与类脑研究"	脑科学关键技术、重大脑疾病诊治转化、类脑智能与脑机接口关键技术及产品开发
陕西	西安脑科学与类脑研究中心	认知障碍相关重大脑疾病研究、类脑计算与脑机智能、儿童青少年脑智开发、脑认知原理解析
黑龙江	亚欧脑科学研究院	神经生物学、神经再生与修复、神经系统受体的结构、神经功能信息系统
江苏	江苏脑计划（江苏类脑人工智能产业联盟）	学习脑与类脑智能计算；类脑人工智能技术产业化应用
湖北	武汉脑计划—武汉脑科学中心	聚焦人脑工作原理、功能可视化与类脑计算、脑疾病诊疗
四川	四川省脑科学与类脑智能研究院	探究脑机制、诊治脑疾病、模仿脑智能
香港、深圳	深港脑科学创新研究院	认知的神经基础、重大脑疾病机理、重大脑疾病诊疗策略、脑科学研究新技术方法

资料来源：湖南省科学技术信息研究所整理。

（三）湖南脑科学发展"只争朝夕"

1. 发展脑科学是打造"健康湖南"的现实之需

迄今为止，医学研究已经发现超过500种脑部疾病，脑疾病导致的死亡人数已占死亡总人数的25%以上。就湖南省而言，2018年约有1800名自闭症儿童，青少年抑郁症患病率高达5%~8%，阿尔茨海默症、帕金森病等老年病患者数量也呈逐年递增的趋势。据省脑科医院统计，2012~2016年该院4年间收治脑科疾病患者25692名，排名前五位的依次是脑血管疾病、脑肿瘤、癫痫、脑功能性疾病、老年性痴呆。种种数据表明，脑疾病对于湖南省已经是非常重要的民生问题、社会问题。因此,湖南省应通过脑科学研究,进一步了解脑的致病机制,提高脑病的诊断和治疗水平,从而助推"健康湖南"建设。

2.发展脑科学是打造"智能湖南"的当务之急

湖南是制造业强省,已形成由工程机械、轨道交通为领头雁的产业集群,2018年机械装备和轨道交通行业主营业务收入已达1.37万亿元。当前湖南省制造业发展的重点方向是智能制造,全省已有超过17万家中小企业向数字化、智能化方向转型,制造业智能化改造按下了"加速键"。无论是推动智能制造发展,还是布局人工智能产业,都离不开脑科学研究的技术支撑和引领。湖南必须尽早谋篇布局,否则湖南的制造业发展就会从"领跑"变为"并跑",甚至"跟跑",人工智能产业也会输在"起跑线"上。因此,湖南省应加快脑科学研究步伐,为类脑智能系统和器件的研发提供有力支撑,从而助推"智能湖南"的快速发展。

二 厚积薄发,湖南能够发展脑科学

(一)具备较好的科研基础条件

湖南省科研资源丰富,多所高校、科研院所设置了与脑科学与类脑研究相关的学院(科室)、重点实验室、实验基地(见表3),并拥有院士、长江学者、国家杰出青年科学基金获得者、教授、博士生导师等高端人才。在脑疾病研究领域,拥有中国工程院院士夏家辉,长江学者夏昆、张灼华教授等高端科研人才,其中,长江学者张灼华教授牵头承担了湖南省2018年科技重大专项——人脑重大神经变性疾病和神经发育疾病的分子病理机制研究及应用。在类脑研究领域,拥有中国科学院院士杨学军、王耀南院士、李德毅院士(外聘)、谭铁牛院士(外聘)等一批中青年科技创新领军人才。他们在脑机接口、智能机器人、机器人感知与智能控制、工业物联网、知识图谱、大数据技术等方面开展了科研攻关，其研究水平处于国内先进，也取得一批国内先进成果。

表3　湖南省脑科学研究相关实验室

单位	实验室
中南大学	人类重大疾病动物模型研究湖南省重点实验室、中南大学精神病学与精神卫生学湖南省重点实验室
中南大学湘雅医院	颅高压脑水肿实验室、颅底肿瘤显微外科实验室、脑胶质瘤研究室
中南大学湘雅二医院	精神疾病诊治技术国家地方联合工程实验室
中南大学湘雅三医院	脑稳态调控湖南省重点实验室
湖南师范大学	全国首个认知科学研究中心　神经修复学湖南省重点实验室
湖南大学	视觉感知与人工智能湖南省重点实验室
湖南中医药大学	中西医结合心脑疾病防治湖南省重点实验室
湖南工业大学	"智能信息感知及处理技术"湖南省重点实验室
湘江新区管委会	湖南湘江人工智能学院中南大学基地（联合中南大学、湖南大学、湖南师范大学、湘江智能科技创新中心、长沙智能驾驶研究院、百度公司、华诺星空、地平线人工智能、自兴人工智能等设立）

资料来源：湖南省科学技术信息研究所整理。

（二）取得一批重要科研成果

近年来，国防科技大学、中南大学、湘雅医院等高校研究机构在脑科学领域取得一批获国家或省级科技奖项的研究成果，众多科研成果已经开始应用推广。

在脑疾病研究领域，国防科技大学智能科学学院在国际上最早开展了基于静息态脑连接网络精神疾病分类研究，在基于超算的脑成像分析领域取得了一批高水平成果。如国防科技大学胡德文团队与湘雅二医院姚树桥团队合作的"功能成像脑连接机理研究"荣获2018年国家自然科学奖二等奖；湖南中医药大学葛金文教授的"脑梗死血淤证病理实质及中医药防治的实证研究与应用"获2017年湖南省科技进步奖一等奖；湘雅医院与中南大学生命科学学院合作完成的"神经系统遗传病致病基因克隆与功能"获2016年湖南省自然科学奖一等奖；湘雅医院彭镜教授的"儿童药物难治性癫痫的病因、发病机制及临床应用研究"获2016年湖南省科技进步奖一等奖，等等。

在类脑研究领域，针对视觉检测与识别技术、智能感知与学习控制技术、脑机接口的汽车驾驶系统、信息感知技术等取得一批高水平成果。如中国工程院院士湖南大学王耀南教授领衔的"高端制药机器人视觉检测与控制关键技术及应用"获2018年度国家技术发明奖二等奖；国防科技大学徐昕教授牵头完成的"复杂场景中自主系统的智能感知与学习控制"项目，获2018年湖南省自然科学奖一等奖；湖南工业大学李长文教授等人完成的"多维信息感知关键技术研究与应用"项目，获2015年湖南省科技进步奖二等奖，等等。

（三）初步形成"双智能"格局

近年来，湖南大力推动制造向"智造"转变，在先进轨道交通装备、工程机械、新一代信息技术产业等12个重点领域开展智能制造升级改造，初步形成了智能化生产方式、智能化工业产品并进的"双智能"格局。

1. 智能化生产方式"百舸争流、千帆竞发"

湖南省通过对原有生产技术和生产模式实施智能化改造，推进生产方式向"智造"转型，已经形成了智能产业园、智能工厂、智能车间、智能生产线等四个层级的智能化生产技术，且部分智能工厂、生产线已达国内甚至国际先进水平。如中联重科塔机智能工厂是全球唯一的智能控制、智能产线、智能物流、智能检测技术"四位一体"的塔机智能工厂；铁建重工自主研发设计了全球首条智能化磁浮轨排生产线；楚天科技用检测机器人、灌装机器人、无菌转运机器人等多种制药机器人装备柔性制造生产线，拥有个性化制药装备的首个智能工厂。智能化正在重塑湖南省制造业产业链、供应链和价值链，推动产业迈向中高端水平。

2. 智能化工业产品"百花齐放、百家争鸣"

在政策支持、自主创新、市场引导三重合力推动下，湖南省众多工业产品智能化程度大幅提升,电力机车、挖掘机、起重机、盾构机等智能产品创造了一个又一个全国第一乃至全球第一,挺起湖南工业发展的脊梁。如三一重工与中联重科的全球首台无人驾驶的电动混凝土搅拌车、国内首台无人驾驶谷物收割机,以及无人挖掘机、无人压路机、无人起重机等重量级无人装备;中国中车的全球首款无人驾驶智能公交车;湖南中部创新科技集团、鲲鹏智汇无人机技术有限公司等研制的警用打击无人机、警用反恐无人机、消防救援无人机等;景嘉微、国科微等公司研发的智能芯片。高水平智能化产品如雨后春笋般涌现,成为湖南智造走向世界的亮丽名片。

三 找准短板,湖南清醒认识脑科学

(一)缺乏顶层系统规划

近年来,很多省市集中资源打造本省的"脑计划",如江苏于2016年1月启动"江苏脑计划",成立"江苏类脑人工智能产业联盟";浙江于2018年9月发布"脑科学与人工智能会聚研究计划"(双脑计划),推动"双脑"科技在脑疾病诊治、智能医疗、智慧城市等领域的创新应用。目前,湖南省并没有针对脑科学与类脑研究进行顶层系统布局,制定发展规划,出台行动纲要和实施细则。显然,这不利于湖南省"脑科学"研究与发展,在这场"脑盛宴"中抢得先机。

(二)政策扶持力度不够

多数省市都出台了脑科学与类脑研究专项扶持政策,如山东省于2018年7月印发《关于支持新旧动能转换重大工程的若干财政政策》,重点支持信息安全、脑科学与人工智能、高端装备、精准医疗等一批重大科技项目;广东省于2018年9月发布了《广东省脑科学与类脑领域重大项目指南建议表》,重点解决制约广东省脑科学与类脑研究发展的重大科学问题,大力推进脑科学与类脑基础研究与应用基础研究。湖南省虽在省级科技计划中对

"脑科学"研究立项支持，如"脑创伤与难治性脑疾病治疗的研究""精神神经疾病诊疗与机制的研究""心脑血管疾病防治研究"等，但主要集中于脑疾病领域，支持力度也很有限，并没有形成系统性的"脑科学"研究与应用政策支持体系。

（三）缺少核心研发机构

除北京脑科学与类脑研究中心、上海脑科学与类脑研究中心外，许多省市也有自己的脑科学和类脑研究核心机构。如山东省有山东大学脑与类脑科学研究院，陕西省有西安脑科学与类脑研究中心，黑龙江省有亚欧脑科学研究院，深圳市中科院深圳先进技术研究院与香港科技大学联合成立了深港脑科学创新研究院。湖南省缺乏在全省范围内起引领作用的脑科学和类脑研究中心，一定程度上制约了全省行业内部各机构间、科研机构与企业间的良性互动，不利于科研资源的整合利用。

（四）智能制造基础能力不强

湖南省脑科学与类脑研究取得了一批重要成果，但分散在不同的学科，碎片化现象严重，未能形成学科优势，更未能转化成产业优势。脑科学与类脑理论研究对省内传统产业领域渗透不足，对传统产业转型升级推动不力，限制了全省产业智能化水平的整体提升。虽然湖南省许多企业开始重视智能制造，但大多数企业还处于起步阶段，少数典型明星企业的示范带动作用有限。特别重要的是，关键基础能力不足，高端装备与自动化系统依赖国外，重点行业工业软件技术水平差距大，数字化模型积累不够，云计算、大数据等新信息技术与制造业融合不足，工业互联网平台及相关领域高度依赖国外开源项目，导致智能制造的大规模提升面临制约。

四 抢占前沿，湖南如何发展脑科学

2018年12月，湖南省人民政府印发《湖南创新型省份建设实施方案》，提出"在脑科学等前沿技术领域,形成远近结合、梯次接续的系统布局"。湖南省应抓住国家启动实施"中国脑计划"的历史机遇,及早谋篇布局,抢占发展先机。

(一)完善顶层设计,加强政策引导

建议制定"湖南省脑科学与类脑研究中长期发展规划",实行"三步走"战略,按2022年、2026年、2030年三个阶段实施,并细化各个阶段战略重点、研究任务及阶段目标。借鉴一些发达省份的先进经验,加紧制定包括财政、税收、项目、人才、数据等相关配套政策体系,完善研发设计、中试基地、技术咨询、成果转移、人才培训、科技金融等服务体系,为湖南省脑科学与类脑研究的产学研融合发展提供政策动力。

(二)成立核心机构,构建共享平台

建议整合省内高校、科研院所、企业等科研资源,成立"湖南省脑科学与类脑研究中心",下设"脑疾病研究分中心"和"类脑智能研究分中心",分别建立专项重点实验室,设立供需对接平台、知识成果转化平台。以互联网、大数据、云计算等关键技术为支撑,设计省级脑科学与类脑研究数据资源共享架构,引导建立基础设施、数据资源、研究成果开放共享机制,促进机构加强合作,增进认知科学、神经科学、计算机科学等学科知识体系融合,推进全省协同发展。

(三)明确发展路径,集中力量攻关

瞄定湖南省科研优势领域,明确两条发展路径。一是依托湘雅医院,联合湘雅二医院、国防科技大学、中南大学生命科学学院、湖南中医药大学、湖南省肿瘤医院、湖南省脑科医院等机构开展脑疾病研究,围绕脑结构和功能、脑认知和行为、脑系统和计算等开展研究,摸清脑疾病致病机理,从源头上预防脑疾病,同时探索思维和智力的本质,为类脑智能研究提供理论基础支撑。二是依托国防科技大学,联合中南大学自动化学院、湖南大学机器

人学院、三一重工、中联重科等高校企业开展类脑智能研究，围绕智能制造方向，开展自动控制、人机交互、大数据、云计算、边缘计算、人工智能等类脑智能技术研究，趁早抢占智能制造前沿技术制高点。

（四）培育引进企业，推动产业发展

吸引脑科学与类脑研究相关企业在湘落户。一方面，引进具有创新活力的脑科学研究中小企业落户，引导创新资源向这些中小企业集聚，加强金融资本市场对这些中小企业的支持。另一方面，引进国际、国内脑科学或类脑智能行业领军企业在湖南建立区域总部或功能性机构。同时，重点依靠湖南省技术团队和技术成果，借助脑科学与类脑研究中心的对接平台，发挥类脑技术对智能工程机械、智能芯片、智慧医疗等产业的技术引领作用，做大做强湖南省智能产业。

参考文献

广东省科学技术厅：《广东省重点领域研发计划2018～2019年度"脑科学与类脑研究"重大科技专项申报指南》，http：//gdstc.gd.gov.cn/zwgk_n/zdly/sbzn/content/post_2684319.html。

胡志安、何超：《2019年中国脑科学研究进展》，《第三军医大学学报》2020年第5期。

李萍萍等：《各国脑计划实施特点对我国脑科学创新的启示》，《同济大学学报》（医学版）2019年第4期。

蒲慕明：《脑科学研究的三大发展方向》，《中国科学院院刊》2019年第7期。

B.31 科技创新驱动湖南相对贫困地区发展研究

曲 婷*

摘 要： 湖南相对贫困地区要想破解科技创新的困局，必须走超常规发展之路，以创新的思维和坚定的信心，积极探索依靠科技创新引领后发追赶的"换道超车"新模式，以产业技术革新作为科技创新的突破口，立足本地特产资源，构建与本地资源禀赋和产业特色相匹配的"五链融合"体系。

关键词： 相对贫困地区 科技创新 后发追赶

2020年3月，随着邵阳县等20个县市脱贫摘帽，湖南全省51个贫困县（市、区）6923个贫困村均实现脱贫摘帽。然而，脱贫摘帽只是湖南贫困地区走出贫困的第一步，伴随着绝对贫困的大幅减少和区域发展差距的不断扩大，相对贫困地区成为未来湖南区域协调发展的重点和难点。

对于如何实现湖南相对贫困地区的后发追赶，早在2016年7月，习近平总书记在宁夏考察时就强调："越是欠发达地区，越需要实施创新驱动发展战略。"党的十九大报告进一步明确："创新是引领发展的第一动力，是建设现代化经济体系的战略支撑。"然而，对标全面建成小康社会和湖南省创新型省份建设的奋斗目标，省内以湘西、怀化、张家界等为代表的相对贫

---

* 曲婷，博士，湖南省社会科学院区域经济与绿色发展研究所助理研究员，主要研究方向为科技创新。

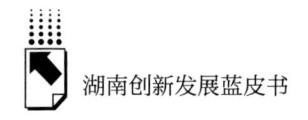

困地区在自主创新能力、研发投入、科技成果转化等方面还存在不小差距，思路不宽、办法不多、步伐不快，成为制约相对贫困地区科技创新事业的拦路虎。要想破解相对贫困地区科技创新发展困局，必须通过提升区域自主创新能力，走科技创新引领后发追赶的超常规之路。

一 科技创新驱动相对贫困地区发展的背景与必然趋势

（一）新一轮经济竞争与合作尤需加快推动湖南相对贫困地区尽快融入全球创新链价值链

改革开放以来，中国大力推进改革开放，成功发挥了低成本竞争优势融入全球价值链分工体系，并以出口市场为依托成功破解经济起飞的资源要素约束问题，进而铸就了现有开放型经济的一系列"辉煌成就"。然而，在2008年全球金融危机、2018年中美贸易摩擦和2020年新冠肺炎疫情的冲击下，上述逻辑变得越来越困难。当前全球发展的趋势是从制造业全球化转变为创新全球化，重塑开放型经济发展新动力，需要从要素驱动向创新驱动转变，构建以中国创造为目标的全球创新链分工体系。近年来，湖南相对贫困地区在产业发展方面取得了长足进步，初步形成了工业经济发展新体系，但由于基础较为薄弱，仍处于规模扩张和加速转型的爬坡过坎式发展阶段，无论是从分工地位还是产业结构来看，与发达地区相比都有较大差距，需要提升整合区域创新资源尽快融入全球创新链、价值链。

（二）全面建成小康社会与加快创新型省份建设是湖南向中央必须交出的满意答卷

按照全国2020年全面建成小康社会的战略部署，结合《湖南创新型省份建设实施方案》精神，相对贫困地区是湖南全面建成小康社会的重点、难点地区，加快推进其小康社会建设进程，既是湖南实现全面"小康梦"的关键所在，也是湖南在中部率先崛起和建成创新型省份的重要保障。只有相对贫困地区如期实现小康社会，湖南全面建成小康社会和创新型省份的奋斗目标才能达成。

（三）丰富资源禀赋与新信息技术的推广应用为湖南相对贫困地区奠定后发追赶的坚实基础

云计算、大数据、物联网、移动互联网、人工智能等新一代信息技术的发展，正加速推进全球产业分工深化和经济结构调整。未来10年，我国数字经济将迎来飞速发展期，尤其是5G技术的应用，正加速向各产业尤其是制造业产业链、供应链、价值链渗透，推动制造业发生深刻变革。对于相对贫困地区而言，除了借力平台参与国际产业链分工的高端环节，抓住5G信息技术革命的历史机遇，主动顺应和引领新一轮信息革命浪潮，将使实现追赶甚至超越变成可能。与此同时，怀化、湘西、张家界等地拥有丰富的自然资源，并形成了特色优势产业，探索信息产业与传统特色优势产业融合发展的新业态、新模式，提升传统产业的创新力和生产力，对相对贫困地区的经济社会发展既是挑战，更是机遇。

二 科技创新驱动相对贫困地区发展的现状与主要问题

（一）科技创新局部有亮点有突破，但科技基础仍然薄弱，尤其是自主创新能力明显不足

在创新驱动发展战略推动下，以怀化、湘西、张家界等地为代表的相对贫困地区更加重视科技创新工作，区域科技创新事业取得了长足进步。2018年，怀化、湘西、张家界共完成高新技术产业增加值269.07亿元，同比增长31.5%，其中怀化完成高新技术产业增加值214.5亿元，增长25.75%，增速居全省第一。与此同时，相对贫困地区还高标准、高水平地建设了一批以怀化高新区、怀化国家农业科技园、张家界国家农业科技园、湘西州国家农业科技园等为代表的国家级园区，成为区域创新资源要素高度集聚和新旧

动能加速转换的重要载体。

但相对贫困地区科技创新的基础依然薄弱。一是科技创新投入强度低，企业科技创新意愿不强。怀化、湘西、张家界三市州2018年全社会研发投入合计25.46亿元，占GDP的比重仅为0.94%，比全省平均水平（1.81%）低0.87个百分点，比全国平均水平（2.19%）低1.25个百分点。其中怀化为1.43%，湘西为0.35%，张家界为0.29%，均远低于全省平均水平。此外，不少企业研发经费占销售收入的比重在申报国家高新技术企业成功后，往往有所下滑，而中小微企业科技创新投入更是整体偏低，说明企业缺乏科技创新的主观能动性。二是科技创新人才资源薄弱，企业自主研发能力不强。相对贫困地区科技创新人才缺口较大，特别是中高层次科技人才明显不足。以怀化为例，2018年R&D人员折合全时当量为1730人，仅占全省的1.2%；专业技术人员共6.1万人，仅占全省的6.2%。人才引育政策差异化不够，对高层次领军人才的扶持力度较大，但对企业中层技术骨干、技术人员的扶持力度相对较小，导致此类人员频繁流动，一定程度上影响了企业科技创新的持续性和有效性。三是缺乏产学研协同。调研发现，相对贫困地区的大多数高新技术企业与当地高校、科研院所的合作更多停留在技术服务等层面，尚未形成高效的产学研协同创新模式和运行机制，实质性推进不多，难以有效提升企业的技术创新能力。

（二）科技创新体制机制不断完善，但先进理念有待提升，尤其是创新环境亟须优化升级

科技创新的突破离不开成熟的配套体制机制。近年来，湖南省委、省政府高度重视科技创新工作，制定发布了《湖南创新型省份建设实施方案》等一系列举措，不断强化顶层设计。相对贫困地区各市州也根据各自实际，出台了《科技创新驱动产业发展的意见》《科技进步奖励办法》《加大全社会研发经费投入行动计划》《人才行动计划》等系列政策文件，狠抓政策落地见效，推动自身科技创新体制机制不断完善。

但是相对贫困地区的创新环境仍需优化升级。一是创新意识普遍淡薄。

面对新形势、新任务、新发展，职能部门和企业对科技创新的思考有待深化。调研发现，在地方科技行政管理机构设置变动、行政管理队伍收缩的客观环境下，职能部门开创性工作不多，难以结合实际创造性地开展工作。而相对贫困地区的企业大多体量小，科技创新基础差，由于研发前期投入大、不可控因素多的顾虑，难以实现研发经费持续性投入。还有部分企业存在"等、靠、要"思维，没有认清自身作为市场主体在科技创新中所扮演的角色。二是科技成果转化"最后一公里"依然没有打通。当前相对贫困地区在科技成果转化链条上涉及的技术突破、产品制造、市场模式、产业发展等各个环节尚存在不少问题。首先，科技成果管理制度与科研院所国有资产管理制度之间的不衔接、不协调问题难以解决，导致很多科技成果无法实现真正意义上的"市场化定价"。其次，科技成果转化相关配套政策需细化和完善。调研发现，各地用财政资金支持的研发项目，转化落地成功率并不高，一方面，科研人员对成果的创新性、市场应用性重视不够，研究成果与企业需求和产业技术发展有较大差距；另一方面，部分科研成果配套政策难以落地，科研人员积极性受挫，导致科研项目领军人物另投他处的现象依然时有发生。三是科技创新服务能力不足。当前相对贫困地区各类载体存在功能不强、业务不专、服务不优等问题，尤其缺乏专业的公共服务平台和服务团队，导致提供的检验检测、培训咨询、投资风险预判等公共技术服务不能有效满足企业多样化需求。

（三）科技创新载体不断丰富，但产业规模偏小、缺少有效整合，尤其是缺乏大项目、大平台

在科技创新政策持续发力下，相对贫困地区的科技创新载体不断丰富。各类创新创业平台快速发展，截至2018年，怀化、湘西、张家界共有国家级平台4个，省级高新区5个，省级农业科技园区6个，省级重点实验室8个，省级工程技术研究中心15个，省级临床医疗技术示范基地6个；近三年，共建成省级科技企业孵化器8家、众创空间16家、星创天地47家，全链条的创新创业服务体系已初步建成。知识产权创造、运用、保

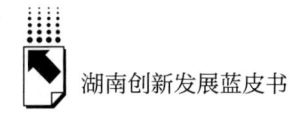

护取得新成效，2018年，怀化、湘西、张家界共申请专利5234件，较"十二五"增长了2.8倍；发明共计1907件，较"十二五"增长了近10倍。其中，2018年怀化申请专利量同比增长130.7%，增速居全省第一。

但是相对贫困地区在资源整合、平台建设方面依然存在不少问题。一是产业规模偏小。"池小难容大鱼"，2018年怀化、湘西、张家界三市州共有规模以上工业企业974家，仅占全省总量的6.34%；规模以上工业企业主营业务收入合计1072.27亿元，仅占全省总量的3.08%。从高新技术产业规模来看，怀化、湘西、张家界三市州2018年共有高新技术企业300家，仅占全省总量的6.72%。没有一定的产业规模支撑，科技创新更是空中楼阁。二是缺乏大项目。怀化、湘西、张家界大项目不多，10亿元的项目更少，100亿元以上的项目几乎没有，且受产业集聚度低、协作配套能力弱以及土地指标规划限制等因素制约，一些好项目、大项目短期内无法落地问题突出。三是缺少大平台。由于相对贫困地区发展较好的产业主要集中在传统产业，经营主体规模相对较小，上下游产业链拓展不够，难以形成有规模、有特色、有影响的产业集群和园区；加之目前怀化、湘西、张家界没有国家重点实验室、工程技术研究中心，没有中科院直属的科研院所，科技创新基础难以满足当地经济社会长远发展的战略需求。

三　科技创新驱动相对贫困地区发展的对策建议

（一）改革管理体制、优化营商环境，破解创新阻尼

1. 深化管理体制机制改革

强化科技厅与相对贫困地区的厅市（州）会商机制，依托厅市（州）工作会商平台，强化对相对贫困地区科技创新工作的统筹规划、政策倾斜和资金支持。通过省市共商共抓共建，协同推进重大技术攻关、国家高新区创建、科技精准扶贫、高新技术企业培育、研发经费提升等重点工作，带动相对贫困地区科技创新引领发展能力快速提升。完善政策落实落地机制。尽快出台

湖南省"关于加快相对贫困地区科技创新发展的实施意见"等纲领性文件，推进相对贫困地区成立科技创新工作领导小组，研究确定科技创新发展战略及重大政策措施，研究部署重大科技创新任务，协调解决与科技创新相关的重大问题，通过整合科技资源，促进各部门之间的沟通和协调，形成强大工作合力。

2. 深入推进简政放权

打破政务数据"信息孤岛"，做好省市一体化平台对接、数据交换共享平台对接工作，夯实"一网通办"基础。破除机构改革和行政审批制度改革"两张皮"，全面推行"三集中、三到位"改革，参照郴州市做法，在怀化、湘西、张家界三市州推广行政审批制度改革"一局一章管审批"做法，将粮食、民政、司法、财政等市政府相关部门承办的有关行政许可及相关事项划转至市行政审批服务局集中承办，启用市行政审批服务局行政审批专用章。持续推进"互联网+政务服务"一体化平台功能开发和全面深度应用，推进一体化平台向区县、乡镇（街道）、村（社区）延伸。

3. 强化科技服务体系建设

搭建科技信息服务平台，在相对贫困地区全面构建集产业孵化、技术研发、知识产权、科技投融资、成果转化、培训路演等功能于一体的科技创新综合服务平台。健全培育服务体系，积极培育科技服务中介市场，逐步建立以技术咨询、知识产权预警分析、质押评估、技术转移、成果推广、交易担保等高质量服务为主业的科技服务体系。创新科技金融深度融合模式，设立财政产业发展投资基金，以财政基金为基础，参股建立各类子基金，对运作规范的子基金投资项目，协调银行、信托等金融机构开展投贷结合予以跟进，重点参股相对贫困地区行业骨干企业，有效增大研发经费投入体量。创新金融机构贷款授信服务模式，大力推进知识产权质押融资，积极引导银行信贷资金"精准滴灌"中小微型高新技术企业。

（二）围绕重点领域、突破核心技术，解锁路径依赖

1. 培育壮大创新型产业集群

围绕相对贫困地区主导特色产业和关键技术打造产业创新链，重点培育

和壮大生态文化旅游产业、商贸物流产业、农产品种养加工产业、健康养老产业、矿产资源开发及精深加工产业、电子信息产业、先进装备制造产业、特色轻工产业等特色优势产业链。围绕优势产业链条，重点引进一批行业骨干企业，做强一批有优势的重点企业，培育一批有发展潜力、成长性好的创新型领军企业，打造百亿千亿级产业集群。

2. 聚焦关键领域核心技术

聚焦资源绿色高效开发，加快形成关键核心技术攻坚体制，制定关键核心技术攻关实施方案，建立"卡脖子"技术动态清单，重点强化动植物资源开发利用、农产品精深加工业，以及旅游业、生态康养、文化创意等领域的技术集成创新和转化应用，支持开发一批具有地方特色的民族产品和绿色产品，加强矿产资源清洁高效加工和综合利用技术研发，提高矿产资源利用率，确保不给相对贫困地区生态环境保护"添新债"。各类财政资金重点投向高新技术企业、创新型企业、高校、科研院所、新型研发机构等关键技术和实用技术的研发执行主体。

3. 强化企业创新能力建设

鼓励规模以上企业围绕重点产业和关键技术，自建、引进或合作共建一批国家、省、市级工程（技术）研究中心、工程实验室、企业技术中心等创新平台，争取到2025年，相对贫困地区规模以上企业建立研发机构的比例达20%以上。强化知识产权保护和应用，推动规模工业企业专利申请建设，推进企业、高校、科研院所知识产权创新能力培育试点建设，培育专利大户。

（三）汇聚创新资源、建立联动机制，化解孤岛效应

1. 建立健全产学研联动机制

围绕相对贫困地区特色支柱产业和新兴产业，扶持和培育产业技术创新战略联盟。鼓励军民融合协同创新，积极创建高新区军民融合创新示范区，建设军民融合科技创新产业园，推动将有条件的企业纳入军民融合供应商名录，支持企业主动对接军民两用技术，承接军品、军民共用产品生产，参与军工采购招标，推动产品持续创新。落实新修订的《促进科技成果转化

法》，推进相对贫困地区科技成果转化和知识产权交易平台建设，强化特色产业中试基地建设，搭建加速特色产业关键共性技术转化应用及产业化的平台，推动一批符合产业转型发展需求、见效快、带动力强的科技成果的转化与应用，并支持企业提前介入高校、科研院所的研发、中试活动，通过共担风险获取高新技术成果优先转化权。

2. 强化高水平科创平台建设

以优势特色产业为核心增长极，大力支持国家承接产业转移示范区建设，支持相对贫困地区创建国家级高新区、创新型县市区、省级农业科技园区、省级科技成果转移转化示范县等国家级省级科技创新平台。鼓励科技创新资源开放共享，将科研设施仪器、检验检测技术纳入省开放共享服务平台，促进高校、科研院所和政府检验检测机构的科研设施、仪器设备向社会开放共享，支持开放共享和使用单位申报省级财政补贴。

（四）吸引关键人才、探索柔性引才，突破智力瓶颈

1. 强化高层次人才团队建设

对接"芙蓉人才行动计划"，出台"相对贫困地区人才行动计划"，重点支持相对贫困地区引进突出贡献专业人才和"三区"科技人才等战略性前瞻性科技人才。对高层次创新创业人才推行除现金激励外的股权期权、股权出售、股权奖励、无形资产入股、分红激励等多种激励方式，逐步形成"利益趋同、风险共担、长期激励、持续创新"的人才激励机制。积极开展柔性引才，探索"招商+引才"模式，加大人才政策在招商引资活动中的吸引力，将招才引智融入招商引资活动中来；探索"人才+项目"方式，支持高层次专家团队携带高新技术项目在相对贫困地区落地转化，并在申报省部级（重点）实验室等科研平台时，给予重点倾斜；实施"银发人才"引进战略，利用相对贫困地区的资源环境优势，重点吸引国防科技大学转业、退役高层次科技人才，以及中南大学、湖南大学等重点高校退休科研人员到相对贫困地区工作生活。

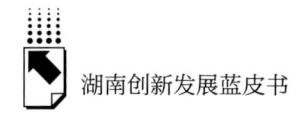

2. 大力培养基层实用人才

深入实施科技特派员制度，鼓励专业技术人员到基层一线担任科技特派员、科技副县长、特聘专家等，带项目、带技术赴基层开展科技帮扶，建立一对一帮扶机制，提供科技服务、进行技术培训与成果推广，派出期间保留原工作岗位、编制、工资福利，职务职称在同等条件下优先晋升。强化农业科技实用人才队伍建设，大力引进高层次急需紧缺农业专业人才。组建农业产业专家服务团，采取"引进专家+本土专家"模式，开展基层农业技术指导培训。选送农业龙头企业负责人、中青年专业技术骨干、基层农业技术人员进行研修学习，培育一批种养能手和经营能人。

3. 优化人才服务能力

参照武汉经验，建立人才一卡通服务体系，为高层次人才提供政策兑现、医疗保健、子女教育、健身锻炼、父母养老等多项服务；与支付宝开展业务合作，提供通过支付宝一键免费或低价申请人才公寓，医院绿色通道，免费体育中心赛事演出，以及打球、游泳、培训等多种附加服务。对引进的博士研究生，使其在第一个聘期内可享受副高级职务待遇，可直接申报副高级职称等，同时发放高层次人才津贴、住房补贴、在站博士后生活资助等。

（五）推动交流合作、建设开放创新生态，实现共生效应

1. "走出去"建设"科创飞地"

探索在长株潭国家自主创新示范区内为相对贫困地区园区和企业建立集研发中心、创业孵化和产业协作于一体的"科创飞地"，构建"本地注册—飞地研发—本地转化和产业化"的创新模式，有效破除相对贫困地区创新资源薄弱的短板。一方面，以骨干龙头企业、高新技术企业为重点推进相对贫困地区技术需求排查，建立企业需求库，支持有条件的企业入驻"科创飞地"；另一方面，摸排、筛选"飞入地"科创资源，就近吸引"飞入地"或者省内外优质创新创业项目入驻孵化，成熟后转移到相对贫困地区进行产业化发展。

2. "引进来"建设"产业飞地"

紧抓北上广深和省内长株潭等地区高成本引致的"产业挤出"契机，

找准资源和优势对接点，围绕相对贫困地区主导产业链和核心技术缺失的关键环节，采取"产业转移+资源整合"型"飞地"模式，在相对贫困地区共建产业园等"产业飞地"，发展"补链式""延链式""强链式"承接转移。出台"飞地经济"实施办法，实行"自主决策、独立运行"的市场化运作模式，解决园区财政、金融、国土、产业及社会民生等方面的问题。通过利益共享机制将"飞出地""飞入地"经济捆绑发展，实现互惠共赢。

3. 构建开放合作的创新生态

深化省政府、省科技厅与相对贫困地区市州的科技合作共建机制，签订"科技战略合作协议"，建立省市、厅市合作科技项目库，将相对贫困地区经济发展重点同全省科技发展目标紧密衔接。积极借鉴常德"智汇洞庭·科创常德"系列活动做法，立足"十四五"时期相对贫困地区重点优势产业发展技术需求，着眼国内外创新资源，充分发挥政府的支持引导作用，促成一批国内高校、科研院所携创新项目与相关企业合作签约；邀请一批国内知名高校、科研院所专家进行技术路演；邀请一批本土科技型企业开展融资路演；组织一批国内外高校技术成果和本土企业创新型产品在现场进行展示。重点转移转化国内外高校、科研院所和龙头企业的科技成果，精准对接相对贫困地区产业园区、重点片区和重点企业的产业升级与先进技术需求，引进一批科技中介机构、技术交易机构、投融资机构等科技服务机构并促进落地。

参考文献

王金根：《论"越是欠发达地区越需创新驱动发展"——学习习近平总书记系列重要讲话的几点思考》，人民网，2017年8月31日。

江鹃、阳立高、杨华峰：《欠发达地区科技创新能力存在的问题及对策——以湘西地区为例》，《科技与经济》2016年第6期。

陈非：《欠发达地区的科技金融发展》，《中国金融》2019年第17期。

生延超：《要素禀赋、技术能力与后发技术赶超》，湖南大学博士学位论文，2008。

附　录
Appendix

B.32
2019年湖南科技创新改革发展大事记

1月2日　新修订的《湖南省科学技术奖励办法》以湖南省人民政府第292号令发布，自2019年2月5日起施行。

1月8日　2018年度国家科学技术奖励大会在北京人民大会堂隆重举行，习近平主席出席大会并为最高奖获得者等颁奖。2018年度国家科学技术奖共有285项，湖南27个项目（团队）获奖，创近年来最好成绩。其中，主持完成的项目获4项一等奖，占全国一等奖总数的1/7。

1月20日　湖南省十三届人大常委会第九次会议表决通过了《湖南省高新技术发展条例（修订）》，自2019年4月1日起施行。

1月22日　2019年湖南省科技创新工作会议在长沙召开，总结回顾2018年全省科技创新工作取得的新成效，研究部署2019年重点工作任务，副省长陈飞出席并讲话，省科技厅党组书记、厅长童旭东作全省科技创新工作报告。

2月27日　湖南省推进创新型省份建设暨科技奖励大会在长沙召开。

省委书记杜家毫出席大会并为获奖代表颁奖，省委副书记、省长许达哲讲话，省政协主席李微微出席。省委副书记乌兰主持会议，省领导黄关春、王少峰、蔡振红、胡衡华、谢建辉、张剑飞、冯毅、刘莲玉等，国防科技大学校长邓小刚以及部分在湘两院院士出席。

3月15日 湖南省科技厅召开深化机构改革动员部署会，厅党组书记、厅长童旭东围绕贯彻落实湖南省委、省政府有关部署要求，加快组织实施《湖南省科学技术厅职能配置、内设机构和人员编制规定》，作动员部署讲话。

4月2日 2019年全国社会发展科技创新工作会议在长沙召开。会议总结2018年社会发展科技创新工作，分析研判面临的新形势新要求，提出未来一段时期的工作思路，并部署2019年社会发展科技创新重点任务。科技部党组成员、副部长徐南平出席并讲话，湖南省人大常委会副主任、党组副书记王柯敏出席并致辞。

4月17日至18日 由湖南省人民政府主办、湖南省科技厅承办的"湖南对接大湾区 推动港湘科技创新融合发展专题对接会"在香港举行，9个项目现场签约。湖南省科技厅和三湘集团共同组建湖南—香港科技创新技术转移工作站，发布了首批香港科技成果转移转化项目清单。

5月5日 "共和国脊梁——科学大师名校宣传工程"话剧《马兰花开》湖南巡演暨2019年"全国科技工作者日"（湖南）主场活动启动仪式在长沙理工大学举行。

5月6日 国务院批复同意郴州市以水资源可持续利用与绿色发展为主题，建设国家可持续发展议程创新示范区，对推动长江经济带生态优先、绿色发展发挥示范效应，为落实2030年可持续发展议程提供实践经验。

5月9日 湖南（浏阳）国防科技科普基地主体场馆开馆，湖南省科技厅党组书记、厅长童旭东出席开馆仪式并授牌"湖南省科普基地"。原国防科工委副主任、国家航天局原局长孙来燕，北京航空航天大学原校长沈士团，上海交大钱学森图书馆馆长、钱学森之子钱永刚，原国防科工委司长、中国遥感应用协会理事长罗格等嘉宾出席。

5月13日至14日 2019湖南—香港纳米化学与纳米医学论坛在湖南大学召开，湖南省科技厅党组书记、厅长童旭东出席开幕式并致辞。美国三院院士、美国西北大学教授查德·米尔金，中国科学院院士、湖南大学副校长谭蔚泓及美国西北大学、香港城市大学等40余位专家学者参加论坛。

5月18日 2019年湖南科技活动周在湖南农业大学启动，全省各地将围绕"科技强国 科普惠民"主题，开展丰富多彩的活动。全国人大常委会委员、中国工程院副院长、民盟中央副主席、中国科学技术协会副主席邓秀新，湖南省人大常委会副主任杨维刚，湖南省政协副主席、省工商联主席张健，湖南农业大学校长、中国工程院院士邹学校等领导出席了开幕式。

5月20日 湖南省自然科学基金委员会与省药品监督管理局联合设立"科药联合基金"，湖南省科技厅党组副书记、副厅长贺修铭与省药品监督管理局党组书记梁毅恒代表两个部门在合作协议上签字。

5月24日 亚欧水资源研究和利用中心中方协调指导委员会第五次会议在北京召开，湖南省政府副省长陈飞，中国亚欧会议高官、外交部大使谢波华出席会议并致辞。

6月14日 湖南省科技厅召开"不忘初心、牢记使命"主题教育动员大会，厅党组书记、厅长童旭东作动员讲话，省政协常委、原省水库移民开发管理局局长、省委巡回指导第五组组长李新连出席并讲话。

7月18日 第14届中国科技论坛在长沙开幕。科技部党组成员、科技日报社社长李平出席，湖南省政府副秘书长易佳良出席会议并致辞。会上，中国科技发展战略研究院院长胡志坚与湖南省科技厅党组书记、厅长童旭东共同签署战略合作协议，并为"中国科学技术发展战略研究院湖南合作研究基地"揭牌。

8月16日 湖南省委副书记、省长许达哲主持召开郴州国家可持续发展议程创新示范区建设协调推进小组会议，要求全力以赴抓好创新示范区建设各项工作，打造可持续发展样板，让习近平生态文明思想在湖湘大地开花结果。副省长陈飞，省政协副主席、郴州市委书记易鹏飞，省政府秘书长王群出席。

8月19日 受许达哲省长委托，湖南省委常委、常务副省长谢建辉会见了中科院高能物理研究所所长、中科院院士王贻芳一行。双方就环形正负电子对撞机（CEPC）选址湖南进行了深入交流。

9月17日 湖南省政府新闻办召开庆祝新中国成立70周年系列新闻发布会第7场，湖南省科技厅党组书记、厅长童旭东发布新闻，介绍70年来湖南科技创新发展情况。

9月20日 湖南省科技厅召开"不忘初心、牢记使命"主题教育总结大会，全面回顾主题教育开展情况，总结经验，查漏补缺，对巩固深化主题教育成果、推动全省科技创新工作进行安排部署。厅党组书记、厅长童旭东作主题教育总结报告。

9月27日 湖南省政府召开郴州市建设国家可持续发展议程创新示范区推进会，省委副书记、省长许达哲出席会议并讲话，省领导陈飞、易鹏飞，省政府秘书长王群参加会议。

9月28日 湖南省十三届人大常委会第十三次会议表决通过《湖南省实施〈中华人民共和国促进科技成果转化法〉办法（修订）》，将于2019年11月1日起施行。

10月21日 全国科技特派员制度推行20周年总结会议在北京召开，对92名科技特派员和43家组织实施单位进行了表彰。湖南省4人、2个组织实施单位获表彰。

10月22日 湖南省委书记杜家毫在省科技厅调研，强调要坚持一张蓝图干到底，着力打造科技创新基地，推动构建开放合作的创新生态，加快建设科教强省，为湖南高质量发展注入强劲动力。省领导张剑飞、陈飞参加调研。

10月24日 湖南省人民政府与天津大学签署战略合作协议。副省长陈飞会见天津大学党委书记李家俊一行。湖南省科技厅党组书记、厅长童旭东，天津大学副校长巩金龙代表双方签署战略合作协议。

10月25日 湖南省委副书记、省长许达哲主持召开创新型省份建设领导小组会议，部署创新型省份建设工作，打造内陆创新高地、创业高地、人

才高地。

11月9日至12日 2019第八届中国创新创业大赛新材料行业总决赛举行，湖南省共选送11家企业参赛，9家企业获得"中国创新创业大赛优秀企业奖"，2家企业进入全国前12强。

11月14日 湖南省人民政府副省长陈飞主持召开省加大全社会研发经费投入工作第三次联席会议，强调要提高认识，压实责任，切实解决加大研发投入中的重点、难点问题，确保圆满完成目标任务。

11月15日 湖南省第一届科技创新战略咨询专家委员会第二次全体会议在长沙召开，省长许达哲出席会议并讲话。副省长陈飞宣读增补专家委员名单，增补张尧学、谭蔚泓、李泽湘为湖南省第一届科技创新战略咨询专家委员会专家委员。湖南省科技厅党组书记、厅长童旭东汇报战略咨询专家委员会工作情况。专家委员们围绕加强和改进科技创新、建设产业创新中心、构建创新治理体系、加快农业科技创新、培育战略新兴产业等发表意见建议。

11月20日 国家自然科学基金委员会正式公布了2019年度国家杰出青年科学基金、国家优秀青年科学基金资助名单，湖南共19人入选，其中，6人入选国家"杰青"，13人入选国家"优青"资助名单，入选人数均创历年新高。

11月22日 "长沙银行杯"2019年湖南省创新创业大赛颁奖仪式在长沙举行。大赛自5月17日启动，全省共有3668个项目报名参赛，报名总数较上届增加了33%，再创历届新高。

11月22日 中国科学院与中国工程院分别公布2019年院士增选结果，湖南共有7位专家入选。

11月25日 湖南先进传感与信息技术创新研究院微纳加工实验室在湘潭大学正式落成。湖南省政协原主席、湘潭大学董事会董事长王克英，中国科学院院士、湖南先进传感与信息技术创新研究院院长彭练矛，湖南省科技厅党组书记、厅长童旭东，湖南省教育厅党组成员、工委委员徐伟，湘潭市副市长傅军，湘潭大学党委书记黄云清为实验室揭牌。

12月2日 "湖湘创新70年"庆祝新中国成立70周年湖南科技创新致敬大会在长沙举行，中国工程院院士何继善、印遇龙、郑健龙、邹学校等院士、专家现场接受大众致敬。

12月10日至12日 受省政协邀请，澳门科教代表团来湘访问。省政协主席李微微，副省长陈飞，省政协副主席胡旭晟，中国工程院院士、澳门科技大学校长刘良，澳门特别行政区政府高等教育局局长苏朝晖等出席相关活动。其间，召开了湖南与澳门"推进合作创新，共促湘澳发展"对接交流会，湖南省科技厅党组书记、厅长童旭东作省情推介，5个项目成功签约。

12月12日 第十七次"泛珠三角"区域科技合作联席会议在四川成都召开。湖南省科技厅作为第十六届联席会议轮值主席单位作工作报告。

12月26日 湖南省与中国工程院签署科技创新合作协议。签约仪式前，省委书记杜家毫会见了中国工程院院长李晓红一行。省委副书记、省长许达哲与李晓红出席院士咨询座谈会，共同见证签约，并为"中国工程科技联合创新中心—岳麓山工业创新中心"揭牌。

社会科学文献出版社

皮 书

智库报告的主要形式
同一主题智库报告的聚合

❖ 皮书定义 ❖

皮书是对中国与世界发展状况和热点问题进行年度监测,以专业的角度、专家的视野和实证研究方法,针对某一领域或区域现状与发展态势展开分析和预测,具备前沿性、原创性、实证性、连续性、时效性等特点的公开出版物,由一系列权威研究报告组成。

❖ 皮书作者 ❖

皮书系列报告作者以国内外一流研究机构、知名高校等重点智库的研究人员为主,多为相关领域一流专家学者,他们的观点代表了当下学界对中国与世界的现实和未来最高水平的解读与分析。截至2020年,皮书研创机构有近千家,报告作者累计超过7万人。

❖ 皮书荣誉 ❖

皮书系列已成为社会科学文献出版社的著名图书品牌和中国社会科学院的知名学术品牌。2016年皮书系列正式列入"十三五"国家重点出版规划项目;2013~2020年,重点皮书列入中国社会科学院承担的国家哲学社会科学创新工程项目。

中国皮书网

（网址：www.pishu.cn）

发布皮书研创资讯，传播皮书精彩内容
引领皮书出版潮流，打造皮书服务平台

栏目设置

◆ 关于皮书
何谓皮书、皮书分类、皮书大事记、
皮书荣誉、皮书出版第一人、皮书编辑部

◆ 最新资讯
通知公告、新闻动态、媒体聚焦、
网站专题、视频直播、下载专区

◆ 皮书研创
皮书规范、皮书选题、皮书出版、
皮书研究、研创团队

◆ 皮书评奖评价
指标体系、皮书评价、皮书评奖

◆ 互动专区
皮书说、社科数托邦、皮书微博、留言板

所获荣誉

◆ 2008年、2011年、2014年，中国皮书网均在全国新闻出版业网站荣誉评选中获得"最具商业价值网站"称号；

◆ 2012年，获得"出版业网站百强"称号。

网库合一

2014年，中国皮书网与皮书数据库端口合一，实现资源共享。

权威报告·一手数据·特色资源

皮书数据库
ANNUAL REPORT(YEARBOOK) DATABASE

分析解读当下中国发展变迁的高端智库平台

所获荣誉

- 2019年，入围国家新闻出版署数字出版精品遴选推荐计划项目
- 2016年，入选"'十三五'国家重点电子出版物出版规划骨干工程"
- 2015年，荣获"搜索中国正能量 点赞2015""创新中国科技创新奖"
- 2013年，荣获"中国出版政府奖·网络出版物奖"提名奖
- 连续多年荣获中国数字出版博览会"数字出版·优秀品牌"奖

成为会员

通过网址www.pishu.com.cn访问皮书数据库网站或下载皮书数据库APP，进行手机号码验证或邮箱验证即可成为皮书数据库会员。

会员福利

- 已注册用户购书后可免费获赠100元皮书数据库充值卡。刮开充值卡涂层获取充值密码，登录并进入"会员中心"—"在线充值"—"充值卡充值"，充值成功即可购买和查看数据库内容。
- 会员福利最终解释权归社会科学文献出版社所有。

卡号：899562136719
密码：

数据库服务热线：400-008-6695
数据库服务QQ：2475522410
数据库服务邮箱：database@ssap.cn
图书销售热线：010-59367070/7028
图书服务QQ：1265056568
图书服务邮箱：duzhe@ssap.cn

S 基本子库
SUB DATABASE

中国社会发展数据库（下设 12 个子库）

整合国内外中国社会发展研究成果，汇聚独家统计数据、深度分析报告，涉及社会、人口、政治、教育、法律等 12 个领域，为了解中国社会发展动态、跟踪社会核心热点、分析社会发展趋势提供一站式资源搜索和数据服务。

中国经济发展数据库（下设 12 个子库）

围绕国内外中国经济发展主题研究报告、学术资讯、基础数据等资料构建，内容涵盖宏观经济、农业经济、工业经济、产业经济等 12 个重点经济领域，为实时掌控经济运行态势、把握经济发展规律、洞察经济形势、进行经济决策提供参考和依据。

中国行业发展数据库（下设 17 个子库）

以中国国民经济行业分类为依据，覆盖金融业、旅游、医疗卫生、交通运输、能源矿产等 100 多个行业，跟踪分析国民经济相关行业市场运行状况和政策导向，汇集行业发展前沿资讯，为投资、从业及各种经济决策提供理论基础和实践指导。

中国区域发展数据库（下设 6 个子库）

对中国特定区域内的经济、社会、文化等领域现状与发展情况进行深度分析和预测，研究层级至县及县以下行政区，涉及地区、区域经济体、城市、农村等不同维度，为地方经济社会宏观态势研究、发展经验研究、案例分析提供数据服务。

中国文化传媒数据库（下设 18 个子库）

汇聚文化传媒领域专家观点、热点资讯，梳理国内外中国文化发展相关学术研究成果、一手统计数据，涵盖文化产业、新闻传播、电影娱乐、文学艺术、群众文化等 18 个重点研究领域。为文化传媒研究提供相关数据、研究报告和综合分析服务。

世界经济与国际关系数据库（下设 6 个子库）

立足"皮书系列"世界经济、国际关系相关学术资源，整合世界经济、国际政治、世界文化与科技、全球性问题、国际组织与国际法、区域研究 6 大领域研究成果，为世界经济与国际关系研究提供全方位数据分析，为决策和形势研判提供参考。

法律声明

"皮书系列"（含蓝皮书、绿皮书、黄皮书）之品牌由社会科学文献出版社最早使用并持续至今，现已被中国图书市场所熟知。"皮书系列"的相关商标已在中华人民共和国国家工商行政管理总局商标局注册，如LOGO（ ）、皮书、Pishu、经济蓝皮书、社会蓝皮书等。"皮书系列"图书的注册商标专用权及封面设计、版式设计的著作权均为社会科学文献出版社所有。未经社会科学文献出版社书面授权许可，任何使用与"皮书系列"图书注册商标、封面设计、版式设计相同或者近似的文字、图形或其组合的行为均系侵权行为。

经作者授权，本书的专有出版权及信息网络传播权等为社会科学文献出版社享有。未经社会科学文献出版社书面授权许可，任何就本书内容的复制、发行或以数字形式进行网络传播的行为均系侵权行为。

社会科学文献出版社将通过法律途径追究上述侵权行为的法律责任，维护自身合法权益。

欢迎社会各界人士对侵犯社会科学文献出版社上述权利的侵权行为进行举报。电话：010-59367121，电子邮箱：fawubu@ssap.cn。

社会科学文献出版社